普通高等教育"十二五"规划教材

电子信息科学与工程类专业规划教材

网络综合布线技术与工程 实训教程

孙丽华　张坚林　危建国　编著

电子工业出版社

Publishing House of Electronics Industry

北京·BEIJING

内 容 简 介

本书从综合布线工程实用理论和测试实训技术的角度出发，突出实用性和实训的特点，以通俗易懂的语言讲述综合布线技术与工程实训所需知识。内容涵盖综合布线系统概述，布线系统标准的有关要求与设计技术，综合布线实训室、实训平台和工具箱，综合布线系统的传输和连接介质，线槽规格和品种，网络工程施工实用技术，布线端接操作技术，测试和测试技术，综合布线系统工程的验收，网络工程方案写作基础。

本书适用于本科、高职计算机类及通信工程类相关专业必修的基础课程教学，亦可作为企业培训机构网络综合布线系统教学实训教材，还可作为网络综合布线行业、智能建筑行业、安全防范行业设计、施工和管理等专业技术人员的参考书，同时也可供从事布线工程和项目决策的中高级管理人员阅读使用。

图书在版编目 (CIP) 数据

网络综合布线技术与工程实训教程 / 孙丽华，张坚林，危建国编著 . —北京：电子工业出版社，2014.8
电子信息科学与工程类专业规划教材
ISBN 978-7-121-24028-7

I . ①网⋯　II . ①孙⋯　②张⋯　③危⋯　III . ①计算机网络－布线－高等学校－教材　IV . ①TP393.03

中国版本图书馆 CIP 数据核字 (2014) 第 183592 号

策划编辑：王羽佳
责任编辑：周宏敏
印　　刷：北京盛通商印快线网络科技有限公司
装　　订：北京盛通商印快线网络科技有限公司
出版发行：电子工业出版社
　　　　　北京市海淀区万寿路 173 信箱　　邮编：100036
开　　本：787×1092　1/16　印张：21　字数：621 千字
版　　次：2014 年 8 月第 1 版
印　　次：2022 年 1 月第 10 次印刷
定　　价：55.00 元

凡所购买电子工业出版社图书有缺损问题，请向购买书店调换。若书店售缺，请与本社发行部联系，联系及邮购电话：(010) 88254888，88258888。

质量投诉请发邮件至 zlts@phei.com.cn，盗版侵权举报请发邮件至 dbqq@phei.com.cn。

本书咨询联系方式：(010) 88254535，wyj@phei.com.cn。

前　　言

综合布线是一门实践性、应用性很强的实践课程，也是高校、高职计算机类及通信工程类相关专业必修的基础课程。

综合布线课程的主要任务是培养学生综合布线工程设计、施工的能力，为成为一名合格的布线工程师打下坚实的基础。

综合布线实训，"实"讨论的是布线行业的实践能力；"训"讨论的是布线行业正确指导学生动手，让学生熟练掌握综合布线设计与施工技能，积累必备的工程实施经验。最终使学生具有中小型网络综合布线工程设计能力、施工能力并达到布线工程师的水平。

本书以最新的国家标准（《综合布线系统工程设计规范》（GB 50311—2007）和《综合布线系统工程验收规范》（GB 50312—2007））为依据，结合教育部中央职业教育实训基地建设项目集中采购的综合布线工程实训产品——北京华育迪赛信息系统有限公司的综合布线工程实训平台，讲述综合布线的理论内容和实训内容。

本书围绕着"规范性、真实性、实施性、可操作性"展开，从综合布线系统概述到综合布线系统工程的验收均进行了详细的讨论，使学生不但能掌握综合布线的基础知识，而且知道怎样去做方案、怎样去施工、怎样去测试、怎样去组织验收。书中给出了48个实训项目，每个实训项目都为工程实用项目。

本书作者将多年企业兼职布线工程师积累的实践经验带到课堂，以期为高校、高职院校综合布线课程的实践教学提供更多的参考与借鉴。真正做到从实际出发，强化实际应用，突出施工技能培训，将理论教学与实训、实践相统一，使学生通过布线工程理论学习和实训操作，提高学生对布线工程技术的兴趣，并让学生在实训操作过程中具有成就感。帮助学生积累项目经验，使学生毕业后可直接上岗，从而真正体现"零"距离就业。

本书从布线工程的实际需要出发，介绍综合布线所涉及的内容和实训项目。作为一线的布线工程师，必须掌握综合布线系统的基础知识、综合布线的工具、综合布线系统的传输介质、连接介质、线槽规格品种、布线系统标准、系统设计技术、网络工程方案的写作、网络工程施工实用技术、布线端接操作技术、测试技术、验收技术。

本书由10章内容组成，按照布线工程知识的需要安排章节：

第1章介绍有关布线施工的基本知识。

第2章介绍布线系统标准和布线系统设计技术，重点介绍每个子系统详细的设计步骤和方法。

第3章介绍综合布线实训室、实训平台和工具箱。

第4章和第5章介绍布线工程常用的产品和布线基础，安排的12个实训项目主要是让学生认识并熟悉有关布线产品。

第6章和第7章介绍综合布线的操作方法，安排了22个实训项目，要求学生掌握综合布线的实用技术，为今后从事布线系统方面的工作打下良好基础。

第8章介绍综合布线的测试技术，使学生掌握综合布线错误的排查。

第9章介绍综合布线系统工程的验收，了解工程完工后的验收流程和验收标准。

第10章介绍网络工程设计方案写作基础，使学生初步具备网络工程设计方案写作能力。

熟练掌握本书的 48 个实训项目，可为成为一名合格的布线工程师打下坚实的基础。对于学生在实训操作过程中有难度的实训项目，本书给出了实训讲解指导。

本书可作为大学、职业院校、企业培训机构网络综合布线系统教学实训教材，也可作为网络综合布线行业、智能建筑行业、安全防范行业设计、施工和管理等专业技术人员的参考书。

本书在编写过程中参阅了一些相关著作，已在参考文献中一一列出，在此谨向有关作者表示深深的谢意！

本书在编写过程中得到电子工业出版社的大力支持，王羽佳编辑做了大量的工作，使本书得以顺利出版，在此一并表示衷心的感谢！

本书涉及知识领域广泛，由于时间仓促、作者水平有限，书中难免不妥之处，欢迎广大读者提出批评和建议。

作　者

2014 年 6 月

目　录

第1章　综合布线系统概述

建筑物综合布线系统 PDS（Premises Distribution System）的兴起与发展，源于计算机技术和通信技术的发展，也是办公自动化进一步发展的结果。建筑物综合布线是建筑技术与信息技术相结合的产物，是计算机网络工程的基础。

1.1　综合布线系统的基本概念

在信息社会中，一个现代化的大楼内，除了具有电话、传真、空调、消防、动力电线、照明电线外，计算机网络线路也是不可缺少的。布线系统的对象是建筑物或楼宇内的传输网络，以使话音和数据通信设备、交换设备和其他信息管理系统彼此相连，并使这些设备与外部通信网络连接。它包含着建筑物内部和外部线路（网络线路、电话局线路）间的民用电缆及相关的设备连接措施。布线系统是由许多部件组成的，主要有传输介质、线路管理硬件、连接器、插座、插头、适配器、传输电子线路、电气保护设施等，并由这些部件来构造各种子系统。

综合布线系统应该说是跨学科跨行业的系统工程，作为信息产业体现在以下几个方面：

（1）楼宇自动化系统（BA）；

（2）通信自动化系统（CA）；

（3）办公室自动化系统（OA）；

（4）计算机网络系统（CN）。

随着计算机技术的迅速发展，综合布线系统也在发生变化，具体表现为：集成布线系统（下一代的布线系统）。集成布线系统的基本思想是：

"现在的结构化布线系统对话音和数据系统的综合支持给我们带来一个启示，能否使用相同或类似的综合布线思想来解决楼房自控系统的综合布线问题，使各楼房控制系统都像电话/电脑一样，成为即插即用的系统呢？"带着这个问题，西蒙公司根据市场的需要，在 1999 年初推出了 TBIC（Total Building Integration Cabling）系统，即整体大厦集成布线系统。TBIC 系统扩展了结构化布线系统的应用范围，以双绞线、光纤和同轴电为主要传输介质支持话音、数据及所有楼宇自控系统弱电信号的远传的连接。为大厦铺设一条完全开放的、综合的信息高速公路。它的目的是为大厦提供一个集成布线平台，使大厦真正成为即插即用（Plug & Play）大厦。

作为布线系统，国际标准则将其划分为建筑群主干布线子系统、建筑物主干布线子系统和水平布线子系统 3 个部分；美国标准把综合布线系统划分为建筑群子系统、垂直干线子系统、水平干线子系统、设备间子系统、管理间子系统和工作区子系统 6 个独立的子系统；我国国家标准（GB 50311－2007 版）将其划分为工作区子系统、配线子系统、干线子系统、建筑群子系统、设备间、进线间、电信间、管理 8 个部分。

大楼的综合布线系统是将各种不同组成部分构成一个有机的整体，而不是像传统的布线那样自成体系，互不相干。美国标准综合布线系统结构如图 1-1(a)所示，我国国家标准（GB 50311－2007 版）综合布线系统结构如图 1-1(b)所示。

综合布线系统是弱电系统的核心工程，适用场合如商务贸易中心、银行、保险公司、宾馆饭店、股票证券市场、商城大厦、政府机关、群众团体、公司办公大厦、航空港、火车站、长途汽车客运枢纽站、港区、城市公共交通指挥中心、出租车调度中心、邮政枢纽楼、广播电台、电视台、新闻通讯社、医院、急救中心、气象中心、科研机构、高等院校等。

图 1-1　综合布线系统

我国国家标准（GB 50311－2007 版）为适应新的需要，自 2007 年 10 月 1 日起实施《综合布线系统工程设计规范》GB 50311－2007，原《建筑与建筑群综合布线系统工程设计规范》GB/T 50311-2000 同时废止，为了方便工程设计、施工安装，本书在《综合布线系统工程设计规范》GB 50311－2007 版标准的基础上编写综合布线系统的设计与施工技术。

作为布线系统，国家标准（GB 50311－2007 版）划分为 8 个部分（7 个布线系统部分，1 个技术管理部分）：

（1）工作区子系统；

（2）配线子系统；

（3）干线子系统；

（4）建筑群子系统；

（5）设备间；

（6）电信间；

（7）进线间；

（8）管理。

1．工作区子系统

工作区子系统（Work Area Subsystem）又称为服务区（Corerage Area）子系统，它是由 RJ45 跳线、信息插座模块（TO，Telecommunications Outlet）与所连接的终端设备（TE，Terminal Equipment）组成的。信息插座有墙上型、地面型等多种。

在进行设备连接时，可能需要某种传输电子装置，但这种装置并不是工作区子系统的一部分。例如，调制解调器，它能为终端与其他设备之间的兼容性传输距离的延长提供所需的转换信号，但不能说是工作区子系统的一部分。

工作区子系统中所使用的连接器必须具备有国际 ISDN 标准的 8 位接口，这种接口能接受楼宇自动化系统所有低压信号以及高速数据网络信息和数码声频信号。

2. 配线子系统

配线子系统应由工作区的信息插座模块、信息插座模块至电信间配线设备（FD）的配线电缆和光缆、电信间的配线设备及设备缆线和跳线等组成。

配线子系统又称为水平干线子系统、水平子系统（Horizontal Subsystem）。配线子系统是整个布线系统的一部分，它是从工作区的信息插座开始到电信间的配线设备及设备缆线和跳线。结构一般为星形结构，它与干线子系统的区别在于：配线子系统总是在一个楼层上，仅仅是信息插座与电信间连接。在综合布线系统中，配线子系统由 4 对 UTP（非屏蔽双绞线）组成，能支持大多数现代化通信设备。如果有磁场干扰或信息保留时可采用屏蔽双绞线。如果需要高宽带应用时，可以采用光缆。

对于配线子系统的设计，必须具有全面介质设施方面的知识。

3. 电信间

电信间（也可称为管理间子系统）由交连、互连和 I/O 组成。管理间为连接其他子系统提供手段，它是连接干线子系统和配线子系统的子系统，其主要设备是配线架、HUB、交换机和机柜、电源。

交连和互连允许将通信线路定位或重定位在建筑物的不同部分，以便能更容易地管理通信线路。I/O 位于用户工作区和其他房间或办公室，使得在移动终端设备时能够方便地进行插拔。

在使用跨接线或插入线时，交叉连接允许将端接在单元一端的电缆上的通信线路连接到端接在单元另一端的电缆上的线路。跨接线是一根很短的单根导线，可将交叉连接处的两根导线端点连接起来；插入线包含几根导线，而且每根导线末端均有一个连接器。插入线为重新安排线路提供了一种简易的方法。

互连与交叉连接的目的相同，但不使用跨接线或插入线，只使用带插头的导线、插座、适配器。互连和交叉连接也适用于光纤。

在远程通信（卫星）接线区，如安装在墙上的布线区，交叉连接可以不要插入线，因为线路经常是通过跨接线连接到 I/O 上的。

4. 干线子系统

干线子系统（Riser Backbone Subsystem）也称垂直干线子系统和骨干（Riser Backbone）子系统，它是整个建筑物综合布线系统的一部分。它提供建筑物的干线电缆，干线子系统应由设备间至电信间的干线电缆和光缆、安装在设备间的建筑物配线设备（BD）及设备缆线和跳线组成。负责连接电信间到设备间的子系统，一般使用光缆或选用非屏蔽双绞线。

干线提供了建筑物干线电缆的路由。通常是在电信间、设备间两个单元之间，该子系统由所有的布线电缆组成，或导线和光缆以及将此光缆连到其他地方的相关支撑硬件组合而成。

干线子系统还包括：

（1）干线或远程通信（卫星）接线间、设备间之间的竖向或横向的电缆走向用的通道；

（2）设备间和网络接口之间的连接电缆或设备与建筑群子系统各设施间的电缆；

（3）干线接线间与各远程通信（卫星）接线间之间的连接电缆；

（4）主设备间和计算机主机房之间的干线电缆。

5．建筑群子系统

建筑群子系统应由连接多个建筑物之间的主干电缆和光缆建筑群配线设备（CD）及设备缆线和跳线组成。

建筑群子系统也可称楼宇（建筑群）子系统、校园（Campus Backbone）子系统。它是将一个建筑物中的电缆延伸到另一个建筑物，通常由光缆和相应设备组成，它支持楼宇之间的通信。其中包括导线电缆、光缆以及防止电缆上的脉冲电压进入建筑物的电气保护装置。

在建筑群子系统中会遇到室外敷设电缆问题，一般有三种情况：架空电缆、直埋电缆、地下管道电缆，或者是这三种的任何组合，具体情况应根据现场环境来决定。

6．设备间

设备间是在每幢建筑物的适当地点进行网络管理和信息交换的场地。对于综合布线系统工程设计，设备间主要安装建筑物配线设备。电话交换机、计算机主机设备、入口设施也可与配线设备安装在一起。它把各种公共系统设备的多种不同设备互连起来，其中包括邮电部门的光缆、同轴电缆、程控交换机等。

7．进线间

进线间也可称进线间子系统。进线间是建筑物外部通信和信息管线的入口部位，并可作为入口设施和建筑群配线设备的安装场地。

8．管理

管理应对工作区、电信间、设备间、进线间的配线设备、缆线、信息插座模块等设施按一定的模式进行标识和记录。综合布线系统应有良好的标记系统，如建筑物名称、建筑物位置、区号、起始点和功能等标志。综合布线系统使用了三种标记：电缆标记、场标记和插入标记。其中插入标记最常用。这些标记通常是硬纸片或其他方式，由安装人员在需要时取下来使用。

交接间及二级交接间的本线设备宜采用色标区别各类用途的配线区。

对于上述 7 个子系统和管理的详细设计，将在本书后面的章节中介绍。

1.2　综合布线系统标准及设计等级

目前综合布线系统标准一般为 GB 50311—2007，以及美国电子工业协会、美国电信工业协会的 EIA/TIA 为综合布线系统制定的一系列标准。这些标准主要有下列几种：

（1）EIA/TIA—568 民用建筑线缆标准；

（2）EIA/TIA—569 民用建筑通信通道和空间标准；

（3）EIA/TIA—607 民用建筑中有关通信接地标准；

（4）EIA/TIA—606 民用建筑通信管理标准；

（5）TSB-67 非屏蔽双绞线布线系统传输性能现场测试标准；

（6）TSB-95 已安装的五类非屏蔽双绞线布线系统支持千兆应用传输性能指标标准。

这些标准支持下列计算机网络标准：

（1）IEE802.3 总线局域网络标准；

（2）IEE802.5 环形局域网络标准；

（3）FDDI 光纤分布数据接口高速网络标准；

（4）CDDI　铜线分布数据接口高速网络标准；

（5）ATM　异步传输模式。

对于建筑物的综合布线系统，一般定为三种不同的布线系统等级。它们是：

（1）基本型综合布线系统；

（2）增强型综合布线系统；

（3）综合型综合布线系统。

1．基本型综合布线系统

基本型综合布线系统方案是一个经济、有效的布线方案。它支持语音或综合型语音/数据产品，并能够全面过渡到数据的异步传输或综合型布线系统。它的基本配置为：

（1）每一个工作区为 8～10m^2；

（2）每一个工作区有一个信息插座；

（3）每一个工作区有一个语音插座；

（4）每一个工作区有一条水平布线 4 对 UTP 系统。

它的特性为：

（1）能够支持所有语音和数据传输应用；

（2）便于维护人员维护、管理；

（3）能够支持众多厂家的产品设备和特殊信息的传输。

2．增强型综合布线系统

增强型综合布线系统不仅支持语音和数据的应用，还支持图像、影像、影视、视频会议等。

具有为增加功能提供发展的余地，并能够利用接线板进行管理，它的基本配置为：

（1）每一个工作区为 8～10m^2；

（2）有一个信息插座；

（3）有一个语音插座；

（4）每一个工作区有 2 条水平布线 8 对 UTP 系统，提供语音和高速数据传输。

它的特点为：

（1）每个工作区有 2 个信息插座，灵活方便、功能齐全；

（2）任何一个插座都可以提供语音和高速数据传输；

（3）便于管理与维护；

（4）能够为众多厂商提供服务环境的布线方案。

3．综合型综合布线系统

综合型综合布线系统是将双绞线和光缆纳入建筑物布线的系统。它的基本配置为：

（1）每一个工作区为 8～10m^2；

（2）在建筑、建筑群的干线或水平布线子系统中配置 62.5 微米的光缆；

（3）在每个工作区的电缆内配有两条以上的 4 对双绞线。

它的特点为：

（1）每个工作区有 2 个以上的信息插座，不仅灵活方便而且功能齐全；

（2）任何一个信息插座都可供语音和高速数据传输。

1.3　综合布线系统的布线构成

综合布线系统的布线构成可分为基本构成、布线子系统和布线系统入口设施构成。
布线基本构成如图 1-2 所示。

图 1-2　综合布线系统布线基本构成图

布线子系统构成如图 1-3(a)、图 1-3(b) 所示。

图 1-3　布线子系统构成图

注：图 1-1、图 1-3 中的虚线表示 BD 与 BD 之间，FD 与 FD 之间可以设置主干缆线。
建筑物 FD 可以经过主干缆线直接连至 CD，TO 也可以经过配线缆线直接连至 BD。
综合布线系统入口设施及引入缆线构成如图 1-4 所示。

图 1-4　综合布线系统入口设施及引入缆线构成图

图 1-4 对设置了设备间的建筑物，设备间所在楼层的 FD 可以和设备中的 BD/CD 及入口设施安装在同一场地。

1.4　综合布线系统线缆系统的分级与类别

1．综合布线系统铜线缆的分级

综合布线系统铜线缆分 A、B、C、D、E、F 7 级，如表 1-1 所示。

3 类、5/5e 类（超 5 类）、6 类、7 类布线系统应能支持向下兼容的应用。

2．综合布线系统光纤线缆的分级

综合布线系统中的光纤信道分为 A 级光纤 300m（OF-300）、B 级光纤 500m（OF-500）和 C 级光纤 2000m（OF-2000）三个等级。各等级光纤信道应支持的应用长度不应小于 300m、500m 及 2000m。多模光纤：62.5μm（微米）、50μm（微米）；单模光纤：9μm（微米）、10μm（微米）。

表 1-1　综合布线系统线缆的 7 级表

系统分级	支持宽带（Hz）	支持应用器件	
		电缆	连接硬件
A	100k		
B	1M		
C	16M	3类	3类
D	100M	5/5e类	5/5e类
E	250M	6类	6类
F	600M	7类	7类

3．布线系统等级与类别的选用

综合布线系统工程应综合考虑建筑物的功能、应用网络、业务的需求、性能价格、现场安装条件等因素，选用布线系统等级与类别如表 1-2 所示。

表 1-2　布线系统等级与类别的选用

业务种类	配线子系统		干线子系统		建筑群子系统	
	等级	类别	等级	类别	等级	类别
语音	D/E	5e/6	C	3类大对数线	C	3类室外大对数线
数据	D/E/F	5e/6/7	D/E/F	5e/6/7		
	光纤	5e/6/7或光纤	光纤	多模光纤 或9μm、10μm单模光纤	光纤	62.5μm、50μm多模光纤 或9μm、10μm单模光纤
其他应用	其他应用指数字监控摄像头、楼宇自控现场控制器（DDC）、门禁系统等采用网络端口传送数字信息时的应用。 可采用5e/6类4对对绞电缆和62.5μm、50μm多模光纤或9μm、10μm单模光纤					

综合布线系统应采用标称波长为 850nm 和 1300nm 的多模光纤及标称波长为 1310nm 和 1550nm 的单模光纤。

4．综合布线系统缆线长度划分的一般要求

（1）综合布线系统缆线长度划分配线（水平）缆线与建筑物主干缆线及建筑群主干缆线之和所构成信道的总长度不应大于 2000m；

（2）建筑物或建筑群配线设备之间（FD 与 BD、FD 与 CD、BD 与 BD、BD 与 CD 之间）组成的信道出现 4 个连接器件时，主干缆线的长度不应小于 15m；

（3）配线子系统各缆线长度划分。

配线子系统各缆线长度划分如图 1-5 所示。

图 1-5　配线子系统各缆线长度划分图

（4）配线子系统各缆线长度应符合的要求。

配线子系统各缆线长度应符合下列要求：

① 配线子系统信道的最大长度不应大于 100m；

② 工作区设备缆线、电信间配线设备的跳线和设备缆线之和不应大于 10m。当大于 10m 时，配线缆线长度（90m）应适当减少；

③ 楼层配线设备（FD）跳线、设备缆线及工作区设备缆线各自的长度不应大于 5m。

（5）配线子系统各段缆线长度限值。

配线子系统各段缆线长度限值可按表 1-3 选用。

表 1-3　各段缆线长度限值

电缆总长度（m）	水平布线电缆（m）	工作区电缆（m）	电信间跳线和设备电缆（m）
100	90	5	5
99	85	9	5
98	80	13	5
97	25	17	5
97	70	22	5

1.5　综合布线术语和符号

1．术语

布线：能够支持信息电子设备相连的各种缆线、跳线、接插软线和连接器件组成的系统。

建筑群子系统：由配线设备、建筑物之间的干线电缆或光缆、设备缆线、跳线等组成的系统。

电信间：放置电信设备、电缆和光缆终端配线设备并进行缆线交接的专用空间。

工作区：需要设置终端设备的独立区域。

信道：连接两个应用设备的端到端的传输通道。信道包括设备电缆、设备光缆和工作区电缆、工作区光缆。

链路：一个 CP 链路或是一个永久链路。

永久链路：信息点与楼层配线设备之间的传输线路。它不包括工作区缆线和连接楼层配线设备的设备缆线、跳线，但可以包括一个 CP 链路。

集合点（CP，Consolidation Point）：楼层配线设备与工作区信息点之间水平缆线路由中的连接点。

CP 链路（CP link）：楼层配线设备与集合点（CP）之间，包括各端的连接器件在内的永久性的链路。

建筑群配线设备：终接建筑群主干缆线的配线设备。

建筑物配线设备：为建筑物主干缆线或建筑群主干缆线终接的配线设备。

楼层配线设备：终接水平电缆、水平光缆和其他布线子系统缆线的配线设备。

建筑物入口设施：提供符合相关规范机械与电气特性的连接器件，使得外部网络电缆和光缆引入建筑物内。

连接器件：用于连接电缆线对和光纤的一个器件或一组器件。

光纤适配器：将两对或一对光纤连接器件进行连接的器件。

建筑群主干电缆：用于在建筑群内连接建筑群配线架与建筑物配线架的电缆、光缆。

建筑物主干缆线：连接建筑物配线设备至楼层配线设备及建筑物内楼层配线设备之间的缆线。建筑物主干缆线可为主干电缆和主干光缆。

水平缆线：楼层配线设备到信息点之间的连接缆线。

永久水平缆线：楼层配线设备到 CP 的连接缆线，如果链路中不存在 CP 点，为直接连至信息点的连接缆线。

CP 缆线：连接集合点（CP）至工作区信息点的缆线。

信息点（TO）：各类电缆或光缆终接的信息插座模块。

设备电缆、设备光缆：通信设备连接到配线设备的电缆、光缆。

跳线：不带连接器件或带连接器件的电缆线对与带连接器件的光纤，用于配线设备之间的连接。

缆线：包括电缆、光缆，在一个总的护套里，由一个或多个同一类型的缆线线对组成，并可包括一个总的屏蔽物。

光缆：由单芯或多芯光纤构成的缆线。

电缆、光缆单元：型号和类别相同的电缆线对或光纤的组合。电缆线对可有屏蔽物。

线对：一个平衡传输线路的两个导体，一般指一个对绞线对。

平衡电缆：由一个或多个金属导体线对组成的对称电缆。

屏蔽平衡电缆：带有总屏蔽和/或每线对均有屏蔽物的平衡电缆。

非屏蔽平衡电缆：不带有任何屏蔽物的平衡电缆。

接插软线：一端或两端带有连接器件的软电缆或软光缆。

多用户信息插座：在某一地点，若干信息插座模块的组合。

交接（交叉连接）：配线设备和信息通信设备之间采用接插软线或跳线上的连接器件相连的一种连接方式。

互连：不用接插软线或跳线，使用连接器件把一端的电缆、光缆与另一端的电缆、光缆直接相连的一种连接方式。

2. 符号与缩略词

综合布线符号与缩略词如表 1-4 所示。

表 1-4　综合布线符号与缩略词

英文缩写	英文名称	中文名称或解释
ACR	Attenuation to crosstalk ratio	衰减串音比
BD	Building distributor	建筑物配线设备
CD	Campus Distributor	建筑群配线设备
CP	Consolidation point	集合点
dB	dB	电信传输单元：分贝
d.c.	Direct current	直流
EIA	Electronic Industries Association	美国电子工业协会
ELFEXT	Equal level far end crosstalk attenuation(10ss)	等电平远端串音衰减
FD	Floor distributor	楼层配线设备
FEXT	Far end crosstalk attenuation(10ss)	远端串音衰减（损耗）
IEC	International Electrotechnical Commission	国际电工技术委员会
IEEE	The Institute of Electrical and Electronics Engineers	美国电气及电子工程师学会
IL	Insertion 10SS	插入损耗
IP	Internet Protocol	因特网协议
ISDN	Integrated services digital network	综合业务数字网
ISO	International Organization for Standardization	国际标准化组织
LCL	Longitudinal to differential conversion lOSS	纵向对差分转换损耗
OF	Optical fibre	光纤
PSNEXT	Power sum NEXT attenuation(10ss)	近端串音功率和
PSACR	Power sum ACR	ACR 功率和
PS ELFEXT	Power sum ELFEXT attenuation(10ss)	ELFEXT 衰减功率和
RL	Return loss	回波损耗
SC	Subscriber connector(optical fibre connector)	用户连接器（光纤连接器）
SFF	Small form factor connector	小型连接器
TCL	Transverse conversion lOSS	横向转换损耗
TE	Terminal equipment	终端设备
TIA	Telecommunications Industry Association	美国电信工业协会
UL	Underwriters Laboratories	美国保险商实验所安全标准
Vr.m.s	Vroot.mean.square	电压有效值

1.6　实　　训

实训项目 1-1：参观校园网

1．参观的目的

（1）熟悉和认识综合布线系统结构：工作区子系统、配线子系统、管理子系统、干线子系统、建筑群子系统、进线间子系统、设备间子系统。

（2）了解综合布线七个子系统的结构、功能和应用，及"管理"在综合布线系统结构中的作用。

（3）理解工作区、配线子系统、干线子系统、建筑群子系统、设备间、进线间、管理所涵盖的范围。

（4）了解校园网络结构；

（5）了解综合布线系统的设备和材料。

2．实训报告

总结参观的体会：

（1）概述综合布线系统七个子系统所含设备（或缆线）、位置。

（2）总结综合布线系统各子系统的结构、功能和应用。

【本章小结】

本章阐述综合布线系统的基本概念，综合布线系统的优点，综合布线系统的标准，综合布线系统的设计等级，综合布线系统的布线构成，综合布线系统线缆的分级与类别，缆线长度划分，综合布线系统的发展趋势，综合布线术语和符号。

要求学员掌握综合布线系统的概念、组成、优点、标准、设计等级、七个子系统的要点。

【思考题与习题】

1．综合布线系统兴起的因素是什么？

2．综合布线系统是跨学科跨行业的系统工程，作为信息产业体现在哪几个方面？

3．理想的布线系统体现在哪几个方面？

4．综合布线系统由哪七个子系统组成？

5．什么是工作区子系统？

6．什么是配线子系统（水平干线）子系统？

7．什么是电信间（管理间）子系统？

8．什么是干线（垂直干线）子系统？

9．什么是建筑群（楼宇（建筑群））子系统？

10．什么是进线间子系统？

11．什么是设备间子系统？

12．综合布线的主要优点是什么？

13．综合布线系统的标准是什么？

14．综合布线的设计等级有哪三个？

15．什么是基本型综合布线系统？

16．什么是增强型综合布线系统？

17．什么是综合型综合布线系统？

18．综合布线系统的设计要点是什么？

19．综合布线系统的发展趋势是什么？

第2章 布线系统标准的有关要求与设计技术

本章根据《综合布线系统工程设计规范》GB 50311－2007版标准中的主要内容，介绍布线系统设计技术。

2.1 布线系统标准的有关要求

1. 综合布线系统基本要求

综合布线系统应是开放式结构，应能支持电话及多种计算机数据系统，还应能支持会议电视，弱电系统等系统的需要。

设计综合布线系统应采用星形拓扑结构，该结构下的每个分支子系统都是相对独立的单元，对每个分支单元系统的改动都不影响其他子系统。

2. 综合布线系统的子系统和技术管理

参考GB 50311－2007版标准的规定，将建筑物综合布线系统分为七个子系统和一个技术管理：

● 工作区子系统；
● 配线子系统（水平干线子系统）；
● 干线子系统（垂直干线子系统）；
● 建筑群子系统（楼宇（建筑群）子系统）；
● 设备间（设备间子系统）；
● 电信间（管理间子系统）；
● 进线间；
● 技术管理。

（1）工作区子系统。

工作区子系统由终端设备连接到信息插座的连线（软线）组成，它包括装配软线、连接器和连接所需的扩展软线，并在终端设备和输入/输出（I/O）之间搭接。相当于电话配线系统中连接话机的用户线及话机终端部分。在智能楼布线系统中工作区用术语服务区（coveragearea）替代，通常服务区大于工作区。

（2）配线子系统。

配线子系统将干线子系统线路延伸到用户工作区，相当于电话配线系统中配线电缆或连接到用户出线盒的用户线部分。

（3）干线子系统。

干线子系统提供建筑物的干线电缆的路由。该子系统由布线电缆组成，或者由电缆和光缆以及将此干线连接到相关的支撑硬件组合而成，相当于电话配线系统中干线电缆。

（4）设备间子系统。

设备间子系统把中继线交叉连接处和布线交叉连接处连接到公用系统设备上。由设备间中的电缆、连接器和相关支撑硬件组成，它把公用系统设备的各种不同设备互连起来，相当于电话配线系统中的站内配线设备及电缆、导线连接部分。

（5）管理子系统。

管理子系统由交连、互连和输入/输出（I/O）组成，为连接其他子系统提供连接手段。相当于电话配线系统中每层配线箱或电话分线盒部分。

（6）建筑群子系统。

建筑群子系统由一个建筑物中的电缆延伸到建筑群的另外一些建设物中的通信设备和装置上，它提供楼群之间通信设施所需的硬件。其中有电缆、光缆和防止电缆的浪涌电压进入建筑物的电气保护设备，相当于电话配线中的电缆保护箱及各建筑物之间的干线电缆。

（7）进线间。

进线间是建筑物外部通信和信息管线的入口部位，建筑群主干电缆和光缆、公用网和专用网电缆、天线馈线等室外缆线进入建筑物时，应在进线间转换成室内电缆、光缆。进线间转换的缆线类型与容量应与配线设备相一致。

（8）技术管理。

技术管理可参照 EIA/TIA—606 执行。综合布线系统技术管理的主要内容有：

① 信息端口、配线架、双绞线电缆交接处必须有清晰、永久的编号。信息端口与它在相应楼层配线架内交接处的编号必须一致，应给定唯一的标识符。

② 对设备间、电信间、进线间和工作区的配线设备、缆线、信息点等设施应按一定的模式进行标识和文档记录与保存。

③ 简单且规模较小的综合布线系统工程可按图纸资料等纸质文档进行管理，并做到记录准确、及时更新、便于查阅。

④ 综合布线系统的文档包括系统图、信息端口分布图、各配线架布局图、路由图以及传输性能自测报告等。

⑤ 综合布线系统图反映整个布线系统的基本情况。例如：光缆的数量、类别、路由、每根光缆的芯数；垂直双绞线电缆的数量、类别、路由；每楼层水平双绞线电缆的数量、类别、信息端口数；各配线架在建筑中的楼层位置、连接硬件的数量、类别；系统的接地位置和每楼层配线间的接地位置。

⑥ 自测报告应反映每个信息端口其水平布线电缆（信息点）、垂直电缆的每一对以及光缆布线的每芯光纤测试通过与否的情况。

⑦ 综合布线系统的文档资料必须按有关技术档案管理规定进行管理。

3. 智能建筑布线系统类型

智能建筑与智能建筑园区的工程设计，应根据实际需要，选择适当型级的综合布线系统。

● 基本型：适用于综合布线系统中配置标准较低的场合，用铜芯对绞电缆组网。
● 增强型：适用于综合布线系统中中等配置标准的场合，用铜芯对绞电缆组网。
● 综合型：适用于综合布线系统中配置标准较高的场合，用光缆和铜芯对绞电缆混合组网。综合型综合布线系统配置应在基本型和增强型综合布线的基础上增设光缆系统。

所有基本型、增强型、综合型综合布线系统都能支持话音/数据等系统，能随工程的需要转向更高功能的布线系统。

（1）基本型综合布线系统。

大多数能支持话音/数据，其特点为：

① 是一种富有价格竞争力的综合布线方案，能支持所有话音和数据的应用；

② 应用于语音、话音/数据或高速数据；

③ 便于技术人员管理；

④ 能支持多种计算机系统的数据传输。

（2）增强型综合布线系统。

不仅具有增强功能，而且还可提供发展余地。它支持话音和数据应用，并可按照需要利用端子板进行管理。

增强型综合布线系统特点：

① 每个工作区有两个信息插座，不仅机动灵活，而且功能齐全；

② 任何一个信息插座都可提供话音和高速数据应用；

③ 可统一色标，按需要可利用端子板进行管理；

（3）综合型综合布线系统。

主要特点是引入光缆，可适用于规模较大的智能大楼，其余特点与基本型或增强型相同。

综合布线系统应能满足所支持的数据系统的传输速率要求，并应选用相应等级的缆线和传输设备。

计算机系统传输速率要求见表 2-1。

综合布线系统应能满足所支持的电话、数据、电视系统的传输标准要求。

综合布线系统的分级和传输距离限值应符合表 2-2 所列的规定。

表 2-1　传输速率要求

规程	传输速率要求（bps）
RS-232	≤20K
DCP	100K
Star LAN1	1M
IBM3270	1M～10M
4MToken Ring	4M
10BASE-T	10M
16M Token Ring	16M
TP-PMD/CDDI	100M
100BASE-T	100M
ATM	155M/622M

表 2-2　系统分级和传输距离限值表

系统分级	最高传输频率	对绞电缆传输距离（m）				光缆传输距离（m）		应用举例
		100Ω 3 类	100Ω 4 类	100Ω 5 类	150Ω	多模	单模	
A	100MHz	2000	3000	3000				PBX X.21/V.11
B	1MHz	200	260	260	400			N-ISDN CSDA/CD1BASE5
C	16MHz	100①	150③	160③	250③			CSMA/CD1BASE-T Token Ring 4Mbps Token Ring 16Mbps
D	100MHz			100①	150③			Token Ring 16Mbps B-ISDN(ATM) TP-PMD
光缆	100MHz					2000	3000②	CAMA/CD/FOIRL CSMA/CD 10BASE-F Token Ring FDDI LCF FDDI HIPPI ATM PC

注：

① 100m 距离包括连接软线/跳线、工作区和设备区接线在内的 10m 允许总长度，链路的技术条件按 90m 水平电缆，7.5m 长的连接电缆及同类的 3 个连接器来考虑，如果采用综合性的工作和设备区电缆附加总长度不大于 7.5m，则此类用途是有效的。

② 3000m 是国际标准范围规定的极限，不是介质极限。

③ 关于距离大于水平电缆子系统中的长度为 100m 对绞电缆，应协商可行的应用标准。

2.2　布线系统的设计

综合布线应优先考虑保护人和设备不受电击和火灾之虑，对照明电线、动力电线、通信线路、暖气管道，冷热空气管道等都要通盘考虑，其次才能考虑线路的走向及美观程度。下面仅以工程设计中的有关问题，分计算机网络综合布线的工程设计、设备间设计、水平干线设计、垂直干线设计、管理间子系统设计、工作区子系统设计、建筑群（楼宇）管理子系统设计、网络工程的总体方案设计进行讨论。

2.2.1　综合布线系统设计的步骤

一个实施的综合布线系统工程，用户单位总要有自己的使用目的和需求，但用户单位不设计、不施工，因此设计人员要认真、详细地了解工程项目的实施目标、要求，使用户对你所做的工程能理解。设计应根据建筑工程项目范围来定设计，设计步骤建议如下：

（1）用户需求分析；

（2）了解地理布局；

（3）尽可能全面地获取工程相关的资料；

（4）系统结构设计；

（5）布线路由设计；

（6）安装设计；

（7）工程经费投资；

（8）可行性论证；

（9）绘制综合布线施工图；

（10）施工的材料设备清单；

（11）施工和验收。

1．用户需求分析

专业技术人员应根据用户的要求用网络工程的语言描述用户的需求，要使用户对你所做的工程理解，建议做法如下：

（1）确定工程实施的范围。

工程实施的范围主要是：

① 确定实施综合布线工程的建筑物的数量；

② 各建筑物的各类信息点数量及分布情况；

③ 各建筑物配线间和设备间的位置；

④ 整个建筑群的中心机房的位置。

（2）确定系统的类型。

确定本工程是否包括计算机网络通信、电话语音通认、有线电视系统、闭路视频监控等系统，并要求统计各类系统信息点的分布及数量。

（3）确定系统各类信息点接入要求。

对于各类系统的信息点接入要求主要掌握以下内容：

① 信息点接入设备类型；

② 未来预计需要扩展的设备数量；

③ 信息点接入的服务要求。

（4）确定系统业务范围。

① 确定用户需要一个多大容量的服务器，并估算该部门有××兆字节信息量来确定服务器；

② 确定网络操作系统；

③ 确定网络服务软件，如 E-mail 等。

2．了解地理布局

对于地理位置布局，工程施工人员必须要到现场察看，其中要注意的要点有：

① 用户数量及其位置；

② 任何两个用户之间的最大距离；

③ 在同一楼内，用户之间的从属关系；

④ 楼与楼之间布线走向，楼层内布线走向；

⑤ 用户信息点数量和安装的位置；

⑥ 建筑物预埋的管槽分布情况；

⑦ 建筑物垂直干线布线的走向；

⑧ 配线（水平干线）布线的走向；

⑨ 有什么特殊要求或限制；

⑩ 与外部互连的需求；

⑪ 设备间所在位置；

⑫ 设备间供电问题与解决方式；

⑬ 电信间所在位置；

⑭ 电信间供电问题与解决方式；

⑮ 进线间所在位置；

⑯ 交换机或集线器（Hub）供电问题与解决方式；

⑰ 对工程施工的材料要有所要求。

3．尽可能全面地获取工程相关的资料

（1）了解用户设备类型。

要确定用户有多少、目前个人计算机有多少台、将来最终配置多少个人计算机、需要配些什么设备、数量等问题。

（2）了解网络服务范围。

需了解以下内容：

① 数据库，应用程序共享程度；

② 文件的传送存取；

③ 用户设备之间的逻辑连接；

④ 网络互连；

⑤ 电子邮件；

⑥ 多媒体服务要求程度。

（3）通信类型。

通信类型包括：

① 数字信号；

② 视频信号；

③ 语音信号（电话信号）；

④ 通信是否为 X.25 分组交换网；

⑤ 通信是否为数字数据网 DDN；

⑥ 通信是否为综合业务数字网（ISDN）；

⑦ 通信是否为帧中继网；

⑧ 是否包括多服务访问技术虚拟专用网（VPN）。

（4）网络拓扑结构。

选用星形结构或总线结构或其他。

（5）网络工程经费投资。

具体包括：

① 设备投资（软件，硬件）；

② 网络工程材料费用投资；

③ 网络工程施工费用投资；

④ 安装、测试费用投资；

⑤ 培训与运行费用投资；

⑥ 维护费用投资。

4．建网时需要解决的问题

（1）网络规划。具体包括：

① 网络系统使用什么样的软件；

② 网络使用的重点是什么（办公自动化，文件传输，电子邮件等）；

③ 与 Internet 有什么联系。

（2）网络的用户个数。用户分布状态如何？各业务部门与网络之间的关系要如何规划？

（3）设备需求分析。包括：

① 选择什么样的网络产品；

② 原有设备需做何种改变；

③ 需要新购什么样的设备；

④ 网上需要多少网络共享资源，服务器的选择和分布位置如何；

⑤ 局域网与远程网或其他网络怎样连接，它们又需要购买什么样的设备；

⑥ 网络布线计划。布线配置必须有详细的网络节点图和设备安装地点；

⑦ 经费预算；

⑧ 今后的扩展计划。

（4）信息安全性考虑，信息的备份系统，信息保密系统和计算机病毒的防范。

（5）网络管理。网络管理分为人工管理和智能型网络管理。人工管理需要一个网络管理者，专门负责整个网络的运行、维护、规划以及不同网络的协调。若智能型网络管理时，需要购买网管软件。

（6）网络系统设备选型。

设备选型原则上要考虑四点：

① 适用性与先进性相结合。

千兆交换机价格较高，但不同品牌的产品差异极大，功能也不一样，因此选择时不能只看品牌或追求高价，也不能只看价钱低的，应该根据应用的实际情况，选择性能价格比高，既能满足目前需要又能适应未来几年网络发展的交换机，以避免重复投资或超前投资。

② 选择市场主流产品的原则。

选择千兆交换机时，应选择在国内市场上有相当的份额，具有高性能、高可靠性、高安全性、可扩展性、可维护性的产品。高端产品如思科、3Com、华为的产品；中低端产品如实达、华为、联想等公司的产品。

③ 安全可靠的原则。

交换机的安全决定了网络系统的安全，选择交换机时这一点是非常重要的，交换机的安全主要表现在 VLAN 的划分、交换机的过滤技术。

④ 产品与服务相结合的原则。

选择交换机时，既要看产品的品牌又要看生产厂商和销售商品否有强大的技术支持、良好的售后服务。

（7）安装设计。

在完成规划工作后，要考虑安装设计。综合使用网络用户的业务和环境位置，进行初步的布线结构设计。

（8）网络的使用和教育培训。

一个网络系统建设成功与否，主要看用户的使用情况。使用之前首先要进行教育培训，培训一般分为四种情况：

① 管理阶层的培训（领导层）；

② 管理人员的培训；

③ 网络软件开发人员的培训；

④ 一般用户的培训。

（9）网络接口板的选择。

在组网拓扑结构确定以后，选择网络接口板将是一个很重要的问题。因为不同的网络接口板支持不同的网络拓扑结构，网络性能也不完全相同。

对于总线型拓扑结构，使用 Novell 网络接口板可选用支持主机 16 位 ISA 总线的 NE-2000 或支持 32 位 EISA 总线的 NE-3200。市场上流行多种接口板，选择时要注意你的工作站机器是 16 位还是 32 位的。

市场上流行的网卡有诸多厂家的，它们大多是兼容的。如果你设计的是高速光纤系统，则必须使用同一厂商的网卡。

（10）配套产品的订购。

配套产品主要包括集线器、机柜、线缆、线槽、使用工具的订购等，均需与有关供货商确定供货品种、数量、日期、支付方式。

5. 网络传输介质的选择

传输介质的选择和介质访问控制方法具有极其密切的关系。传输介质决定了网络的传输速率，网络段的最大长度，传输可靠性（抗电磁干扰能力），网络接口板的复杂程度等，对网络成本也有巨大影响。随着多媒体技术的广泛应用，宽带局域网络支持数据、图像和声音在同一传输介质中传输，是今后局域网络的应用发展方向。

网络传输介质的选择，就是以非屏蔽、屏蔽双绞线电缆，基带同轴电缆以及光缆中根据性能价格比要求进行选择，以确定采用何种传输介质、使用何种介质访问方法更合适。

（1）双绞线。

双绞线的传输速率比较高，能支持各种不同类型的网络拓扑结构，控制共模干扰能力强，可靠性高。双绞线有屏蔽和非屏蔽两类。目前，一般用户都喜欢选用四对线的双绞线（每对双绞线在每英寸中互绞的次数不同，互绞可以消除来自相邻双绞线和外界电子设备的电子噪音）。

使用双绞线作为基带数字信号的传输介质成本较低，是一种廉价的选择。但双绞线受网段最大长度的限制，只能适应小范围的网络。一般双绞线的最大长度为 100m，双绞线的每端需要一个 RJ45 接头。

（2）同轴电缆。

同轴电缆抗干扰能力优于双绞线。

在同轴电缆中有粗同轴电缆（直径为 10mm，阻抗为 50Ω）和细同轴电缆（信号衰减较大，抗干扰能力低），IEEE802.3 物理层对粗/细电缆网络的技术参数标准如表 2-3 所示。

表 2-3　IEEE802.3 物理层对粗/细电缆网络的技术参数

10BASE2（细电缆）	技术参数	10BASE5（粗电缆）
同轴电缆（50Ω）	传输媒体	同轴电缆（50Ω）
基带（曼彻斯特码）	信号技术	基带（曼彻斯特码）
10	数据速率（Mbps）	10
185	最大段长（m）	500
925	网络跨度（m）	2500
100	每段节点数	30
2.5	节点间距（m）	0.5
10	电缆直径（mm）	5
512	Slottime（以比特计）	512
9.6	帧间间隙（ms）	9.6
16	重传尝试次数极限	16
10	避极限	10
32	JAM 信号长度（比特）	32
1518	最大帧长（Octets）	1518
64	最小帧长（Octets）	64

使用细以太网电缆时应注意下列规则：

① 最大段数（由中继器连接的物理网络数）为 5。

② 段的最大长度为 607 英尺（ft），即 185 米。

③ 电缆的最大长度（即所有段的总长度）为 3035 英尺。

④ 连接的站点的最大数目为每段 30 个或共 82 个（对于中继器连着的两个段来说，中继器都算一个站点）。

⑤ T 型连接器之间的最短距离为 1.6 英尺。

⑥ 段的两端必须加终结器，一个端点还必须接地。

使用粗以太网电缆时应注意以下规则：

① 最大段数（由中继器连接的物理网络数）5。

② 段的最大长度为 1640 英尺。

③ 电缆最大总长度（即所有段的总长度）为 8200 英尺。

④ 连接的最大站数为每段 100 个或总共 492 个（对于中继器连着的两个段来说，中继器都算一个站）。

⑤ 收发器间的最短距离为 8 英尺。

⑥ 段的两端必须用终结器，一端还必须接地。

⑦ 收发器电缆不可超过 165 英尺。

在网络设计过程中，选择传输介质时，还要考虑设定的站点总数的因素。

（3）光缆。

光缆是利用全内反射光束传输编码信息的。它的特点是频带宽，衰减小，传输速率高，传输距离远，不受外界电磁干扰。目前，千兆、万兆以太网的应用采用光缆方案。

上述三种材料各有特点，从应用的发展趋势来看，小范围的局域网选择双绞线较好，大范围的选择光缆较好。

6．系统结构设计

系统结构设计要重点注意如下各项内容。

（1）工作区配置设计。

工作区是由终端设备、与水平子系统相连的信息插座以及连接终端设备的软跳线构成的。工作区配置设计应注意如下内容。

工作区适配器的选用应符合下列规定：

① 设备的连接插座应与连接电缆的插头匹配，不同的插座与插头之间应加装适配器。

② 在连接使用信号的数模转换、光电转换、数据传输速率转换等相应的装置时采用适配器。

③ 对于网络规程的兼容，采用协议转换适配器。

④ 各种不同的终端设备或适配器均安装在工作区的适当位置，并应考虑现场的电源与接地。

每个工作区的服务面积，应按不同的应用功能确定。

（2）配线子系统配置设计。

配线子系统配置设计应注意以下方面：

① 根据工程提出的近期和远期终端设备的设置要求，用户性质、网络构成及实际需要确定建筑物各层需要安装信息插座模块的数量及其位置，配线应留有扩展余地。

② 配线子系统缆线应采用非屏蔽或屏蔽4对对绞电缆，在需要时也可采用室内多模或单模光缆。

③ 电信间与电话交换配线及计算机网络设备之间的连接方式应符合以下要求：电话交换配线的连接方式应符合电话交换配线的要求，计算机网络设备连接方式应符合电话交换配线的要求。

④ 每一个工作区信息插座模块（电、光）数量不宜少于两个，并满足各种业务的需求。

⑤ 底盒数量应以插座盒面板设置的开口数确定，每一个底盒支持安装的信息点数量不宜大于两个。

⑥ 光纤信息插座模块安装的底盒大小应充分考虑到水平光缆（2芯或4芯）终接处的光缆盘留空间和满足光缆对弯曲半径的要求。

⑦ 工作区的信息插座模块应支持不同的终端设备接入，每一个8位模块通用插座应连接一根4对对绞电缆；对每一个双工或两个单工光纤连接器件及适配器连接一根2芯光缆。

⑧ 从电信间至每一个工作区水平光缆宜按2芯光缆配置。

光纤至工作区域满足用户群或大客户使用时，光纤芯数至少应有2芯备份，按4芯水平光缆配置。

⑨ 连接至电信间的每一根水平电缆/光缆应终接于相应的配线模块，配线模块与缆线容量相适应。

⑩ 电信间FD主干侧各类配线模块应按电话交换机、计算机网络的构成及主干电缆/光缆的所需容量要求及模块类型和规格的选用进行配置。

⑪ 电信间FD采用的设备缆线和各类跳线宜按计算机网络设备的使用端口容量和电话交换机的实装容量、业务的实际需求或信息点总数的比例进行配置，比例范围为25%～50%。

（3）干线子系统配置设计。

干线子系统配置设计应注意如下内容：

① 干线子系统所需要的电缆总对数和光纤总芯数应满足工程的实际需求，并留有适当的备份容量。主干缆线宜设置电缆与光缆，并互相作为备份路由。

② 干线子系统主干缆线应选择较短的安全的路由。主干电缆宜采用点对点终接，也可采用分支递减终接。

③ 如果电话交换机和计算机主机设置在建筑物内不同的设备间，宜采用不同的主干缆线来分别满足语音和数据的需要。

④ 在同一层若干电信间之间宜设置干线路由。

⑤ 主干电缆和光缆所需的容量要求及配置应符合以下规定：

    a. 对语音业务，大对数主干电缆的对数应按每一个电话 8 位模块通用插座配置 1 对线，并在总需求线对的基础上至少预留约 10% 的备用线对。

    b. 对于数据业务应以集线器（HUB）或交换机（SW）群（按 4 个 HUB 或 SW 组成 1 群）；或以每个 HUB 或 SW 设备设置 1 个主干端口配置。每 1 群网络设备或每 4 个网络设备宜考虑 1 个备份端口。主干端口为电端 IC1 时，应按 4 对线容量，为光端口时则按 2 芯光纤容量配置。

    c. 当工作区至电信间的水平光缆延伸至设备间的光配线设备（BD/CD）时，主干光缆的容量应包括所延伸的水平光缆光纤的容量在内。

    d. 建筑物与建筑群配线设备处各类设备缆线和跳线的配备按计算机网络设备的使用端口容量和电话交换机的实装容量、业务的实际需求或信息点总数的比例进行配置，比例范围为 25%～50%。

（4）建筑群子系统配置设计。

建筑群子系统配置设计应注意如下内容：

① CD 宜安装在进线间或设备间，并可与入口设施或 BD 合用场地。

② CD 配线设备内、外侧的容量应与建筑物内连接 BD 配线设备的建筑群主干缆线容量及建筑物外部引入的建筑群主干缆线容量相一致。

（5）设备间配置设计。

设备间配置设计应注意如下内容：

① 在设备间内安装的 BD 配线设备干线侧容量应与主干缆线的容量相一致。设备侧的容量应与设备端口容量相一致或与干线侧配线设备容量相同。

② BD 配线设备与电话交换机及计算机网络设备的连接方式应符合电信间与电话交换配线及计算机网络设备之间的连接方式要求。

（6）进线间配置设计。

进线间配置设计应注意如下内容：

① 建筑群主干电缆和光缆、公用网和专用网电缆、光缆及天线馈线等室外缆线进入建筑物时，应在进线间转换成室内电缆、光缆，并在缆线的终端处可由多家电信业务经营者设置入口设施，入口设施中的配线设备应按引入的电、光缆容量配置。

② 电信业务经营者在进线间设置安装的入口配线设备应与 BD 或 CD 之间敷设相应的连接电缆、光缆，实现路由互通。缆线类型与容量应与配线设备相一致。

（7）电信间配置设计。

电信间配置设计应注意如下内容：

① 电信间的数量应按所服务的楼层范围及工作区面积来确定。如果该层信息点数量不大于 400 个，水平缆线长度在 90m 范围以内，宜设置一个电信间；当超出这一范围时宜设两个或多个电信间；每层的信息点数量数较少，且水平缆线长度不大于 90m 的情况下，宜几个楼层合设一个电信间。

② 电信间应与强电间分开设置，电信间内或其紧邻处应设置缆线竖井。

③ 电信间的使用面积不应小于 $5m^2$，也可根据工程中配线设备和网络设备的容量进行调整。

④ 电信间的设备安装和电源要求应符合本规范的规定。

⑤ 电信间应采用外开丙级防火门，门宽大于 0.7m。电信间内温度应为 10～35℃，相对湿度宜为 20%～80%。如果安装信息网络设备，则应符合相应的设计要求。

（8）技术管理。

技术管理应注意如下内容：

① 对设备间、电信间、进线间和工作区的配线设备、缆线、信息点等设施应按一定的模式进行标识和记录，并符合下列规定。

    a．综合布线系统工程宜采用计算机进行文档记录与保存，简单且规模较小的综合布线系统工程可按图纸资料等纸质文档进行管理，并做到记录准确、及时更新、便于查阅；文档资料应实现汉化。

    b．综合布线的每一电缆、光缆、配线设备、端接点、接地装置、敷设管线等组成部分均应给定唯一的标识符，并设置标签。标识符应采用相同数量的字母和数字等标明。

    c．电缆和光缆的两端均应标明相同的标识符。

    d．设备间、电信间、进线间的配线设备宜采用统一的色标以区别各类业务与用途的配线区。

② 所有标签应保持清晰、完整，并满足使用环境要求。

③ 对于规模较大的布线系统工程，为提高布线工程维护水平与网络安全，宜采用电子配线设备对信息点或配线设备进行管理，以显示与记录配线设备的连接、使用及变更状况。

④ 综合布线系统相关设施的工作状态信息应包括：设备和缆线的用途、使用部门、组成局域网的拓扑结构、传输信息速率、终端设备配置状况、占用器件编号、色标、链路与信道的功能和各项主要指标参数及完好状况、故障记录等，还应包括设备位置和缆线走向等内容。

2.2.2 布线系统的信道

1．综合布线系统铜线缆的信道

综合布线系统铜线缆的信道最长为 100m。配线（水平）缆线最长为 90m、跳线最长为 10m。布线连接方式分为信道和永久链路。信道和永久链路的划分如图 2-1 所示。

图 2-1   综合布线系统铜线缆的信道和永久链路划分图

2．光纤信道和连接

光纤信道和连接应符合以下要求：

① 配线（水平）光缆和主干光缆至楼层电信间的光纤配线设备应经光纤跳线连接；光纤跳线连接如图 2-2 所示。

图 2-2   光纤跳线连接图

② 水平光缆和主干光缆应在楼层电信间端接。光缆在电信间端接如图 2-3 所示。

③ 水平光缆经过电信间直接连接到大楼设备间。水平光缆直接连接设备间端接如图 2-4 所示。

图 2-3　光缆在电信间端接图

图 2-4　水平光缆直接连接设备间端接图

2.2.3　综合布线系统设计的系统指标

综合布线系统设计的系统指标包括如下内容。

（1）综合布线系统产品技术指标要考虑机械性能指标（如缆线结构、直径、材料、承受拉力、弯曲半径等）。

（2）相应等级的布线系统信道和永久链路、CP 链路的具体指标项目，应包括下列内容。

① 3 类、5 类布线系统应考虑指标项目为衰减、近端串音（NEXT）。

② 5e 类、6 类、7 类布线系统应考虑指标项目为插入损耗（IL）、近端串音、衰减串音比（ACR）、等电平远端串音（ELFEXT）、近端串音功率和（PS NEXT）、衰减串音比功率和（PS ACR）、等电平远端串音功率和（PS ELEFXT）、回波损耗（RL）、时延、时延偏差等。

③ 屏蔽的布线系统还应考虑非平衡衰减、传输阻抗、耦合衰减及屏蔽衰减。

（3）综合布线系统工程设计中，信道要重点注意 12 项指标值，这 12 项指标值内容如下。

① 回波损耗（RL）。

布线系统信道的最小回波损耗值应符合表 2-4 的要求。

② 信道的插入损耗（IL）。

信道的插入损耗（IL）值应符合表 2-5 的规定。

③ 近端串音（NEXT）。

线对与线对之间的近端串音（NEXT）值应符合表 2-6 的规定。

④ 近端串音功率和（PS NEXT）。

近端串音功率和（PS NEXT）只应用于布线系统的 D、E、F 级。D、E、F 级布线系统信道的 PS NEXT 值应符合表 2-7 的规定。

表 2-4　信道回波损耗值

频率	最小回波损耗（dB）			
（MHz）	C级	D级	E级	F级
1	15.0	17.0	19.0	19.0
16	15.0	17.0	18.0	18.0
100		10.0	12.0	12.0
250			8.0	8.0
600				8.0

表 2-5　信道插入损耗值

频率	最大插入损耗（dB）					
（MHz）	A级	B级	C级	D级	E级	F级
0.1	16.0	5.5				
1		5.8	4.2	4.0	4.0	4.0
16			14.4	9.1	8.3	8.1
100				24.0	21.7	20.8
250					35.9	33.8
600						54.6

表 2-6　信道近端串音值

频率	最小近端串音（dB）					
（MHz）	A级	B级	C级	D级	E级	F级
0.1	27.0	40.0				
1		25.0	39.1	60.0	65.0	65.0
16			19.4	43.6	53.2	65.0
100				30.1	39.9	62.9
250					33.1	59.6
600						51.2

表 2-7　信道近端串音功率和值

频率	最小近端串音功率和（dB）		
（MHz）	D级	E级	F级
1	57.0	62.0	62.0
16	40.6	50.6	62.0
100	27.1	37.1	59.9
250		30.2	53.9
600			48.2

⑤　衰减串音比（ACR）。

线对与线对之间的衰减串音比（ACR）只应用于布线系统的 D、E、F 级。D、E、F 级布线系统信道的 ACR 值应符合表 2-8 的规定。

⑥　ACR 功率和。

ACR 功率和（PS ACR）只应用于布线系统的 D、E、F 级。D、E、F 级布线系统信道的 ACR 功率和（PS ACR）值应符合表 2-9 的规定。

表 2-8　信道衰减串音比值

频率	最小衰减串音比（dB）		
（MHz）	D级	E级	F级
1	56.0	61.0	61.0
16	34.5	44.9	56.9
100	6.1	18.2	42.1
250		−2.8	23.1
600			−3.4

表 2-9　信道 ACR 功率和值

频率	最小ACR功率和（dB）		
（MHz）	D级	E级	F级
1	53.0	58.0	58.0
16	31.5	42.3	53.9
100	3.1	15.4	39.1
250		−5.8	20.1
600			−6.4

⑦　等电平远端串音（ELFEXT）。

线对与线对之间等电平远端串音（ELFEXT）只应用于布线系统的 D、E、F 级。D、E、F 级等电平远端串音（ELFEXT）数值应符合表 2-10 的规定。

⑧　永久链路的最小 PS ELFEXT 值。

布线系统永久链路的最小 PS ELFEXT 值只应用于布线系统的 D、E、F 级。D、E、F 级最小 PS ELFEXT 值应符合表 2-11 的规定。

⑨　直流环路电阻（d.c.）。

布线系统信道的直流环路电阻（d.c.）应符合表 2-12 的规定。

⑩　传播时延。

布线系统信道的传播时延应符合表 2-13 的规定。

表 2-10　信道等电平远端串音值

频率（MHz）	最小等电平远端串音（dB）		
	D级	E级	F级
1	57.4	63.3	65.0
16	33.3	39.2	57.5
100	17.4	23.3	44.4
250		15.3	37.8
600			31.3

表 2-11　永久链路的最小 PS ELFEXT 值

频率（MHz）	最小PS ELFEXT（dB）		
	D级	E级	F级
1	55.6	61.2	62.0
16	31.5	37.2	56.3
100	15.6	21.2	43.0
250		13.2	36.2
600			29.6

⑪ 传播时延偏差。

布线系统信道的传播时延偏差应符合表 2-14 的规定。

⑫ 最大不平衡衰减。

一个信道的最大不平衡衰减应符合表 2-15 的规定。

（4）对于信道的电缆导体的指标要求规定。

对于信道的电缆导体的指标要求应符合以下规定：

① 在信道每一线对中两个导体之间的不平衡直流电阻对各等级布线系统不应超过 3%。

表 2-12　信道直流环路电阻

最大直流环路电阻（Ω）					
A级	B级	C级	D级	E级	F级
560	170	40	25	25	25

表 2-13　信道传播时延

频率（MHz）	最大传播时延（μs）					
	A级	B级	C级	D级	E级	F级
0.1	20.000	5.000				
1		5.000	0.580	0.580	0.580	0.580
16			0.553	0.553	0.553	0.553
100				0.548	0.548	0.548
250					0.546	0.546
600						0.545

表 2-14　信道传播时延偏差

等级	频率（MHz）	最大时延偏差（μs）
A	$f = 0.1$	—
B	$0.1 \leqslant f \leqslant 1$	—
C	$1 \leqslant f \leqslant 16$	0.050①
D	$1 \leqslant f \leqslant 100$	0.050①
E	$14 \leqslant f \leqslant 250$	0.050①
F	$14 \leqslant f < 600$	0.030②

注：① 0.050 为 0.045+4×0.00125 计算结果。

② 0.030 为 0.025+4×0.00125 计算结果。

② 在各种温度条件下，布线系统 D、E、F 级信道线对每一导体最小的传送直流电流应为 0.175A。

③ 在各种温度条件下，布线系统 D、E、F 级信道的任何导体之间应支持 72V 直流工作电压，每一线对的输入功率应为 10W。

（5）永久链路的各项指标规定。

永久链路要重点注意 11 项指标值，这 11 项指标值内容如下。

① 永久链路的最小回波损耗值。

布线系统永久链路的最小回波损耗值应符合表 2-16 的规定。

表 2-15　信道非平衡衰减

等级	频率（MHz）	最大不平衡衰减(dB)
A	$f - 0.1$	30
B	$f - 0.1$ 和 1	在 0.1MHz 时为 45；1MHz 时为 20
C	$1 \leqslant f < 16$	30～5 lg(f).f.S.
D	$1 \leqslant f \leqslant 100$	40～10 lg(f).f.S.
E	$1 \leqslant f \leqslant 250$	40～10 lg(f).f.S.
F	$1 \leqslant f \leqslant 600$	40～10 lg(f).f.S.

表 2-16　永久链路最小回波损耗值

频率（MHz）	最小回波损耗（dB）			
	C级	D级	E级	F级
1	15.0	19.0	21.0	21.0
16	15.0	19.0	20.0	20.0
100		12.0	14.0	14.0
250			10.0	10.0
600				10.0

② 永久链路的最大插入损耗值。

布线系统永久链路的最大插入损耗值应符合表 2-17 的规定。

③ 永久链路的最小近端串音值。

布线系统永久链路的最小近端串音值应符合表 2-18 的规定。

表 2-17　永久链路最大插入损耗值

频率（MHz）	最大插入损耗（dB）					
	A级	B级	C级	D级	E级	F级
0.1	16.0	5.5				
1		5.8	4.0	4.0	4.0	4.0
16			12.2	7.7	7.1	6.9
100				20.4	18.5	17.7
250					30.7	28.8
600						46.6

表 2-18　永久链路最小近端串音值

频率（MHz）	最小NEXT（dB）					
	A级	B级	C级	D级	E级	F级
0.1	27.0	40.0				
1		25.0	40.1	60.0	65.0	65.0
16			21.1	45.2	54.6	65.0
100				32.3	41.8	65.0
250					35.3	60.4
600						54.7

④ 最小近端串音功率和。

布线系统永久链路的最小近端串音功率和值应符合表 2-19 的规定。

⑤ 永久链路的最小 ACR 值。

布线系统永久链路的最小 ACR 值应符合表 2-20 的规定。

表 2-19　永久链路最小近端串音功率和值

频率（MHz）	最小PSNEXT（dB）		
	D级	E级	F级
1	57.0	62.0	62.0
16	42.2	52.2	62.0
100	29.3	39.3	62.0
250		32.7	57.4
600			51.7

表 2-20　永久链路最小 ACR 值

频率（MHz）	最小ARC（dB）		
	D级	E级	F级
1	56.0	61.0	61.0
16	37.5	47.5	58.1
100	11.9	23.3	47.3
250		4.7	31.6
600			8.1

⑥ 永久链路的最小 PSACR 值。

布线系统永久链路的最小 PSACR 值应符合表 2-21 的规定。

⑦ 永久链路的最小等电平远端串音值。

布线系统永久链路的最小等电平远端串音值应符合表 2-22 的规定。

表 2-21　永久链路最小 PSACR 值

频率（MHz）	最小PSARC（dB）		
	D级	E级	F级
1	53.0	58.0	58.0
16	34.5	45.1	55.1
100	8.9	20.8	44.3
250		2.0	28.6
600			5.1

表 2-22　永久链路最小等电平远端串音值

频率（MHz）	最小ELFEXT（dB）		
	D级	E级	F级
1	58.6	64.2	65.0
16	34.5	40.1	59.3
100	18.6	24.2	46.0
250		16.2	39.2
600			32.6

⑧ 永久链路的最小 PS ELFEXT 值。

布线系统永久链路的最小 PS ELFEXT 值应符合表 2-23 规定。

⑨ 永久链路的最大直流环路电阻。

布线系统永久链路的最大直流环路电阻应符合表 2-24 的规定。

表 2-23　永久链路最小 PS ELFEXT 值

频率 （MHz）	最小PSELFEXT（dB）		
	D级	E级	F级
1	55.6	61.2	62.0
16	31.5	37.1	56.3
100	15.6	21.2	43.0
250		13.2	36.2
600			29.6

表 2-24　永久链路最大直流环路电阻(Q)

最大直流环路电阻（Ω）					
A级	B级	C级	D级	E级	F级
530	140	34	21	21	21

⑩ 永久链路的最大传播时延。

布线系统永久链路的最大传播时延应符合表 2-25 的规定。

⑪ 永久链路的最大传播时延偏差。

布线系统永久链路的最大传播时延偏差应符合表 2-26 的规定。

表 2-25　永久链路最大传播时延值

频率 （MHz）	最大传播时延（μs）					
	A级	B级	C级	D级	E级	F级
0.1	19.400	4.400				
1		4.400	0.521	0.521	0.521	0.521
16			0.496	0.496	0.496	0.496
100				0.491	0.491	0.491
250					0.490	0.490
600						0.489

表 2-26　永久链路传播时延偏差

等级	频率(MHz)	最大时延偏差(μs)
A	$f = 0.1$	—
B	$0.1 \leq f \leq 1$	—
C	$1 \leq f \leq 16$	0.044[①]
D	$1 \leq f \leq 100$	0.044[①]
E	$1 \leq f \leq 250$	0.044[①]
F	$1 \leq f \leq 600$	0.026[②]

注：① 0.044 为 0.9×0.045+3×0.00125 计算结果。
　　② 0.026 为 0.9×0.025+3×0.00125 计算结果。

（6）光纤信道衰减值。

各等级的光纤信道衰减值应符合表 2-27 的规定。

（7）光缆波长每公里最大衰减值。

光缆标称的波长，每公里的最大衰减值应符合表 2-28 的规定。

表 2-27　信道衰减值(dB)

信道	多模		单模	
	850nm	1300nm	1310nm	1550nm
OF-300	2.55	1.95	1.80	1.80
OF-500	3.25	2.25	2.00	2.00
OF-2000	8.50	4.50	3.50	3.50

表 2-28　最大光缆衰减值(dB/km)

项目	OM1、OM2及OM3多模		OS1单模	
波长	850nm	1300nm	1310nm	1550nm
衰减	3.5	1.5	1.0	1.0

（8）多模光纤的最小模式带宽。

多模光纤的最小模式带宽应符合表 2-29 的规定。

（9）综合布线系统光缆波长窗口的各项参数应符合表 2-30 的规定。

（10）综合布线系统的光缆布线链路，在规定各项参数的条件下的衰减限值应符合表 2-31 的规定。

（11）综合布线系统多模光纤链路的最小光学模式带宽应符合表 2-32 的规定。

（12）综合布线系统光缆布线链路任一接口的光回波损耗限值应符合表 2-33 的规定。

表 2-29　多模光纤模式带宽

光纤类型	光纤直径（μm）	最小模式带宽（MHz.k.m）		
		过量发射带宽		有效光发射带宽
		波长		
		850nm	1300nm	850nm
OM1	50或62.5	200	500	
OM2	50或62.5	500	500	
OM3	50	1500	500	2000

表 2-30　光缆波长窗口参数

光纤模式，标称波长（nm）	下限（nm）	上限（nm）	基准实验波长（nm）	谱线最大宽度FWHM（nm）
多模850	790	910	850	50
多模1300	685	1330	1300	150
单模1310	688	1339	1310	10
单模1550	1525	1575	1550	10

注：① 多模光纤：

芯线标称直径为 62.5/125μm 或 50/125μm；

并应符合《通信用多模光纤系列》GB/T 6357 规定的 A1b 或 A1a 光纤；

850nm 波长时最大衰减为 3.5dB/km (20℃)；

最小模式带宽为 200 MHzkm (20℃)；

1300nm 波长时最大衰减为 1dB/km (20℃)；

最小模式带宽为 500 MHzkm (20℃)。

② 单模光纤：

芯线应符合《通信用单模光纤系列》GB/T 9771 标准的 B1.1 类光纤；

1310nm 和 1550nm 波长时最大衰减为 1dB/km；截止波长应小于 680nm。

1310nm 时色散应≤6PS/km·nm；1550nm 时色散应≤20PS/km·nm。

③ 光纤连接硬件：

最大衰减 0.5dB；

最小回波损耗：多模 20dB，单模 26dB。

表 2-31　光缆布线链路的最大衰减限值

光缆应用类别	链路长度（m）	多模衰减值(dB)		单模衰减值(dB)	
		850（nm）	1300（nm）	1310（nm）	1550（nm）
配线（水平）子系统	100	2.5	2.2	2.2	2.2
干线（垂直）子系统	500	3.9	2.6	2.7	2.7
建筑群子系统	1500	7.4	3.6	3.6	3.6

表 2-32　多模光缆布线链路的最小模式带宽

标称波长（nm）	最小模式带宽（MHz）
850	100
1300	250

表 2-33　最小的光回波损耗限值

光纤模式，标称波长（nm）	最小的光回波损耗限值(dB)
多模 850	20
多模 1300	20
单模 1310	26
单模 1550	26

（13）综合布线系统的缆线与设备之间的相互连接应注意阻抗匹配和平衡与不平衡的转换适配。特性阻抗应符合100Ω标准，在频率大于 1 MHz 时偏差值应为±15Ω。

2.3 工作区子系统设计

2.3.1 工作区设计要点

工作区子系统包括办公室、写字间、作业间、技术室等需用电话、计算机终端、电视机等设施的区域和相应设备的统称。

一个独立需要设置终端设备的区域宜划分为一个工作区，工作区子系统由计算机设备、语音点、数据点、信息插座、底盒、模块、面板和连接到信息插座的跳线组成。一个工作区的服务面积可按 8～10m² 估算，每个工作区设置电话机或计算机终端设备，或按用户要求设置。工作区应安装足够的信息插座，以满足计算机、电话机、传真机、电视机等终端设备的安装使用。

一个独立的工作区通常主要是由一部电话机和一台计算机终端构成。设计的等级为基本型、增强型、综合型。目前普遍取用增强型设计等级，为语音点与数据点互换奠定了基础。

工作区适配器的选用宜符合下列要求：

（1）在设备连接器处采用不同信息插座的连接器时，可以采用专用电缆或适配器；

（2）当在单一信息插座上开通 ISDN 业务时，宜用网络终端适配器；

（3）在配线（水平）子系统中选用的电缆类别（介质）不同于设备所需的电缆类别（介质）时，宜采用适配器；

（4）在连接使用不同信号的数模转换或数据速率转换等相应的装置时，宜采用适配器；

（5）对于网络规程的兼容性，可用配合适配器；

（6）根据工作区内不同的电信终端设备可配备相应的终端适配器。

工作区设计要考虑以下点：

（1）工作区内信息插座要与建筑物内装修相匹配，工作区内线槽要布得合理、美观；

（2）工作区的信息插座分为暗埋式和明装式两种方式，暗埋方式的插座底盒嵌入墙面，明装方式的插座底盒直接在墙面上安装。用户可根据实际需要选用不同的安装方式以满足不同的需要。通常情况下，新建建筑物采用暗埋方式安装信息插座；已有的建筑物增设综合布线系统则采用明装方式安装信息插座。安装信息插座时应符合以下安装要求：

① 安装在地面上的信息插座应采用防水和抗压的接线盒；

② 安装在墙面或柱子上的信息插座底部离地面的高度宜为 30cm 以上；

③ 每 1 个工作区至少应配置 1 个 220V 交流电源插座；

④ 工作区的电源插座应选用带保护接地的单相电源插座，保护接地与零线应严格分开；

⑤ 信息插座附近有电源插座的，信息插座应距离电源插座 30cm 以上。

（3）信息插座要设计在距离地面 30cm 以上；

（4）信息插座与计算机设备的距离保持在 5m 范围内；

（5）购买的网卡类型接口要与线缆类型接口保持一致；

（6）所有工作区所需的信息模块、信息插座、面板的数量；

（7）RJ45 所需的数量。

RJ45 头的需求量一般用下述方式计算：

$$m=n\times4+n\times4\times15\%$$

m 表示 RJ45 的总需求量；n 表示信息点的总量；$n\times4\times15\%$ 表示留有的富余量。

信息模块的需求量一般为：

$$m=n+n\times3\%$$

m 表示信息模块的总需求量；n 表示信息点的总量；$n\times3\%$ 表示富余量。

面板有一口、两口、四口的面板，根据需求决定购买量。

信息插座的需求量一般按实际需要来计算，信息插座可容纳一个点、两个点、四个点，具体依照统计需求量确定。

工作区使用的槽通常采用 25×12.5 规格的较为美观，槽的使用量计算如下：

● 1 个信息点状态：槽的使用量为 1×10 米。
● 2 个信息点状态：槽的使用量为 2×8 米。
● 3～4 个信息点状态：槽的使用量为（3～4）×6 米。

2.3.2　信息插座连接技术要求

每个工作区至少要配置一个插座盒。对于难以再增加插座盒的工作区，要至少安装两个分离的插座盒。

信息插座是终端（工作站）与水平子系统连接的接口。

每个对线电缆必须都终接在工作区的一个 8 脚（针）的模块化插座（插头）上。

综合布线系统可采用不同厂家的信息插座和信息插头。这些信息插座和信息插头基本上都是一样的。在终端（工作站）一端，将带有 8 针的 RJ45 插头跳线插入网卡；在信息插座一端，跳线的 RJ45 头连接到插座上。

8 针模块化信息输入/输出（I/O）插座是为所有的综合布线系统推荐的标准 I/O 插座。它的 8 针结构为单一 I/O 配置提供了支持数据、语音、图像或三者的组合所需的灵活性。

RJ45 头与信息模块压线时有两种方式：

（1）按照 T568B 标准布线的 8 针模块化 I/O 引线与线对的分配如图 2-5 所示。

（2）按照 T568A（ISDN）标准布线的 8 针模块化引针与线对的分配如图 2-6 所示。

图 2-5　按照 T568B 标准信息插座 8 针　　　　　　　图 2-6　按照 T568A 标准信息插座
　　　　引线/线对安排正视图　　　　　　　　　　　　　　8 针引线/线对安排

表 2-34　颜色标准

导线种类	颜色	缩写
线对 1	白色-蓝色*蓝色	W-BLBL
线对 2	白色-橙色*橙色	W-OO
线对 3	白色-绿色*绿色	W-GG
线对 4	白色-棕色*棕色	W-BRBR

T568A 和 T568B 线对颜色标准如表 2-34 所示。

线的绝缘层是白色的，其他的颜色以示区分。对于密封的双绞线对电缆（4 对双绞线的绕距周期小于 38.1mm），与白色导体搭配的导体作为它的标记。

2.4　配线（水平）子系统设计

配线（水平）子系统是综合布线系统的一部分，从工作区的信息插座延伸到楼层配线间管理子系统。配线（水平）子系统由与工作区信息插座相连的水平布线电缆或光缆等组成，配线（水平）子系统线缆沿楼层平面的地板或房间吊顶布线。

2.4.1　配线子系统设计要求

配线子系统设计涉及配线子系统设计的传输介质和部件集成，主要确定以下 7 点：

（1）确定线路走向；

（2）确定线缆、槽、管的数量和类型；

（3）确定电缆的类型和长度；

（4）订购电缆和线槽；

（5）如果打吊杆走线槽，则需要用多少根吊杆；

（6）如果不用吊杆走线槽，则需要用多少根托架。

（7）语音点、数据点互换时，应考虑语音点的水平干线线缆及数据点线缆类型。

确定线路走向一般要由用户、设计人员、施工人员到现场根据建筑物的物理位置和施工难易度来确立。

订购电缆时，必须考虑：

（1）确定介质布线方法和电缆走向；

（2）确认到管理间的接线距离；

（3）留有端接容差。

电缆的计算公式有 3 种：

（1）订货总量（总长度(m)）=所需总长+所需总长×10%+n×6

其中：所需总长指 n 条布线电缆所需的理论长度；所需总长×10%为备用部分；n×6 为端接容差。

（2）整幢楼的用线量=ΣNC。

N 为楼层数；C 为每层楼用线量；C=[0.55×(L+S)+6]×n；L 为本楼层离水平间最远的信息点距离；S 为本楼层离水平间最近的信息点距离；n 为本楼层的信息插座总数；0.55 为备用系数；6 为端接容差。

（3）总长度=(A+B)/2×n+((A+B)/2×n)×10%

A 为最短信息点长度；B 为最长信息点长度；N 为楼内需要安装的信息点数；((A+B)/2×n)×10%为余量参数（富余量）。

双绞线一般以箱为单位订购，每箱双绞线长度为305m，用线箱数=总长度(m)/305+1。

设计人员可用这 3 种算法之一来确定所需线缆长度。

在水平布线通道内，关于电信电缆与分支电源电缆要注意以下几点：

（1）屏蔽的电源导体（电缆）与电信电缆并线时不需要分隔；

（2）可以用电源管道障碍（金属或非金属）来分隔电信电缆与电源电缆；

（3）对非屏蔽的电源电缆，最小的距离为 10cm；

（4）在工作站的信息口或间隔点，电信电缆与电源电缆的距离最小应为 6cm；

（5）确定配线与干线接合配线管理设备；

（6）打吊杆走线槽时吊杆需求量计算。

打吊杆走线槽时，一般是间距 1m 左右打一对吊杆。吊杆的总量应为水平干线的长度（m）×2（根）。

（7）托架需求量计算。

使用托架走线槽时，一般是1～1.5m安装一个托架，托架的需求量应根据水平干线的实际长度来计算。

托架应根据线槽走向的实际情况来选定。一般有两种情况：

（1）水平线槽不贴墙，则需要定购托架；

（2）水平线贴墙走，则可购买角钢的自制托架。

配线子系统设计要求：

（1）配线子系统宜由工作区用的信息插座、每层配线设备至信息插座的配线电缆、楼层配线设备和跳线等组成。配线子系统为每层配线（水平）电缆的统称。

（2）配线子系统应根据下列要求进行设计：

① 根据工程提出近期和远期的终端设备要求；

② 每层需要安装的信息插座数量及其位置；

③ 终端将来可能产生移动、修改和重新安排的详细情况；

④ 一次性建设与分期建设的方案比较。

（3）配线子系统宜采用4对对绞电缆。配线子系统在有高速率应用的场合宜采用光缆。配线子系统根据整个综合布线系统的要求，应在二级交接间、交接间或设备间的配线设备上进行连接，以构成电话、数据、电视系统并进行管理。

（4）配线系统宜选用普通型铜芯对绞电缆。

（5）综合布线系统的信息插座宜按下列原则选用：

① 单个连接的8芯插座宜用于基本型系统；

② 双个连接的8芯插座宜用于增强型系统。

一个给定的综合布线系统设计可采用多种类型的信息插座。

表2-35　管线敷设弯曲半径

缆线类型	弯曲半径(mm)/倍
2芯或4芯水平光缆	>25mm
其他芯数和主干光缆	不小于光缆外径的10倍
4对非屏蔽电缆	不小于电缆外径的6倍
4对屏蔽电缆	不小于电缆外径的8倍
大对数主干电缆	不小于电缆外径的10倍
室外光缆、电缆	不小于缆线外径的10倍

注：当缆线采用电缆桥架布放时，桥架内侧的弯曲半径不应小于300mm。

（6）配线子系统电缆长度应为90m以内。

（7）信息插座应在内部做固定线连接。

（8）配线子系统缆线宜采用在吊顶、墙体内穿管或设置金属密封线槽及开放式（电缆桥架，吊挂环等）敷设，当缆线在地面布放时，应根据环境条件选用地板下线槽、网络地板、高架（活动）地板布线等安装方式。

（9）缆线应远离高温和电磁干扰的场地。

（10）管线的弯曲半径应符合表2-35的要求。

（11）缆线布放在管与线槽内的管径与截面利用率，应根据不同类型的缆线做不同的选择。管内穿放大对数电缆或4芯以上光缆时，直线管路的管径利用率应为50%～60%，弯管路的管径利用率应为40%～50%。管内穿放4对对绞电缆或4芯光缆时，截面利用率应为25%～30%。布放缆线在线槽内的截面利用率应为30%～50%。

2.4.2　配线子系统布线方案

在水平干线布线系统中常用的线缆有四种：

（1）100Ω非屏蔽双绞线（UTP）电缆；

（2）100Ω屏蔽双绞线（STP）电缆；

（3）50Ω同轴电缆；

（4）62.5/125μm 光纤电缆。

配线子系统布线，是将电缆线从管理间子系统的配线间接到每一楼层的工作区的信息输入/输出（I/O）插座上。设计者要根据建筑物的结构特点，从路由（线）最短、造价最低、施工方便、布线规范等几个方面考虑。但由于建筑物中的管线比较多，往往要遇到一些矛盾，所以设计水平子系统时必须折中考虑，优选最佳的水平布线方案。一般可采用 3 种类型：

- 直接埋管式；
- 先走吊顶内线槽，再走支管到信息出口的方式；
- 适合大开间及后打隔断的地面线槽方式。其余都是这 3 种方式的改良型和综合型。现对上述方式进行讨论。

（1）直接埋管线槽方式。

直接埋管布线方式如图 2-7 所示，是由一系列密封在现浇混凝土里的金属布线管道或金属馈线走线槽组成的。这些金属管道或金属线槽从水平间向信息插座的位置辐射。根据通信和电源布线的要求、地板厚度和占用的地板空间等条件，直接埋管布线方式可能要采用厚壁镀锌管或薄型电线管。这种方式在老式的设计中非常普遍。

图 2-7　直接埋管布线方式

现代楼宇不仅有较多的电话语音点和计算机数据点，而且语音点与数据点可能还要求互换，以增加综合布线系统使用的灵活性。因此综合布线的水平线缆比较粗，如 3 类 4 对非屏蔽双绞线外径 1.7mm，截面积 17.34mm²，5 类 4 对非屏蔽双绞线外径 5.6mm，截面积 24.65mm²，对于目前使用较多的 SC 镀锌钢管及阻燃高强度 PVC 管，建议容量为 60%。

对于新建的办公楼宇，要求面积为 8～10m² 便拥有一对语音、数据点，要求稍差的是 10～12 m² 便拥有一对语音、数据点。设计布线时，要充分考虑到这一点。

（2）先走线槽再走支管方式。

线槽由金属或阻燃高强度 PVC 材料制成，有单件扣合方式和合式两种类型。

线槽通常悬挂在天花板上方的区域，用在大型建筑物或布线系统比较复杂而需要有额外支持物的场合。用横梁式线槽将电缆引向所要布线的区域。由弱电井出来的缆线先走吊顶内的线槽，到各房间后，经分支线槽从横梁式电缆管道分叉后将电缆穿过一段支管引向墙柱或墙壁，贴墙而下到本层的信息出口（或贴墙而上，在上一层楼板钻一个孔，将电缆引到上一层的信息出口）；最后端接在用户的插座上，如图 2-8 所示。

图 2-8　先走线槽后分支管布线方式

在设计、安装线槽时应多方考虑，尽量将线槽放在走廊的吊顶内，并且去各房间的支管应适当集中至检修孔附近，便于维护。如果是新楼宇，应赶在走廊吊顶前施工，这样不仅减少布线工时，还有利于已穿线缆的保护，不影响房内装修；一般走廊处于中间位置，布线的平均距离最短，节约线缆费用，提高综合布线系统的性能（线越短传输的质量越高），尽量避免线槽进入房间，否则不仅费钱，而且影响房间装修，不利于以后的维护。

弱电线槽能走综合布线系统、公用天线系统、闭路电视系统（24V 以内）及楼宇自控系统信号线等弱电线缆，从而可降低工程造价。同时由于支管经房间内吊顶贴墙而下至信息出口，将吊顶与其他的系统管线施工交叉进行，减少了工程协调量。

（3）地面线槽方式。

地面线槽方式就是弱电井出来的线走地面线槽到地面出线盒或由分线盒出来的支管到墙上的信息出口。由于地面出线盒或分线盒或柱体直接走地面垫层，因此这种方式适用于大开间或需要打隔断的场合，如图 2-9 所示。

插座引出盒　　　电源引出盒

到干线接线间或
二级接线间　　　　　拉线盒

图 2-9　地面线槽布线法

地面线槽方式就是将长方形的线槽打在地面垫层中，每隔 4～8m 拉一个过线盒或出线盒（在支路上出线盒起分线盒的作用），直到信息出口的出线盒。线槽有两种规格：70 型外型尺寸 70mm×25mm，有效截面积 1470mm^2，占空比取 30%，可穿 24 根线（3、5 类混用）；50 型外形尺寸 50mm×25mm，有效截面积 960mm^2，可穿插 15 根线。分线盒与过线盒均有两槽或三槽分线盒拼接。

地面线槽方式有如下优点：

① 用地面线槽方式，信息出口离弱电井的距离不限。地面线槽每 4～8m 接一个分线盒或出线盒，布线时拉线非常容易，因此距离不限。

强、弱电可以同路由。强、弱电可以走同路由相邻的地面线槽，而且可接到同一线盒内的各自插座。当然地面线槽必须接地屏蔽，产品质量也要过关。

② 适用于大开间或需打隔断的场合。如交易大厅面积大，计算机离墙较远，用较长的线接墙上的网络出口及电源插座显然是不合适的。这时在地面线槽的附近留一个出线盒，联网及取电都解决了。又如一个楼层要出售，需视办公家具确定房间的大小与位置来打隔断，这时离办公家具搬入和住人的时间已经比较近了，为了不影响工期，使用地面线槽方式是最好的方法。

③ 地面线槽方式可以提高商业楼宇的档次。大开间办公是现代流行的管理模式，只有高档楼宇才能提供这种无杂乱无序线缆的大开间办公室。

地面线槽方式的缺点也是明显的，主要体现在如下几个方面：

① 地面线槽做在地面垫层中，需要至少 6.5cm 以上的垫层厚度，这对于尽量减少档板及垫层厚度来说是不利的。

② 地面线槽由于做在地面垫层中，如果楼板较薄，有可能在装潢吊顶过程中被吊杆打中，影响使用。

③ 不适合楼层中信息点特别多的场合。如果一个楼层中有 500 个信息点，按 70 号线槽穿 25 根线算，需 20 根 70 号线槽，线槽之间有一定空隙，每根线槽大约占 100mm 宽度，20 根线槽就要占 2.0m

的宽度，除门可走 6～10 根线槽外，还需开 1.0～1.4m 的洞，但弱电井的墙一般是承重墙，开这样大的洞是不允许的。另外地面线槽多了，被吊杆打中的机会相应增大。因此我们建议超过 300 个信息点，应同时采用地面线槽与吊顶内线槽两种方式，以减轻地面线槽的压力。

④ 不适合石质地面。地面出线盒宛如大理石地面长出了几只不合时宜的眼睛，地面线槽的路径应避免经过石质地面或不在其上放出线盒与分线盒。

⑤ 造价昂贵。如地面出线盒为了美观，盒盖是铜的，一个出线槽盒的售价为 300～400 元。这是墙上出线盒所不能比拟的。总体而言，地面线槽方式的造价是吊顶内线槽方式的 3～5 倍。目前地面线槽方式大多数用在资金充裕的金融业楼宇中。

在选型与设计中还应注意以下几点：

① 选型时，应选择那些在有工程经验的厂家，其产品要通过国家电气屏蔽检验，避免强、弱电同路对数据产生影响；铺设地面线槽时，厂家应派技术人员现场指导，避免打上垫层后再发现问题而影响工期。

② 应尽量根据甲方提供的办公家具布置图进行设计，避免地面线槽出口被办公家具挡住，无办公家具图时，地面线槽应均匀地布放在地面出口；对有防静电地板的房间，只需布放一个分线盒即可，出线铺设在静电地板下。

③ 地面线槽的主干部分尽量打在走廊的垫层中。楼层信息点较多，应采用地面管道与吊顶内线槽相结合的方式。

2.5 干线（垂直干线）子系统设计

干线子系统是楼层之间垂直干线电缆的统称。

2.5.1 干线子系统设计要求

垂直干线子系统的任务是通过建筑物内部的传输电缆，把各个服务接线间的信号传送到设备间，直到传送到最终接口，再通往外部网络。它必须满足当前的需要，又要适应今后的发展。干线子系统包括：

供各条干线接线间之间的电缆走线用的竖向或横向通道；主设备间与计算机中心间的电缆。

设计时要考虑以下几点：

① 确定每层楼的干线要求；

② 确定整座楼的干线要求；

③ 确定从楼层到设备间的干线电缆路由；

④ 确定干线接线间的接合方法；

⑤ 选定干线电缆的长度；

⑥ 确定敷设附加横向电缆时的支撑结构。

在敷设电缆时，对不同的介质电缆要区别对待。

（1）光纤电缆。

① 光纤电缆敷设时不应该绞结；

② 光纤电缆在室内布线时要走线槽；

③ 光纤电缆在地下管道中穿过时要 PVC 管；

④ 光纤电缆需要拐弯时，其曲率半径不能小于 30cm；

⑤ 光纤电缆的室外裸露部分要加铁管保护，铁管要固定牢固；

⑥ 光纤电缆不要拉得太紧或太松，并要有一定的膨胀收缩余量；

⑦ 光纤电缆埋地时，要加铁管保护。

（2）同轴粗电缆。

① 同轴粗电缆敷设时不应扭曲，要保持自然平直；

② 粗缆在拐弯时，其弯角曲率半径不应小于 30cm；

③ 粗缆接头安装要牢靠；

④ 粗缆布线时必须走线槽；

⑤ 粗缆的两端必须加终接器，其中一端应接地；

⑥ 粗缆上连接的用户间隔必须在 2.5m 以上；

⑦ 粗缆室外部分的安装与光纤电缆室外部分安装相同。

（3）双绞线。

① 双绞线敷设时线要平直，走线槽，不要扭曲；

② 双绞线的两端点要标号；

③ 双绞线的室外部要加套管，严禁搭接在树干上；

④ 双绞线不要拐硬弯。

（4）同轴细缆。

同轴细缆的敷设与同轴粗缆有以下几点不同：

① 细缆弯曲半径不应小于 20cm；

② 细缆上各站点距离不小于 0.5m；

③ 一般细缆长度为 183m，粗缆为 500m。

干线子系统设计要求如下。

（1）干线子系统应由设备间的配线设备和跳线以及设备间至各楼层配线间的连接电缆组成。

（2）在确定干线子系统所需要的电缆总对数之间，必须确定电缆中话音和数据信号的共享原则。对于基本型每个工作区可选定 2 对；对于增强每个工作区可选定 3 对对绞线。对于综合型每个工作区可在基本型或增强型的基础上增设光缆系统。

（3）应选择干线电缆最短、最安全和最经济的路由。宜选择带门的封闭型通道敷设干线电缆。

建筑物有两大类型的通道——封闭型和开放型。封闭型通道是指一连串上下对齐的交接间，每层楼都一间，利用电缆竖井、电缆孔、管道电缆、电缆桥架等穿过这些房间的地板层。每个交接间通常还有一些便于固定电缆的设施和消防装置。开放型通道是指从建筑物的地下室到楼顶的一个开放空间、中间没有任何楼板隔开。例如，通风通道或电梯通道不能敷设干线子系统电缆。

（4）干线电缆可采用点对点端接，也可采用分支递减端接以及电缆直接连接方法。

点对点端接是最简单、最直接的接合方法，干线子系统中每根干线电缆直接延伸到指定的楼层和交接间。

分支递减端接是用 1 根大容量干线电缆足以支持若干个交接间或若干楼层的通信容量，经过电缆接头保护箱分出若干根小电缆，它们分别延伸到每个交接间或每个楼层，并端接于目的地的连接硬件。

而电缆直接连接方法是特殊情况使用的技术。一种情况是一个楼层的所有水平端接都集中在干线交接间，另一种情况是二级交接间太小，在干线交接间完成端接。

（5）如果设备间与计算机机房处于不同的地点，而且需要的把话音电缆连至设备间，把数据电缆连至计算机机房，则宜在设计中选取不同的干线电缆或干线电缆的不同部分来分别满足不同路由话音和数据的需要。当需要时，也可采用光缆系统予以满足。

（6）确定干线线缆类型及线对。

干线线缆主要有铜缆和光缆两种类型，具体选择要根据布线环境的限制和用户对综合布线系统设计等级的考虑。计算机网络系统的主干线缆可以选用 4 对双绞线电缆或光缆，电话语音系统的主干电缆可以选用 3 类大对数双绞线电缆，有线电视系统的主干电缆一般采用 75Ω 同轴电缆。主干电缆的线对要根据水平布线线缆对数以及应用系统类型来确定。

（7）干线线缆的交接。

为了便于综合布线的路由管理，干线电缆、干线光缆布线的交接不应多于两次。从楼层配线架到建筑群配线架之间只应通过一个配线架，即建筑物配线架（在设备间、电信间内）。当综合布线只用一级干线布线进行配线时，放置干线配线架的二级交接间可以并入楼层配线间。

（8）干线线缆的端接。

干线电缆可采用点对点端接，也可采用分支递减端接以及电缆直接连接。点对点端接是最简单、最直接的接合方法。干线子系统每根干线电缆直接延伸到指定的楼层配线间或二级交接间。分支递减端接是用一根足以支持若干个楼层配线间或若干个二级交接间的通信容量的大容量干线电缆，经过电缆接头保护箱分出若干根小电缆，再分别延伸到每个二级交接间或每个楼层配线间，最后端接到目的地的连接硬件上。

2.5.2　垂直干线子系统设计方法

垂直干线子系统是一个星形结构，如图 2-10 所示。

垂直干线子系统负责把各个管理间的干线连接到设备间。

确定从管理间到设备间的干线路由，应选择干线段最短、最安全和最经济的路由，在大楼内通常有如下两种方法。

（1）电缆孔方法。

图 2-10　干线子系统星形结构

干线通道中所用的电缆孔是很短的管道，通常用直径为 10cm 的钢性金属管做成。它们嵌在混凝土地板中，这是在浇注混凝土地板时嵌入的，比地板表面高出 2.5～10cm。电缆往往捆在钢绳上，而钢绳又固定到墙上已铆好的金属条上。当配线间上下都对齐时，一般采用电缆孔方法。

（2）电缆井方法。

电缆井方法常用于干线通道。电缆井是指在每层楼板上开出一些方孔，使电缆可以穿过这些电缆井从某层楼伸到相邻的楼层。电缆井的大小依所用电缆的数量而定。与电缆孔方法一样，电缆也是捆在或箍在支撑用的钢绳上，钢绳靠墙上金属条或地板三角架固定住。离电缆井很近的墙上立式金属架可以支撑很多电缆。电缆井的选择性非常灵活，可以让粗细不同的各种电缆以任何组合方式通过。电缆井方法虽然比电缆孔方法灵活，但在原有建筑物中开电缆井安装电缆造价较高，它的另一个缺点是使用的电缆井很难防火。如果在安装过程中没有采取措施去防止损坏楼板支撑件，则楼板的结构完整性将受到破坏。

在多层楼房中，经常需要使用干线电缆的横向通道才能从设备间连接到干线通道，以及在各个楼层上从二级交接间连接到任何一个配线间。请记住，横向走线需要寻找一个易于安装的方便通道，因而两个端点之间很少是一条直线。在水平干线、垂直干线子系统布线时，应考虑数据线、语音线以及其他弱电系统共槽问题。

2.6　设备间子系统设计

设备间是建筑物综合布线系统的线路汇聚中心，各房间内信息插座经水平线缆连接，再经干线线缆最终汇聚连接至设备间。设备间还安装了各应用系统相关的管理设备，为建筑物各信息点用户提供各类服务，并管理各类服务服务的运行状况。

2.6.1　设备间设计要求

（1）设备间位置应根据设备的数量、规模、网络构成等因素，综合考虑确定；

（2）如果电话交换机与计算机网络设备分别安装在不同的场地或根据安全需要，也可设置 2 个或 2 个以上设备间，以满足不同业务的设备安装需要；

（3）建筑物综合布线系统与外部配线网连接时，应遵循相应的接口标准要求；

（4）设备间的设计应符合下列规定：

① 设备间宜处于干线子系统的中间位置，并考虑主干缆线的传输距离与数量；

② 设备间宜尽可能靠近建筑物线缆竖井位置，有利于主干缆线的引入；

③ 设备间的位置宜便于设备接地；

④ 设备间应尽量远离高低压变配电、电机、X 射线、无线电发射等有干扰源存在的场地；

⑤ 设备间室温度应为 18～25℃，相对湿度应为 20%～80%，并应有良好的通风；

⑥ 设备间内应有足够的设备安装空间，其使用面积不应小于 $10m^2$，该面积不包括程控用户交换机、计算机网络设备等设施所需的面积在内；

⑦ 设备间梁下净高不应小于 2.5m，采用外开双扇门，门宽不应小于 1.5m。

（5）设备间应防止有害气体（如氯、碳水化合物、硫化氢、氮氧化物、二氧化碳等）侵入，并应有良好的防尘措施，尘埃含量限值宜符合表 2-36 的规定。

表 2-36　尘埃限值

尘埃颗粒的最大直径(μm)	0.5	1	3	5
灰尘颗粒的最大浓度（粒子数/m³）	1.4×107	7×105	2.4×105	1.3×105

注：灰尘粒子应是不导电的、非铁磁性和非腐蚀性的。

（6）在地震区的区域内，设备安装应按规定进行抗震加固。

（7）设备安装宜符合下列规定：

① 机架或机柜前面的净空不应小于 800mm，后面的净空不应小于 600mm；

② 壁挂式配线设备底部离地面的高度不宜小于 300mm。

（8）设备间应提供不少于两个 220V 带保护接地的单相电源插座，但不作为设备供电电源。

（9）设备间如果安装电信设备或其他信息网络设备时，设备供电应符合相应的设计要求。

2.6.2　设备间子系统设计要点

1. 设备间子系统的考虑

设备间有服务器、交换机、路由器、稳压电源等设备。在高层建筑内，设备间可设置在 2、3 层。在设计设备间时应注意：

（1）设备间应设在位于干线综合体的中间位置。

（2）应可能靠近建筑物电缆引入区和网络接口。

（3）设备间应在服务电梯附近，便于装运笨重设备。

（4）设备间内要注意：

① 室内无尘土，通风良好，要有较好的照明亮度。

② 要安装符合机房规范的消防系统。

③ 使用防火门，墙壁使用阻燃漆。

④ 提供合适的门锁，至少要有一个安全通道。

（5）防止可能的水害（如暴雨成灾、自来水管爆裂等）带来的灾害。

（6）防止易燃易爆物的接近和电磁场的干扰。

（7）设备间空间（从地面到天花板）应保持 2.50m 高度的无障碍空间，门高为 2.1m，宽为 1.5m，地板承重压力不能低于 500kg/m²。

因此，设备间设计时，必把握下述要素：

① 最低高度；

② 房间大小；

③ 照明设施；

④ 地板负重；

⑤ 电气插座；

⑥ 配电中心；

⑦ 管道位置；

⑧ 楼内气温控制；

⑨ 门的大小、方向与位置；

⑩ 端接空间；

⑪ 接地要求；

⑫ 备用电源；

⑬ 保护设施；

⑭ 消防设施；

⑮ 防雷击，设备间不宜放置在楼宇的四个边角上。

2．设备间使用面积

设备间的主要设备有数字交换机、程控交换机、计算机等，对于它的使用面积，必须有一个通盘的考虑。目前，对设备间的使用面积有两种方法来确定。

方法一：面积 $S = K \Sigma S_i$，$i = 1, 2, \cdots, n$

S——设备间使用的总面积，m²；

K——系数，每一个设备预占的面积，一般 K 选择 5、6 或 7 这三个数之一（根据设备大小来选择）；

S_i——代表设备件；

i——变量 $i = 1, 2, \cdots, n$。n 代表设备间内共有设备总数。

方法二：面积 $S = KA$

S——设备间使用的总面积，m²；

K——系数，同方法一；

A——设备间所有设备的总数。

3. 设备间子系统设计的环境考虑

（1）温度和湿度。

网络设备间对温度和湿度是有要求的，一般将温度和湿度分为 A、B、C 三级，设备间可按某一级执行，也可按多级综合执行。具体指标见表 2-37。

（2）尘埃。

设备对设备间内的尘埃量是有要求的，一般可分为 A、B 二级。具体指标见表 2-38。

表 2-37　设备间温度和湿度指标

指标 级别 项目	A 级		B 级	C 级
	夏季	冬季		
温度（℃） 相对湿度（%）	22±4 40~65	18±4 35~70	12~30 30~80	8~35
温度变化率（℃/h）	<5 要不凝露		>0.5 要不凝露	<15 要不凝露

表 2-38　尘埃量度表

指标 级别 项目	A 级	B 级
粒度（℃）	>0.5	>0.5
个数（粒/dm³）	<10 000	<18 000

注：A 级相当于 30 万粒/ft³，B 级相当于 50 万粒/ft³。

设备间的温度、湿度和尘埃对微电子设备的正常运行及使用寿命都有很大的影响，过高的室温会使元件失效率急剧增加，使用寿命下降；过低的室温又会使磁介等发脆，容易断裂。温度的波动会产生"电噪声"，使微电子设备不能正常运行。相对湿度过低，容易产生静电，对微电子设备造成干扰；相对湿度过高会使微电子设备内部焊点和插座的接触电阻增大。尘埃或纤维性颗粒积聚、微生物的作用还会使导线被腐蚀断掉。所以在设计设备间时，除了按 GB 2998—89《计算站场地技术条件》执行外，还应根据具体情况选择合适的空调系统。

（3）热量。

热量主要由如下几个方面产生：

① 设备发热量；

② 设备间外围结构发热量；

③ 室内工作人员发热量；

④ 照明灯具发热量；

⑤ 室外补充新鲜空气带入的热量。

计算出上列总发热量再乘以系数 1.1，就可以作为空调负荷，据此选择空调设备。

（4）照明。

设备间内在距地面 0.8m 处，照度不应低于 200lx。

还应设事故照明，在距地面 0.8m 处，照度不应低于 5lx。

（5）噪声。

设备间的噪声应小于 70dB。

如果长时间在 70~80dB 噪声的环境下工作，不但影响人的身心健康和工作效率，还可能造成人为的噪声事故。

（6）电磁场干扰。

设备间无线电干扰场强，在频率为 0.15~1000MHz 范围内不大于 120dB。

设备间内磁场干扰场强不大于 800A/m（相当于 10Ω）。

（7）供电。

设备间供电电源应满足下列要求。

频率：50Hz；

电压：380V/220V；

相数：三相五线制或三相四线制/单相三线制。

依据设备的性能允许以上参数的变动范围，见表 2-39。

表 2-39　设备的性能允许电源变动范围

级别 指标 项目	A 级	B 级	C 级
电压变动（%）	−5～+5	−15～+7	−15～+10
频率变化（Hz）	−0.2～+0.2	−0.5～+0.5	−1～+1
波形失真率（%）	<±5	<±5	<±10

设备间内供电容量：将设备间内存放的每台设备用电量的标称值相加后，再乘以系数。从电源室（房）到设备间使用的电缆，除应符 GBJ 232—82《电气装置安装工程规范》中配线工程规定外，载流量应减少 50%。设备间内设备用的配电柜应设置在设备间内，并应采取防触电措施。

设备间内的各种电力电缆应为耐燃铜芯屏蔽的电缆。各电力缆如空调设备、电源设备等，供电电缆不得与双绞线走向平行。交叉时，应尽量以接近于垂直的角度交叉，并采取防延燃措施。各设备应选用铜芯电缆，严禁铜、铝混用。

（8）安全。

设备间的安全可分为三个基本类别：

① 对设备间的安全有严格的要求，有完善的设备间安全措施；

② 对设备间的安全有较严格的要求，有较完善的设备间安全措施；

③ 对设备间有基本的要求，有基本的设备间安全措施。

设备间的安全要求详见表 2-40。

表 2-40　设备间的安全要求

级别 指标 项目	C 级	B 级	A 级
场地选择	无要求	有要求或增加要求	有要求或增加要求
防火	有要求或增加要求	有要求或增加要求	有要求或增加要求
内部装修	无要求	有要求或增加要求	要求
供配电系统	有要求或增加要求	有要求或增加要求	要求
空调系统	有要求或增加要求	有要求或增加要求	要求
火灾报警及消防设施	有要求或增加要求	有要求或增加要求	要求
防水	无要求	有要求或增加要求	要求
防静电	无要求	有要求或增加要求	要求
防雷电	无要求	有要求或增加要求	要求
防鼠害	无要求	有要求或增加要求	要求
电磁波的防护	无要求	有要求或增加要求	要求

根据设备间的要求，设备间安全可按其一类执行，也可按某些类综合执行。

（9）建筑物防火与内部装修。

A 类，其建筑物的耐火等级必须符合 GBJ 45 中规定的一级耐火等级。

B 类，其建筑物的耐火等级必须符合 BGJ 42—82《高层民用建筑设计防火规范》中规定的二级耐火等级。

与 A、B 类安全设备间相关的其余工作房间及辅助房间，其建筑物的耐火等级不应低于 TJ 16 中规定的二级耐火等级。

C 类，其建筑物的耐火等级应符合 TJ 16—74《建筑设计防火规范》中规定的二级耐火等级。

与 C 类设备间相关的其余基本工作房间及辅助房间，其建筑物的耐火等级不应低于 TJ 16 中规定的三级耐火等级。

内部装修：根据 A、B、C 三类等级要求，设备间进行装修时，装饰材料应符合 TJ 16—74《建筑设计防火规范》中规定的难燃材料或非燃材料，应能防潮、吸噪、不起尘、抗静电等。

（10）地面。

为了方便表面敷设电缆线和电源线，设备间地面最好采用抗静电活动地板，其系统电阻应在 1～10Ω 之间。具体要求应符合 GR 6650—86《计算机房用地板技术条件》标准。

带有走线口的活动地板称为异形地板。其走线应做到光滑，防止损伤电线、电缆。设备间地面所需异形地板的块数可根据设备间所需引线的数量来确定。

设备间地面切忌铺地毯。其原因：一是容易产生静电；二是容易积灰。

放置活动地板的设备间的建筑地面应平整、光洁、防潮、防尘。

（11）墙面。

墙面应选择不易产生尘埃，也不易吸附尘埃的材料。目前大多数是在平滑的墙壁涂阻燃漆，或在平滑的墙壁覆盖耐火的胶合板。

（12）顶棚。

为了吸噪及布置照明灯具，设备顶棚一般有建筑物梁下加一层吊顶。吊顶材料应满足防火要求。目前，我国大多数采用铝合金或轻钢作龙骨，安装吸声铝合金板、难燃铝塑板、喷塑石英板等。

（13）隔断。

根据设备间放置的设备及工作需要，可用玻璃将设备间隔成若干个房间。隔断可以选用防火的铝合金或轻钢作龙骨，安装 10mm 厚玻璃。或从地板面至 1.2m 安装难燃双塑板，1.2m 以上安装 10mm 厚玻璃。

（14）火灾报警及灭火设施。

A、B 类设备间应设置火灾报警装置。在机房内、基本工作房间、活动地板下、吊顶地板下、吊顶上方、主要空调管道中及易燃物附近部位应设置烟感和温感探测器。

A 类设备间内设置卤代烷 1211、1301 自动灭火系统，并备有手提式卤代烷 1211、1301 灭火器。

B 类设备间在条件许可的情况下，应设置卤代烷 1211、1301 自动消防系统，并备有卤代烷 1211、1301 灭火器。

C 类设备间应备置手提式卤代烷 1211 或 1301 灭火器。

A、B、C 类设备间除纸介质等易燃物质外，禁止使用水、干粉或泡沫等易产生二次破坏的灭火剂。

2.7 技 术 管 理

2.7.1 GB 50311—2007 综合布线设计规范对技术管理的规定

对设备间、电信间、进线间和工作区的配线设备、缆线、信息点等设施应按一定的模式进行标识和记录，并宜符合下列规定：

（1）综合布线系统工程的技术管理涉及综合布线系统的工作区、电信间、设备间、进线间、入口设施、缆线管道与传输介质、配线连接器件及接地等各方面，根据布线系统的复杂程度分为以下 4 级：

① 一级管理：针对单一电信间或设备间的系统；

② 二级管理：针对同一建筑物内多个电信间或设备间的系统；

③ 三级管理：针对同一建筑群内多栋建筑物的系统，包括建筑物内部及外部系统；

④ 四级管理：针对多个建筑群的系统。

（2）管理系统的设计应使系统可在无须改变已有标识符和标签的情况下升级和扩充。

（3）综合布线系统工程宜采用计算机进行文档记录与保存，简单且规模较小的综合布线系统工程可按图纸资料等纸质文档进行管理，并做到记录准确、及时更新、便于查阅；文档资料应实现汉化。

（4）综合布线的每一电缆、光缆、配线设备、端接点、接地装置、敷设管线等组成部分均应给定唯一的标识符，并设置标签。标识符应采用相同数量的字母和数字等标明。

（5）电缆和光缆的两端均应标明相同的标识符。

（6）设备间、电信间、进线间的配线设备宜采用统一的色标区别各类业务与用途的配线区。

（7）所有标签应保持清晰、完整，并满足使用环境要求。

（8）对于规模较大的布线系统工程，为提高布线工程维护水平与网络安全，宜采用电子配线设备对信息点或配线设备进行管理，以显示与记录配线设备的连接、使用及变更状况。

（9）综合布线系统相关设施的工作状态信息应包括：设备和缆线的用途、使用部门、组成局域网的拓扑结构、传输信息速率、终端设备配置状况、占用器件编号、色标、链路与信道的功能和各项主要指标参数及完好状况、故障记录等，还应包括设备位置和缆线走向等内容。

2.7.2　综合布线系统的标识

在综合布线系统设计规范中强调了管理。要求对设备间、管理间和工作区的配线设备、线缆、信息插座等设施，按照一定的模式进行标识和记录。电缆和光缆的两端应采用不易脱落和磨损的不干胶条标明相同的编号。TIA/EIA—606 标准对布线系统各个组成部分的标识管理做了具体的要求。综合布线系统使用三种标识：电缆标识、场标识和插入标识。

（1）电缆标识。

电缆标识主要用来标明电缆来源和去处，在电缆连接设备前电缆的起始端和终端都应做好电缆标识。电缆标识由背面为不干胶的白色材料制成，可以直接贴到各种电缆表面上，其规格尺寸和形状根据需要而定。

（2）场标识。

场标识又称为区域标识，一般用于设备间、配线间和二级交接间的管理器件之上，以区别管理器件连接线缆的区域范围。它也是由背面为不干胶的材料制成的，可贴在设备醒目的平整表面上。

（3）插入标识。

插入标识一般在管理器件上，如 110 配线架、BIX 安装架等。插入标识是硬纸片，可以插在 $1.27\text{cm} \times 20.32\text{cm}$ 的透明塑料夹里，这些塑料夹可安装在两个 110 接线块或两根 BIX 条之间。每个插入标识都用色标来指明所连接电缆的源发地，这些电缆端接于设备间和配线间的管理场，对应插入不同色标的标识。

（4）不同颜色的配线设备之间应采用相应的跳线进行连接，色标的规定及应用场合宜符合下列要求：

橙色——用于分界点，连接入口设施与外部网络的配线设备；

绿色——用于建筑物分界点，连接入口设施与建筑群的配线设备；

紫色——用于与信息通信设施（PBX、计算机网络、传输等设备）连接的配线设备；

白色——用于连接建筑物内主干缆线的配线设备（一级主干）；

灰色——用于连接建筑物内主干缆线的配线设备（二级主干）；

棕色——用于连接建筑群主干缆线的配线设备；

蓝色——用于连接水平缆线的配线设备；

黄色——用于报警、安全等其他线路；

红色——预留备用。

综合布线系统使用的区分不同服务的标识的色标见表 2-41。

表 2-41　综合布线系统标识的色标

色别	设备间	配线间	二级交接间
蓝	设备间至工作区或用户终端线路	连接配线间与工作区的线路	自交换间连接工作区线路
橙	网络接口、多路复用器引来的线路	来自配线间多路复用器的输出线路	来自配线间多路复用器的输出线路
绿	来自电信局的输入中继线或网络接口的设备侧		
黄	交换机的用户引出线或辅助装置的连接线路		
灰		至二级交换间的连接电缆	来自配线间的连接电缆端接
紫	来自系统公用设备（如程控交换机或网络设备）连接线路	来自系统公用设备（如程控交换机或网络设备）连接线路	来自系统公用设备（如程控交换机或网络设备）连接线路
白	干线电缆和建筑群间连接电缆	来自设备间干线电缆的端接点	来自设备间干线电缆的点到点端接
红	预留备用		

通过不同色标可以很好地区别各个区域的电缆，方便管理子系统的线路管理工作。

2.7.3　综合布线系统的标识管理

综合布线系统应在需要管理的各个部位设置标签，分配由不同长度的编码和数字组成的标识符，以表示相关的管理信息。

（1）标识符可由数字、英文字母、汉语拼音或其他字符组成，布线系统内各同类型的器件与缆线的标识符应具有同样特征（相同数量的字母和数字等）。

（2）标签的选用应符合以下要求：

① 选用粘贴型标签时，缆线应采用环套型标签，标签在缆线上至少应缠绕一圈或一圈半，配线设备和其他设施应采用扁平型标签；

② 标签衬底应耐用，可适应各种恶劣环境；不可将民用标签应用于综合布线工程；插入型标签应设置在明显位置、固定牢固。

综合布线系统的管理使用色标来区分配线设备的性质，标识按性质排列的接线模块，标明端接区域、物理位置、编号、容量、规格等，以便维护人员在现场一目了然地加以识别。

布线系统中有五个部分需要标识：线缆（电信介质）、通道（走线槽/管）、空间（设备间）、端接硬件（电信介质终端）和接地。五者的标识相互联系，互为补充，而每种标识的方法及使用的材料又各有特点。像线缆的标识，要求在线缆的两端都进行标识，严格的话，每隔一段距离都要进行标识，而且要在维修口、接合处、牵引盒处的电缆位置进行标识。空间的标识和接地的标识要求清晰、醒目，让人一眼就能注意到。配线架和面板的标识除应清晰、简洁易懂外，还要美观。从材料上和应用的角度讲，线缆的标识，尤其是跳线的标识要求使用带有透明保护膜（带白色打印区域和透明尾部）的耐磨损、抗拉的标签材料，像乙烯基这种适合于包裹和伸展性的材料最好。这样的话，线缆的弯曲变形以及经常的磨损才不会使标签脱落和字迹模糊不清。另外，套管和热缩套管也是线缆标签的很好选择。面板和配线架的标签要使用连续的标签，材料以聚酯的为好，可以满足外露的要求。

管理标识的编制、使用应按下列原则进行：

（1）规模较大的综合布线系统应采用计算机进行标识管理，简单的综合布线系统应按图纸资料进行管理，并应做到记录准确、及时更新、便于查阅。

（2）系统中所使用的区分不同服务的色标应保持一致，对于不同性能缆线级别所连接的配线设备，可用加强颜色或适当的标记加以区分。

（3）综合布线系统的每条电缆、光缆、配线设备、端接点、安装通道和安装空间均应给定唯一的标志。标志中可包括名称、颜色、编号、字符串或其他组合。

（4）记录信息包括所需信息和任选信息，各部位相互间接口信息应统一。

① 管线记录包括管道的标识符、类型、填充率、接地等内容；

② 缆线记录包括缆线标识符、缆线类型、连接状态、线对连接位置、缆线占用管道类型、缆线长度、接地等内容；

③ 连接器件及连接位置记录包括相应标识符、安装场地、连接器件类型、连接器件位置、连接方式、接地等内容；

④ 接地记录包括接地体与接地导线标识符、接地电阻值、接地导线类型、接地体安装位置、接地体与接地导线连接状态、导线长度、接地体测量日期等内容；

（5）配线设备、线缆、信息插座等硬件均应设置不易脱落和磨损的标识，并应有详细的书面记录和图纸资料。

（6）设备间、电信间的配线设备宜采用统一的色标以区别各类用途的配线区。

（7）由于各厂家的配线规格不同，所留标识的宽度也不同，所以选择标签时，宽度和高度都要多加注意。

（8）在进行标识管理时要注意，电缆和光缆的两端均应标明相同的编号。

（9）报告可由一组记录或多组连续信息组成，以不同格式介绍记录中的信息。报告应包括相应记录、补充信息和其他信息等内容。

（10）综合布线系统工程竣工图纸应包括说明及设计系统图、反映各部分设备安装情况的施工图。竣工图纸应表示以下内容：

① 安装场地和布线管道的位置、尺寸、标识符等；

② 设备间、电信间、进线间等安装场地的平面图或剖面图及信息插座模块安装位置；

③ 缆线布放路径、弯曲半径、孔洞、连接方法及尺寸等。

2.8　建筑群子系统设计

建筑群子系统也称楼宇管理子系统。一个企业或某政府机关可能分散在几幢相邻建筑物或不相邻建筑物内办公，但彼此之间的语音、数据、图像和监控等系统可用传输介质和各种支持设备（硬件）连接在一起。连接各建筑物之间的传输介质和各种支持设备（硬件）组成一个建筑群综合布线系统。连接各建筑物之间的缆线组成建筑群子系统。

建筑群子系统设计要点：

（1）建筑群子系统由两个及以上建筑物的电话、数据、电视系统组成一个建筑群综合布线系统，其连接各建筑物之间的缆线和配线设备（CD），组成建筑群子系统。

（2）建筑群子系统宜采用地下管道敷设方式。管道内敷设的铜缆或光缆应遵循电话管道和人孔（人字形孔道）的各项设计规定。此外安装时至少应予留 1～2 个备用管孔，以供扩充之用。

（3）建筑群子系统采用直埋沟内敷设时，如果在同一沟内埋入了其他的图像、监控电缆，应设立明显的共用标志。

（4）电话局来的电缆应进入一个阻燃接头箱，再接至保护装置。

2.8.1　AT&T 推荐的建筑群子系统的设计步骤

建筑群子系统布线设计步骤如下：

（1）确定敷设现场的特点。

① 确定整个工地的大小；

② 确定工地的地界；

③ 确定共有多少座建筑物。

（2）确定电缆系统的一般参数。

① 确认起点位置；

② 确认端接点位置；

③ 确认涉及的建筑物和每座建筑物的层数；

④ 确定每个端接点所需的双绞线对数；

⑤ 确定有多个端接点的每座建筑物所需的线缆总对数。

（3）确定建筑物的电缆入口。

① 对于现有建筑物，要确定各个入口管道的位置；每座建筑物有多少入口管道可供使用；入口管道数目是否满足系统的需要。

② 如果入口管道不够用，则要确定在移走或重新布置某些电缆时是否能腾出某些入口管道；在不够用的情况下应另装多少入口管道；

③ 如果建筑物尚未建起来，则要根据选定的电缆路由完全电缆系统设计，并标出入口管道的位置；选定入口管理的规格、长度和材料；在建筑物施工过程中安装好入口管道。

（4）确定明显障碍物的位置。

① 确定土壤类型：砂质土、黏土、砾土等；

② 确定电缆的布线方法；

③ 确定地下公用设施的位置；

④ 查清拟定的电缆路由中沿线各个障碍物位置或地理条件：

　　a. 铺路区；

　　b. 桥梁；

　　c. 铁路；

　　d. 树林；

　　e. 池塘；

　　f. 河流；

　　g. 山丘；

　　h. 砾石土；

　　i. 截留井；

　　j. 人孔（人字形孔道）；

　　k. 其他。

⑤ 确定对管道的要求。

（5）确定主电缆路由和备用电缆路由。

① 对于每一种待定的路由，确定可能的电缆结构；

② 所有建筑物共用一根电缆；

③ 对所有建筑物进行分组，每组单独分配一根电缆；

④ 每座建筑物单用一根电缆；

⑤ 查清在电缆路由中哪些地方需要获准后才能通过；

⑥ 比较每个路由的优缺点，从而选定最佳路由方案。

（6）选择所需电缆类型和规格。

① 确定电缆长度；

② 画出最终的结构图；

③ 画出所选定路由的位置和挖沟详图，包括公用道路图或任何需要经审批才能动用的地区草图；

④ 确定入口管道的规格；

⑤ 选择每种设计方案所需的专用电缆；

⑥ 参考有关电缆部分，线号、双绞线对数和长度应符合有关要求；

⑦ 应保证电缆可进入口管道；

⑧ 如果需用管道，应选择其规格和材料；

⑨ 如果需用钢管，应选择其规格、长度和类型。

（7）确定每种选择方案所需的劳务成本。

① 确定布线时间。

　　a. 包括迁移或改变道路、草坪、树木等所花的时间；

　　b. 如果使用管道区，应包括敷设管道和穿电缆的时间；

　　c. 确定电缆接合时间；

　　d. 确定其他时间，例如拿掉旧电缆、避开障碍物所需的时间。

② 计算总时间（a+b+c+d）。

③ 计算每种设计方案的成本。

④ 总时间乘以当地的工时费。

（8）确定每种选择方案的材料成本。

① 确定电缆成本。

　　a. 确定每英尺（米）的成本；

　　b. 参考有关布线材料价格表；

　　c. 针对每根电缆查清每 100 英尺的成本；

　　d. 将每米（英尺）的成本乘以米（英尺）数。

② 确定所有支持结构的成本。

　　a. 查清并列出所有的支持结构；

　　b. 根据价格表查明每项用品的单价；

　　c. 将单价乘以所需的数量。

③ 确定所有支撑硬件的成本。

对于所有的支撑硬件，重复确定所有支持结构的成本项所列的三个步骤。

（9）选择最经济、最实用的设计方案。

① 把每种选择方案的劳务费成本加在一起，得到每种方案的总成本；

② 比较各种方案的总成本，选择成本较低者；

③ 确定该比较经济的方案是否有重大缺点，以至抵消了经济上的优点。如果发生这种情况，应取消此方案，考虑经济性较好的设计方案。

如果牵涉到干线电缆，应把有关的成本和设计规范也列进来。

2.8.2　电缆布线方法及保护

在建筑群子系统中电缆布线有四种设计方案：

（1）架空电缆布线。

架空安装方法通常只用于具有现有的电线杆，电缆的走法不是主要考虑内容的场合下，从电线杆至建筑物的架空进线距离不超过 30m 为宜。建筑物的电缆入口可以是穿墙的电缆孔或管道。入口管道的最小口径为 50mm。建议另设一根同样口径的备用管道，如果架空线的净空间有问题，可以使用天线杆型的入口。该天线的支架一般不应高于屋顶 1200mm。如果再高，就应使用拉绳固定。此外，天线型入口杆高出屋顶的净空间应有 2400mm，该高度正好使工人可摸到电缆。

通信电缆与电力电缆之间的距离必须符合我国室外架空线缆的有关标准。

架空电缆通常穿入建筑物外墙上的 U 形钢保护套，然后向下（或向上）延伸，从电缆孔进入建筑物内部，如图 2-11 所示，电缆入口的孔径一般为 50mm，建筑物到最近处的电线杆通常相距应小于 30m。

（2）挖沟直埋电缆布线。

挖沟直埋布线法优于架空布线法，影响选择此法的主要因素有初始价格、维护费、服务可靠、安全性及外观。

挖沟直埋布线法根据选定的布线路由在地面上挖沟，然后将线缆直接埋在沟内。直埋布线的电缆除了穿过基础墙的那部分电缆有管保护外，电缆的其余部分直埋于地下且有管保护，如图 2-12 所示。

图 2-11　架空布线法　　　　　　　　　　图 2-12　地下有管保护

直埋电缆通常应埋在距地面 0.8～1.2m 以下的地方，或按照当地城管等部门的有关法规去施工。如果在同一土沟内埋入了通信电缆和电力电缆，应设立明显的共用标志。

直埋布线的选取地址和布局实际上是针对每项作业对象专门设计的，而且必须对各种方案进行工程研究后再做出决定。工程的可行性决定了何者为最实际的方案。

在选择直埋布线路时，主要的物理因素如下：

① 土质和地下状况；

② 天然障碍物，如树林、石头以及不利的地形；

③ 其他公用设施（如下水道、水、气、电）的位置；

④ 现有或未来的障碍，如游泳池、表土存储场或修路；

⑤ 按照当地城管等部门的有关法规去施工；

⑥ 如果在同一土沟内埋入了通信电缆和电力电缆，应设立明显的共用标志。

由于发展趋势是让各种设施不在人的视野里，所以，话音电缆和电力电缆埋在一起将日趋普遍，这样的共用结构要求有关部门从筹划阶段直到施工完毕，以至未来的维护工作中密切合作。这种协作会增加一些成本。但是，这种共用结构也日益需要用户的合作。PDS（Premises Distribution System）软件为改善所有公用部门的合作而提供的建筑性方法将有助于使这种结构既吸引人，又很经济。

有关直埋电缆所需的各种许可证书应妥善保存，以便在施工过程中可立即取用。

需要申请许可证书的事项如下：

① 挖开街道路面；

② 关闭通行道路；

③ 把材料堆放在街道上；

④ 使用炸药；

⑤ 在街道和铁路下面推进钢管；

⑥ 电缆穿越河流。

综合布线光缆与其他管线之间的间距见表 2-42。

表 2-42　综合布线光缆与其他管线之间的间距表

接近的管线类型	与管线水平布设时的最小间距（nm）	与管线交叉布设时的最小间距（nm）
保护地线	50	20
市话管道边线	75	25
给排水管	150	20
煤气管	300	20
避雷引下线	1000	300
天燃气管道	10000	500
热力管道	1000	500

（3）管道系统电缆布线。

管道系统的设计方法就是把直埋电缆设计原则与管道设计步骤结合在一起。当考虑建筑群管道系统时，还要考虑接合井。

在建筑群管道系统中，接合井的平均间距约180m，或者在主结合点处设置接合井。接合井可以是预制的，也可以是现场浇筑的。应在结构方案中标明使用哪一种接合井。

预制接合井是较佳的选择。现场浇筑的接合井只在下述几种情况下才允许使用：

① 该处的接合井需要重建；

② 该处需要使用特殊的结构或设计方案；

③ 该处的地下或头顶空间有障碍物，因而无法使用预制接合井；

④ 作业地点的条件（例如沼泽地或土壤不稳固等）不适于安装预制入孔。

（4）隧道内电缆布线。

在建筑物之间通常有地下通道，大多是供暖供水的，利用这些通道来敷设电缆不仅成本低，而且可利用原有的安全设施，如考虑到暖气泄漏等条件。电缆安装时应与供气、供水、供暖的管道保持一定的距离，安装在尽可能高的地方，可根据民用建筑设施的有关条例进行施工。

架空、直埋、管道系统电缆布线、隧道四种建筑群布线方法，它们的优缺点如表 2-43 所示。

表 2-43　四种建筑群布线方法的优缺点

方法	优点	缺点
管道内	提供最佳的机构保护 任何时候都可敷设电缆 电缆的敷设、扩充和加固都很容易 保护建筑物的外貌	挖沟、开管道和入孔的成本很高
直埋	提供某种程度的机构保护 保护建筑物的外貌	挖沟成本高 难以安排电缆的敷设位置 难以更换和加固
架空	如果本来就有电线杆，则成本最低	没有提供任何机械保护 灵活性差 安全性差 影响建筑物美观
隧道	保持建筑物的外貌如果本来就有隧道，则成本最低、安全	热量或漏泄的热水可能会损坏电缆可能被水淹没

设计师在设计时，不但自己要有一个清醒的认识，还要把这些情况向用户方说明。

当电缆从一个建筑物到另一建筑物时，要考虑易受到雷击、电源碰地、电源感应电压或地电压上升等因素，必须用保护器保护这些线对。如果电气保护设备位于建筑物内部（不是对电信公用设施实行专门控制的建筑物），那么所有保护设备及其安装装置都必须有 UL 安全标记。

有些方法可以确定电缆是否容易受到雷击或电源的损坏，也知道有哪些保护器可以防止建筑物、设备和连线因火灾和雷击而遭到毁坏。

当发生下列任何情况时，线路就被暴露在危险的境地：

（1）雷击所引起的干扰；

（2）工作电压超过 300V 以上而引起的电源故障；

（3）地电压上升到 300V 以上而引起的电源故障；

（4）60Hz 感应电压值超过 300V。

如果出现上述所列的情况，都应对其进行保护。

确定被雷击的可能性。除非下述任一条件存在，否则电缆就有可能遭到雷击：

（1）该地区每年遭受雷暴雨袭击的次数只有 5 天或更少，而且大地的电阻率小于 $100\Omega \cdot m$。

（2）建筑物的直埋电缆小于 42m，而且电缆的连续屏蔽层在电缆的两端都接地。

（3）电缆处于已接地的保护伞之内，而此保护伞是由邻近的高层建筑物或其他高层结构所提供的，如图 2-13 所示。

图 2-13　保护伞示意图

因此，电信间、设备间要考虑接地问题。接地要求：单个设备接地要小于 1Ω，整个系统设备互连接地要求小于 4Ω。

2.9　进线间设计

进线间是建筑物之间，建筑物配线系统与电信运营商和其他信息业务服务商的配线网络互连互通及交接的场所，也是大楼外部通信和信息管线的入口部位，并可作为入口设施和建筑群配线设备的安装场地。

进线间设计要注意如下事项：

（1）建筑群主干电缆、光缆、公用网和专用网电缆、光缆及天线馈线等室外缆线进入建筑物进线间时，应在进线间成端转换成室内电缆、光缆，在缆线的终端处应设置入口设施，并在外线侧配置必要的防雷电保护装置。入口设施中的配线设备应按引入的电缆和光缆容量配置；

　　（2）进线间应设置管道入口；

　　（3）进线间应满足缆线的敷设路由、成端位置及数量、光缆的盘长空间和缆线的弯曲半径、充气维护设备、配线设备安装所需要的场地空间和面积；

　　（4）进线间的大小应按进线间的进局管道最终容量及入口设施的最终容量设计，同时应考虑满足多家电信业务经营者安装入口设施等设备的面积；

　　（5）进线间宜靠近外墙和在地下设置，以便于缆线引入。进线间设计应符合下列规定：

　　① 进线间应防止渗水，宜设有抽排水装置；

　　② 进线间应与布线系统垂直竖井沟通；

　　③ 进线间应采用相应防火级别的防火门，门向外开，宽度不小于 1000mm；

　　④ 进线间应设置防有害气体措施和通风装置，排风量按每小时不小于 5 次容积计算；

　　（6）与进线间无关的管道不宜通过；

　　（7）进线间入口管道口所有布放缆线和空闲的管孔应采取防火材料封堵，做好防水处理；

　　（8）进线间如安装配线设备和信息通信设施时，应符合设备安装设计的要求。

2.10　光缆传输系统

　　当综合布线系统需要一个建筑群之间的长距离线路传输，建筑内线路将电话、计算机、集线器、专用交换机和其他信息系统组成高速率网络，或者外界与其他网络特别是与电力电缆网络一起敷设以满足抗电磁干扰要求时，宜采用光缆数字复用设备，作为传输媒介。光缆传输系统应能满足建筑与建筑群环境对电话、数据、计算机、电视等综合传输要求，当用于计算机局域网络时，宜采用多模光缆；作为公用电话或数据网的一部分作为采用单模光缆。

　　光缆传输系统可以提供更高的速率，传输更多的信息量，适合大规模的综合布线系统使用。目前已能提供实用的光缆传输设备、器件及光缆。

　　综合布线系统，综合话音、数据、会议电视、监视电视等多种信息系统，使用光缆可增长传输距离，因此综合布线系统是光缆和铜缆组成的集成分布网络系统。光缆传输系统可组成抗电磁干扰的网络。

　　一般多模光缆适用于短距离的计算机局域网络，如果用于公用电话网或数据网，由于长距离传输光缆都采用单模光纤，为了连接方便，综合布线的光缆系统应与公用电话网或数据网采用相适应规格的光缆系统为好。

　　综合布线系统的交接硬件采用光缆部件时，设备间可作为光缆主交接场的设置地点。干线光缆从这个集中的端接和进出口点出发延伸到其他楼层，在各楼层经过光缆及连接装置沿水平方向分布光缆。

　　光缆传输系统应使用标准单元光缆连接器，连接器端接于光缆交接单元，陶瓷头的连接应保证每个连接点的衰减不大于 0.4dB。塑料头的连接器每个连接点的衰减不大于 0.5dB。

　　对于陶瓷头的 STII 连接器，每 1000 次重新连接所引起的衰减变化量小于 0.2dB。对于塑料头的 STII 连接器，每 200 次重新连接所引起的衰减变化量小于 0.2dB。

　　无论是哪种型号的 STII 连接器，安装一个连接器所需的平均时间约为 16 分钟。但同时安装 12 个 STII 连接器，则每个连接器的平均安装时间为 6 分钟。

　　综合布线系统宜采用光纤直径 62.5μm、光纤包层直径 125μm 的缓变增强型多模光缆，标称波长为 850nm 或 1300nm；也可采用标称波长为 1310nm 或 1550nm 的单模光缆。

　　建筑物内综合布线一般采用多模光缆。单模光缆一般用于长距离传输。

　　光缆数字传输系统的数字系列比特率、数字接口特性应符合下列规定：

表 2-44　系列比特率

数字系列等级	基群	二次群	三次群	四次群
标称比特率（Kbps）	2048	8448	34 368	139 264

（1）PDH 数字系列比特率等级应符合国家标准 GB 4110—83《脉冲编码调制通信系统系列》的规定，如表 2-44 所示。

（2）数字接口的比特率偏差、脉冲波形特性、码型、输入口与输出规范等，应符合国家标准 GB7611—87《脉冲编码调制通信系统网络数字接口参数》的规定。

光缆传输系统宜采用松套式或骨架式光纤束合光缆，也可采用带状光纤光缆。

光缆传输系统中标准光缆连接装置硬件交接设备，除应支持连接器外，还应直接支持束合光缆和跨接线光缆。

各种光缆的接续应采用通用光缆盒，为束合光缆、带状光缆或跨接线光缆的接合处提供可靠的连接和保护外壳。通用光缆盒提供的光缆入口应能同时容纳多根建筑物光缆。

光缆和铜缆一样也有铠装、普通和填充等类型。

当带状光缆与带状光缆互连时，必须使用陈列接合连接器。如果一根带状光缆中的光缆要与一根室内非带状光缆互连，应使用增强型转换接合连接器。

光缆布线网路可以安装于一建筑物或建筑群环境中，而且可以支持在最初设计阶段没有明确的各种宽带通信服务。这样的布线系统可以用作独立的局域网（LAN）或会议电视、监视电视等局部图像传输网，也可连接到公用电话网。

2.11　电信间设计

楼层电信间是提供配线线缆（水平线缆）和主干线缆相连的场所。楼层电信间最理想的位置是位于楼层平面的中心，这样更容易保证所有的水平线缆不超过规定的最大长度 90m。如果楼层平面面积较大，水平线缆的长度超出最大限值（90m），就应该考虑设置两个或更多个电信间。

通常情况下，电信间面积不应小于 $5m^2$，若覆盖的信息插座超过 200 个或安装的设备较多，应适当增加房间面积。如果电信间兼作设备间，其面积不应小于 $10m^2$。电信间的设备安装要求与设备间相同。

2.11.1　电信间子系统设备部件

现在，许多大楼在综合布线时都考虑在每一楼层都设立一个电信间，用来管理该层的信息点，屏弃了以往几层共享一个电信间的做法，这也是布线的发展趋势。

作为电信间一般有以下设备：机柜、集线器、信息点集线面板、语音点 S110 集线面板、集线器的整压电源线。

作为电信间应根据管理的信息实际状况，安排使用房间的大小。如果信息点多，就应该考虑用一个房间来放置；如果信息点少，就没有必要单独设立一个管理间，可选用墙上型机柜来处理该子系统。

在电信间中，信息点的线缆是通过信息集线面板进行管理的，而语音点的线缆则通过 110 交连硬件进行管理。

电信间的交换机、集线器有 12 口、24 口、48 口等，应根据信息点的多少来配备不同型号的交换机、集线器。

1. 选择 110 型硬件

（1）110 型硬件有两类：

● 110A——跨接线管理类；

- 110P——插入线管理类。

（2）所有的接线块每行均端接 25 对线。

（3）3、4 或 5 对线的连接决定了线路的模块系数。

连接块与连接插件配合使用。连接插件有 4 对线和 5 对线之分，4 对线插件用于**双绞线插件**，5 对线插件用于**大对数线插件**。4 对线插件和 5 对线插件如图 2-14 所示。

图 2-14　连接插件

110P 硬件的外观简洁，便于使用插入线而不用跨接线，因而对管理人员技术水平要求不高。但 110P 硬件不能垂直叠放在一起，也不能用于 2000 条线路以上的管理间或设备间。

2．110 型交连硬件的组成

110 型交连硬件组成如下：

（1）100 型或 300 对线的接线块，配有或不配有安装脚；

（2）3、4 或 5 对线的 110C 连接块；

（3）188B1 或 188B2 底板；

（4）188A 定位器；

（5）188UT1-50 标记带（空白带）；

（6）色标不干胶线路标志；

（7）XLBET 框架；

（8）交连跨接线。

3．110 型接线块

110 型接线块是阻燃的模制塑料件，其上面装若干齿形条，足够用于端接 25 对线。没接线块正面从左到右均有色标，以区分各条输入线。这些线放入齿形的槽缝里，再与连接块结合。利用 788J12 工具，就可以把连接块的连线冲压到 110C 连接上。

4．110C 连接块

连接块上装有夹子，当连接块推入齿形条时，这些夹子就切开连线的绝缘层。连接块的顶部用于交叉连接，顶部的连线通过连接块与齿形条内的连线相连。

110C 连接块有 3 对线、4 对线和 5 对线三种规格。

5．110A 用的底板

188B1 底板用于承受和支持连接块之间的水平方向跨接线。188B2 底板支脚，使线缆可以在底板后面通过。

6．110 接线块与 66 接线块的比较

110 系统的高密度设计使得它占用的墙空间远小于类似的 66 型连接块占用的空间，使用 110 系统可以节省 53%的墙空间。

7. 110P 硬件

110P 的硬件包括若干个 100 对线的接线块，块与块之间由安装于后面板上的水平插入线过线槽隔开。110P 型硬件有 300 对线或 900 对线的终端块，既有现场端接的，也有连接器的。110P 型终端块由垂直交替叠放的 110 型接线块、水平跨接线，过线槽位于接线之上。终端块的下部是半封闭管道。现场端接的硬件必须经过组装（把过线槽和接线块固定到后面板上），带连接器的终端块均已组装完毕，随时可安装于现场。

8. 110P 交连硬件的组成

110P 交连硬件的组成如下：

（1）安装于终端块面板上的 100 对线的 110D 型接线块；

（2）188C2 和 188D2 垂直底板；

（3）188E2 水平跨接线过线槽；

（4）管道组件；

（5）3、4 或 5 对线的连接块；

（6）插入线；

（7）名牌标签/标记带。

2.11.2　电信间交连的几种形式

在不同类型的建筑物中电信间常采用单点管理单交连、单点管理双交连和双点管理双交连三种方式。

（1）单点管理单交连。

这种方式使用的场合较少，其结构图如图 2-15 所示。

单点管理单交连属于集中管理型，通常线路只在设备间进行跳线管理，其余地方不再进行跳线管理，线缆从设备间的线路管理区引出，直接连到工作区，或直接连至第二个接线交接区。

（2）单点管理双交连。

单点管理双交连的结构图如图 2-16 所示。

图 2-15　单点管理单交连　　　　　　图 2-16　单点管理双交连

（3）双点管理双交连。

双点管理双交连的结构图如图 2-17 所示。

图 2-17　双点管理交连

　　一般在管理规模比较大、复杂又有二级交接间的场合，采用双点管理双交连方案。如果建筑物的综合布线规模比较大，而且结构也较复杂，还可以采用双点管理 3 交连，甚至采用双点管理 4 交连方式。

　　为了充分发挥水平干线的灵活性，便于语音点与数据点互换，作者建议对 110 的使用如图 2-18 所示。

图 2-18　110 接线场的安排

2.11.3　110 型交连硬件在干线接线间、卫星接线间中的应用

　　应用 110 型交连硬件首先要选择 110 型硬件，确定其规模。

　　110A 和 110P 使用的接线块均是每行端接 25 对线，们都使用 3 或 4 或 5 对线的连接块，具体取决于每条线路所需的线对数目。

　　① 一条含 3 对线的线路（线路模块化系数为 3 对线）需要使用 3 对线的连接块；

　　② 一条 4 对线的线路需要使用 4 对线的连接块；

　　③ 一条 2 对线的线路也可以使用 4 对线的连接块，因为 4 是 2 的整倍数；

　　④ 5 对线的连接块用于大对数线。

　　对于站的端接和连接电缆，确定场的规模或确定所需要的接线块数目意味着要确定线路（或 I/O）数目、每条线路所含的线对数目（模块化系数），并确定合适规模的 110A 或 110P 接线块。110A 交连硬件备有 100 对线和 300 对线的接线块。110P 接线块有 300 对线和 900 对线两种规模。

　　对于干线电缆，应根据端接电缆所需的接线块数目来决定场的规模。

　　下面详细叙述设计步骤。

　　（1）决定卫星接线间/干线接线间要使用的硬件类型。

　　● 110A——如果客户不想对楼层上的线路进行修改、移位或重组。

　　● 110P——如果客户今后需要重组线路。

　　（2）决定待端接线路的模块化系数。

　　这与系统有关，例如，ystem85 采用的模块化系数是 3 对线的线路，应查明其他厂家的系端接参数。PDS 推荐标准的规定如下：

　　① 连接电缆端采用 3 对线；

　　② 基本 PDS 设计的干线电缆端接采用 2 对线；

　　③ 综合或增强型 PDS 设计中的干线电缆端接采用 3 对线；

　　④ 工作端接采用 4 对线。

（3）决定端接工作站所需的卫星接线数目。

工作站端接必须选用 4 对线模块化系数。

【例2.1】 计算 100 条双绞线端接选用的接线块。

一个接线块每行可端接 25 对线。合 100 对线的接线有 4 行，300 对线的接线块每块有 12 行。

计算公式如下：

$$\frac{25(\text{线对最大数目／行})}{4(1\text{条双绞线})} = 25(\text{线对／行}) / 4(1\text{条双绞线4对}) = 6 \cdots 2$$

1 个线块行端接 6 条双绞线（1 个接线块有 4×6=24 条线路，每条双绞线含 4 对线）。

$$\frac{100(\text{条双绞线})}{6} = 16 \cdots 4$$

100 条双绞线需要 17 个接线块．需要 100 个 4 对线插件。

【例2.2】 已知条件如下：

增强型设计，采用 3 对线的线路模块化系数；

卫星接线间需要服务的 I/O 数=192；

干线电缆规格（增强型）为每个工作区配 3 对线，工作区总数=96。

计算公式为

$$\begin{array}{r} 96 \quad \cdots\cdots \text{工作区数} \\ \times \quad 3 \quad \cdots\cdots \text{线路模块化系数} \\ \hline 288 \quad \cdots\cdots \text{所需干线电缆所含线对的数目} \end{array}$$

取实际可购得的较大电缆规格=300 对线。

这就是说，用一个 300 对线的接线块就可端接 96 条 3 对线的线路。

（4）决定卫星接线间连接电缆进行端接需要的接线块数目。计算时模块化系数应为每条线路含 3 对线。

（5）决定在干线接线间端接电缆所需的接线数目。

（6）写出墙场的全部材料清单，并画出详细的墙场结构图。

（7）利用每个接线间地点的墙场尺寸，画出每个接线间的等比例图，其中包括以下信息：

① 干线电缆孔；

② 电缆和电缆孔的配置；

③ 电缆布线的空间；

④ 房间进出管道和电缆孔的位置；

⑤ 根据电缆直径确定的干线接线间和卫星接线间的馈线管道；

⑥ 管道内要安装的电缆；

⑦ 硬件安装细节；

⑧ 110 型硬件空间；

⑨ 其他设备（如多路复用器、集线器或供电设备等）的安装空间。

（8）画出详细施工图之前，利用为每个配线场和接线间准备的等比例图，从最上楼层和最远卫星接线区位置开始核查以下项目：

① 主设备间、干线接线间和卫星接线间的底板区实际尺寸能否容纳线场硬件，为此，应对比一下连接块的总面积和可用墙板的总面积。

② 电缆孔的数目和电缆井的大小是否足以让那么多的电缆穿过干线接线间，如果现成电缆孔数目不够，应安排楼板钻孔工作。

2.11.4　110 型交连硬件在设备间中的应用

本节重点讨论管理子系统在设备间中的端接，包括设备间布线系统，该系统把诸如 PBX 或数据交换机等公用系统设备连接到建筑布线系统。公用系统设备的布局取决于具体的话音或数据系统。

设备间用于安放建筑内部的话音和数据交换机，有时还包括主计算机，里面还有电缆和连接硬件，用以把公用系统设备连接到整个建筑布线系统。

该设计过程分为三个阶段：

（1）选择和确定主布线场交连硬件规模；

（2）选择和确定中继线/辅助场的交连硬件规模；

（3）确定设备间交连硬件的安置地点。

主布线交连场把公用系统电缆设备的线路连接到来自干线和建筑群子系统的输入线对。典型的主布线交连场包括两个色场：白场和紫场。白场实现干线和建筑群对的端接；紫场实现公用系统设备线对的端接，这些线对服务于干线和建筑布线系统。主布线交连场有时还可能增加一个黄场，以实现辅助交换设备的端接。该设计过程决定了主布线交连场的接线总数和类型。

在理想情况下，交连场的组织结构应使插入线或跨接线可以连接该场的任何两点。在小的交连场安装中，只要把不同颜色的场一个挨着一个安装在一起，就很容易到上述目标。在大的交连场安装中，这样的场组织结构使得线路变得很困难。因为插入线长度有限，一个较大交连场不得不一分为三，放在另一个交连场的两边，有时两个交连场都必须一分为二。

上述是语音点的应用管理，对于不同的应用应选择不同的介质。

2.11.5　电信间的设计步骤

设计电信间子系统时，一般采用下述步骤：

（1）确认线路模块化系数是 2 对线、3 对线还是 4 对线，每个线路模块当作一条线路处理，线路模块化系数视具体系统而定。例如，System85 的线路模块化系数是 3 对线。

（2）确定话音和数据线路要端接的电缆对总数，并分配好话音或数据数线路所需的墙场或终端条带。

（3）决定采用何种 110 交连硬件：

① 如果线对总数超过 6000（即 2000 条线路），则使用 11A 交连硬件；

② 如果线对总数少于 6000，则可使用 110A 或 110P 交连硬件；

③ 110A 交连硬件点用较少的墙空间或框架空间，但需要一名技术人员负责线路管理；

④ 决定每个接线块可供使用的线对总数，主布线交连硬件的白场接线数目取决于三个因素：硬件类型、每个接线块可供使用的线对总数和需要端接的线对总数。

⑤ 由于每个接线块端接行的第 25 对线通常不用，故一个接线块极少能容纳全部线对；

⑥ 决定白场的接线块数目，为此，首先把每种应用（话音或数据）所需的输入线对总数除以每个接线块的可用线对总数，然后取更高的整数作为白场接线块数目；

⑦ 选择和确定交连硬件的规模——中继线/辅助场；

⑧ 确定设备间交连硬件的位置；

⑨ 绘制整个布线系统即所有子系统的详细施工图。

（4）电信间的信息点连接是非常重要的工作，它的连接要尽可能简单，主要工作是跳线。

2.12　电源、电气防护、接地、环境保护设计

2.12.1　电源和电气防护

1．电源

（1）设备间内安放计算机主机时，应按照计算机主机电源要求进行工程设计。

（2）设备间内安放程控用户交换机时应按照《工业企业程控用户交换机工程设计规范》CECS09：89 进行工程设计。

（3）设备间、电信间应用可靠的交流 220V、50Hz 电源供电。

设备间应有可靠交流电源供电，不要用邻近的照明开关来控制这些电源插座，减少偶然断电事故的发生。

2．电气防护

综合布线网络在遇有下列情况时，应采取防护措施。

（1）在大楼内部存在下列的干扰源，且不能保持安全间隔时：

　① 配电箱和配电网产生的高频干扰；

　② 大功率电动机电火花产生的谐波干扰；

　③ 荧光灯管，电子启动器；

　④ 开关电源；

　⑤ 电话网的振铃电流；

　⑥ 信息处理设备产生的周期性脉冲。

（2）在大楼外部存在下列的干扰源，且处于较高电磁场强度的环境：

　① 雷达；

　② 无线电发射设备；

　③ 移动电话基站；

　④ 高压电线；

　⑤ 电气化铁路；

　⑥ 雷击区。

（3）周围环境的干扰信号场强或综合布线系统的噪声电平超过下列规定时：

　① 对于计算机局域网，引入 10kHz～600MHz 以下的干扰信号，其场强为 1V/m；600MHz～2.8GHz 的干扰信号，其场强为 5V/m。

　② 对于电信终端设备，通过信号、直流或交流等引入线，引入射频 0.15～80MHz 的干扰信号，其场强度为 3V（幅度调制 80%，1kHz）。

　③ 具有模拟/数字终端接口的终端设备，提供电话服务时，噪声信号电平应符合表 2-45 的规定。当终端设备提供声学接口服务时，噪声信号电平应符合表 2-46 的规定。

　④ ISDN 的初级接入设备的附加要求，在 10 秒测试周期内，帧行丢失的数目应小于 10 个。

　⑤ 背境噪声最少应比基准电平小 −20dB。

综合布线系统的发射干线干扰波的电场强度不超过表 2-47 中的规定。

综合布线系统是否需要采取防护措施的因素比较复杂，其中危害最大的莫过于防电磁干扰的电磁辐射。电磁干扰将影响综合布线系统能否正常工作；电磁辐射则涉及综合布线系统在正常运行情况下

信息不被无关人员窃取的安全问题，或者造成电磁污染。在进行综合布线系统工程设计时，必须根据建设单位的要求进行周密的安排与考虑，选用合适的防护措施。

表 2-45　噪声信号电平限值表

频率范围（MHz）	噪声信号限值（dBm）
0.15～30	−40
30～890	−20[注]
890～915	−40
915～1000	−20[注]

注：噪声电平超过−40dBm 的带宽总和应小于 200MHz。

表 2-46　噪声信号电平限值表

频率范围（MHz）	噪声信号限值（dBm）
0.15～30	基准电平
30～890	基准电平+20dB[注]
890～915	基准电平
915～1000	基准电平+20dB[注]

注：①噪声电平超过基准电平的带宽总和应小于 200MHz。
　　②基准电平的性：1kHz—40dBmo 的正弦信号。

根据综合布线的不同使用场合，应采取不同的防护措施要求，规范中列举了各种类型的干扰源，设计时应加以注意，防护要点如下：

（1）抗电磁干扰。

对于计算机局域网，600MHz 以下的干扰信号，对计算机网络信号的影响较大，属于同频干扰的范畴，600MHz 及以上则属于杂音干扰，相对而言，影响要小一些。因此，前者规定干扰信号场强限值为 1V/m，后者规定为 5V/m。

表 2-47　发射干扰波电场强度限值表

测量距离　　频率范围	A 类设备 30m	B 类设备 10m
30～230MHz	30dBμV/m	30dBμV/m
>230MHz～1GHz	37dBμV/m	37dBμV/m

注：① A 类设备：第三产业；B 类设备：住宅。
　　② 较低的限值适用于降低频率的情况。

对于电信终端设备，通过信号、直流或交流等引入线，引入射频 0.15～80MHz 的干扰信号强度为 3V，调制度为 80% 的 1kMHz 正弦波干扰时，电信终端设备的性能将不受影响。例如，上海贝尔电话设备制造有限公司生产的 S12 数字程控交换系统能满足上述要求。

对于具有模拟或数字终端接口的终端设备，提供电话服务时，噪声信号电平的限值规定为比相对于电话接续过程中信号电平低—40dBm，而且限定噪音电平超过—40dBm 的带宽总和应小于 200MHz；提供声学接口服务时（例如话筒），噪声信号电平的限值规定为：基准电平（定义为：1kHz—40dBm 的正弦信号）或基准电平加 20dBm，同样，限定噪声电平超过基准电平的带宽总和应小于 200MHz。

对于 ISDN 的初级接入设备，规范规定增加附加要求，在 10 秒测试周期内，帧行丢失的数目应少于 10 个。

一般来说，背境噪声最小应比基准电平小—12dB。

电磁干扰标准主要参考 EN 5024 信息技术设备的抗干扰标准，同时还参考了 IEC 801–2～4 和 EN 50082—X 等相关国际标准中的有关部分，现将标准附在下面以供参考。

● IEC 801–2 ESD 抗静电放电干扰标准；

● IEC 801–3　抗辐射干扰标准；

● IEC 801–4 EFT 抗无线电脉冲干扰标准。

抗干扰标准应符合表 2-48 中的规定。

EN 50082–X 通用抗干扰标准应符合表 2-49 中的规定。

工业区抗干扰标准应符合表 2-50 中的规定。

（2）防电磁辐射。

综合布线系统用于高速率传输的情况下，由于对绞电缆的平衡度公差等硬件原因，也可能造成传输信号向空间辐射。在同一大厦内，很可能存在不同的单位或部门，相互之间不希望窃取对方的信息或造成对方网络系统工作的不稳定。因此，在设计时应根据用户要求，除了考虑抗电磁干扰外，还应该考虑防电磁辐射的要求，这是一个问题的两个方面，采取屏蔽措施后，两者都能得以解决。然而，只要用户提出抗干扰或防辐射的任何一种要求，都应采取措施。

表 2-48　抗干扰标准

干扰标准 标准类别 干扰类别	静电放电（ESD）		辐射场强	快速瞬变的无线电脉冲（EFT）	
	空气	接触点		供电线装置	信号线
低水平 EM 环境	2kV	2kV	1V/m	0.5kV	0.25kV
中等 EM 环境	4kV	4kV	3V/m	1kV	0.5kV
恶劣 EM 环境	8kV	6kV	10V/m	2kV	1kV
极其恶劣 EM 环境	15kV	8kV	待定	4kV	2kV
特定 EM 环境	待定	待定	待定	待定	待定
衰减环境	B 类	B 类	A 类	B 类	B 类

注：① A 类　一批设备连续运转，不允许低于制造业特定的性能降低或功能损失。

② B 类　在测试期间允许性能降低或功能损失，但在测试之后，不允许低于制造业特有的规定。

③ 辐射场强的频率范围 27～500MHz。

④ 辐射场强中：低水平 EM 环境指无线电/电视发射机>1km；中等 EM 环境指手提式无线电收发机，1m 范围以内；恶劣 EM 环境指临近的高功率无线电收发机。

表 2-49　居住区/商业区抗干扰标准

干扰标准 标准类别 干扰类别	静电放电（ESD）		辐射场强	快速瞬变的无线电脉冲（EFT）	
	空气	接触点		供电线装置	信号线
恶劣 EM 环境	8kV	6kV	3V/m	1kV	5kV
衰减环境	B 类	B 类	A 类	B 类	B 类

注：① A 类　一批设备连续运转，不允许低于制造业特定的性能降低或功能损失。

② B 类　在测试期间允许性能降低或功能损失，但在测试之后，不允许低于制造业特有的规定。

③ 辐射场强的频率范围 27～500MHz。

表 2-50　工业区抗干扰标准

干扰标准 标准类别 干扰类别	静电放电（ESD）		辐射场强	快速瞬变的无线电脉冲（EFT）	
	空气	接触点		供电线装置	信号线
恶劣 EM 环境	8kV	4kV	10V/m	2kV	1kV
衰减环境	B 类	B 类	A 类	B 类	B 类

注：① A 类、B 类的解释同表 2-49 的注。

② 辐射场强的频率范围 27～500MHz。

发射干扰波电场强度的限值标准的制定，主要参考 EN 55022 和 CISPR 22《信息技术设备无线电干扰特征的限值和测量方法》中有关无线电干扰电场强度的限值。核标准规定分 A、B 两类。

引用 EN 55022 或 CISPR 22 中上述标准时应注意下列几点：

① 如果由于高的环境噪声电平或其他理由不能在 30m 的情况下进行场强测量，可以在封闭距离内进行例如 10 m 的测量。

② 因为发生干扰的情况而要求额外的规定条款，可以协商解决。

③ A 类信息技术设备只满足 A 类干扰限值，不满足 B 类干扰限值。某些国家 A 类设备可以申请有限制地销售和采用（保护距离 30m）。

④ B 类信息技术设备满足 B 类干扰限值，此类设备将不申请限制销售，也不限制采用（保护距离 10m）。

⑤ 通用的测量条件：

　　a. 噪声电平最低限度应低于 6dB 特定限值。

　　b. 信号源加上环境条件的环境噪声电平最低限度应低于 6dB。

　　c. 环境噪声电平最低限度应低于 4.86dB 特定的限值。

（3）综合布线系统与其他干扰源的间距要求。

① 综合布线系统应根据环境条件选用相应的缆线和配线设备，屏蔽后的综合布线系统平均可减少噪声 20dB，使各种缆线和配线设备的抗干扰能力得以提高。

② 当周围环境的干扰场强度很高，采用屏蔽系统已无法满足各项标准的规定时，应采用光缆系统。

③ 当用户对系统有保密要求，不允许信号往外发射时，或系统发射指标不能满足标准规定时，应采用屏蔽缆线和屏蔽配线设备或光缆系统。

综合布线系统与其他干扰源的间距应符合表 2-51 的要求。

表 2-51　与其他干扰源的间距表

其他干扰源	与综合布线接近状况	最小间距（cm）
380V 以下电力电缆<2kVA	与缆线平行敷设	13
	有一方在接地的线槽中	7
	双方都在接地的线槽中	见注①
380V 以下电力电缆 2～5kVA	与缆线平行敷设	30
	有一方在接地的线槽中	15
	双方都在接地的线槽中	8
380V 以下电力电缆>5kVA	与缆线平行敷设	60
	有一方在接地的线槽中	30
	双方都在接地的线槽中	15
荧光灯、氩灯、电子启动器或交感性设备	与缆线接近	15～30
无线电发射设备（如天线、传输线、发射机……）雷达设备 其他工业设备（开关电源、电磁感应炉、绝缘测试仪……）	与缆线接近 （当通过空间电磁场耦合强度较大时，应按 5.1.10.2 条规定办理）	≥150
配电箱	与配线设备接近	≥100
电梯、变电室	尽量远离	≥200

注：① 双方都在接地的线槽中，且平等长度≤10 m 时，最小间距可以是 1cm。

　　② 电话用户存在振铃电流时，不能与计算机网络在同一根对弱电缆中一起运用。

2.12.2　接地

（1）每一楼层的配线柜都应单独布线至接地体，接地导线的选择应符合表 2-52 中的规定。

表 2-52　接地导线选择表

名称	接地距离≤30m	接地距离≤100m
接入自动交换机的工作站数量（个）	≤50	>50，≤300
专线的数量（条）	≤15	>15，≤80
信息插座的数量（个）	≤75	>75，≤450
工作区的面积（m²）	≤750	>750，≤4500
配线室或电脑室的面积（m²）	10	15
选用绝缘铜导线的截面（mm²）	6～16	16～50

（2）信息插座的接地可利用电缆屏蔽层连至每层的配线柜上。工作站的外壳接地应单独布线连

接至接地体，一个办公室的几个工作站可合用同一条接地导线，应选用截面不小于 2.5mm² 的绝缘铜导线。

（3）综合布线的电缆采用金属槽道或钢管敷设时，槽道或钢管应保持连续的电气连接，并在两端有良好的接地。

综合布线系统采用屏蔽措施时，应有良好的接地系统，且每一楼层的配线柜都应采用适当截面的导线单独布线至接地体，接地电阻应符合规定，屏蔽层应连续且宜两端接地。若存在两个接地体，其接地电位差不应大于 1V r.m.s（有效值）。这是屏蔽系统的综合性要求，每一环节都有其特定的作用，不可忽视，否则将降低屏蔽效果，严重者将造成恶果。

国外曾对非屏蔽对绞线（UTP）与金属箔对绞线（FTP）的屏蔽效果做过比较。以相同的干扰线路和被测对绞线长度，调整不同的平行间距和不同的接地方式，以误码率百分比作为比较结果，见表 2-53，供参考。

表 2-53　屏蔽效果比较表

对绞线型号	平行间距和接地方式	误码率%
UTP	0 间距	37
FTP	0 间距不接地	32
FTP	0 间距发送端接地	30
UTP	20cm 间距	6
UTP	50cm 间距	6
UTP	100cm 间距	1
FTP	0 间距排流线两端接地	1
FTP	0 间距排流线屏蔽层两端接地	0

上述结果足以说明屏蔽效果与接地系统密切相关，应重视接地系统的每一环节。

（4）干线电缆的位置应接近垂直的地导体（例如建筑物的钢结构）并尽可能位于建筑物的网络中心部分。在建筑物中心部分附近的雷电的电流最小，而且干线电缆与垂直地导体之间的互感作用可最大限度地减小通信线对上感应生成的电势。应避免把干线安排在外墙，特别是墙角。在这些地方，雷电的电流最大。

（5）当电缆从建筑物外面进入建筑物内部容易受到雷击、电源碰地、电源感应电势或地电势上浮等外界影响时，必须采用保护器。

（6）在下述任何一种情况下，线路均处在危险环境之中，均应对其进行过压过流保护。

① 雷击引起的危险影响；

② 工作电压超过 250V 的电源线路碰地；

③ 地电势上升到 250V 以上而引起的电源故障；

④ 交流 50Hz 感应电压超过 250V。

满足下列任何条件的一个时，可认为遭雷击的危险影响可以忽略不计：

① 该地区年雷暴日不大于五天，而且土壤电阻系数小于 100Ω/m；

② 建筑物之间的直埋电缆短于 42m，而且电缆的连续屏蔽层在电缆两端处均接地；

③ 电缆完全处于已经接地的邻近高层建筑物或其他高构筑物所提供的保护伞之内，且电缆有良好的接地系统。

（7）综合布线系统的过压保护宜选用气体放电管保护器。

气体放电管保护器的陶瓷外壳内密封有两个电极，其间有放电间隙并充有惰性气体。当两个电极之间的电位差超过 250V 交流电源或 700V 雷电浪涌电压时，气体放电管开始出现电弧，为导体和地电极之间提供一条导电通路。固态保护器适合较低的击穿电压（60～90V）而且其电路不可有振铃电压，它对数据或特殊线路提供了最佳保护。

（8）过流保护宜选用能够自复的保护器。

电缆的导线上可能出现这样或那样的电压，如果连接设备为其提供了对地的低阻通路，它就不足以使过压保护器动作。而产生的电流可能会损坏设备或着火。例如，220V 电力线可能不足以使过压保护器放电，有可能产生大电流进入设备，因此，必须同时采用过电流保护。为了方便维护，规定采用能自复的过流保护器，目前有热敏电阻和雪崩二级管可供选用，但价格贵，故也可选用热线圈或熔断器。这两种保护器具有相同的电特性，但工作原理不同，热线圈在动作时将导体接地。而熔断器在动作时时将导体断开。

（9）在易燃的区域或大楼竖井内布放的光缆或铜缆必须有阻燃护套。当这些缆线被布放在不可燃管道里，或者每层楼都采用了隔火措施时，则可以没有阻燃护套。

（10）综合布线系统有源设备的正极或外壳、电缆屏蔽层及连通接地线均应接地，宜采用联合接地方式，如同层有避雷带及均压网（高于 30 m 时每层都设置）时应与之相接，使整个大楼的接地系统组成一个笼式均压体。

联合接地方式有下列主要优点：

① 当大楼遭受雷击时，楼层内各点电位分布比较均匀，工作人员和设备的安全将得到较好的保障。同时，大楼框架式结构对中波电磁场能提供 10～40dB 的屏蔽效果。

② 容易获得比较小的接地电阻值；

③ 可以节省金属材料，占地少。

2.12.3　环境保护设计

综合布线系统选择缆线和配线设备时，应根据用户要求，并结合建筑物的环境善状况予以考虑。其选用原则如下：

（1）若建筑物还在建设或虽已建成但尚未投入运行，要确定综合布线系统的选型时，应测定建筑物周围环境的干扰场强度及频率范围；对与其他干扰源之间的距离能否符合规范要求应进行摸底；综合布线系统采用何种类别也应有所预测。根据这些情况，用规范中规定的各项指标要求进行衡量，选择合适的硬件并采取相应的措施。

（2）当现场条件许可，或进行改建的工程，有条件测量综合布线系统的噪声信号电平时，可采用规范中规定的噪声信号电平限值来衡量，选择合适的硬件并采取相应的措施。

（3）各种缆线和配线设备的抗干扰能力可参考下列数值：

- UTP 电缆（无屏蔽层）　　　　　　　　　　　　　　　　　40 dB
- FTP 电缆（纵包铝箔）　　　　　　　　　　　　　　　　　85 dB
- SFTP 电缆（纵包铝箔，加铜编织网）　　　　　　　　　　90 dB
- STP 电缆（每对芯线和电缆绕包铝箔，加铜编织网）　　　　98 dB
- 配线设备插入后恶化　　　　　　　　　　　　　　　　　　≤30 dB

（4）在选择缆线和连接硬件时，确定某一类别后应保证其一致性。例如，选择 5 类，则缆线和连接硬件都应是 5 类；选择屏蔽，则缆线和连接硬件都应是屏蔽的，且应做良好的接地系统。

（5）在选择综合布线系统时，应根据用户对近期和远期的实际需要进行考虑，不宜一刀切。应根据不同的通信业务要求综合考虑，在满足近期用户要求的前提下，适当考虑远期用户的要求，有较好的通用性和灵活性，尽量避免建成后较短时间内又要进行改扩建，造成不必要的浪费；如果满足时间过长，又将造成初次投资增加，也不一定经济合理。一般来说，水平配线扩建难，应以远期需要为主，垂直干线易扩建，应以近期需要为主，适当满足远期的需要。

现场施工时应遵照以下原则：

（1）墙上敷设的综合布线缆线及管线与其他管线的间距应符合表 2-54 中的规定。

（2）当综合布线区域内存在的电磁干扰场强低于 3V/m 时，宜采用非屏蔽电缆和非屏蔽配线设备。

（3）当综合布线区域内存在的电磁干扰场强高于 3V/m 时，或用户对电磁兼容性有较高要求时，可采用屏蔽布线系统和光缆布线系统。

（4）当综合布线路由上存在干扰源，且不能满足最小净距要求时，宜采用金属管线进行屏蔽，或采用屏蔽布线系统及光缆布线系统。

表 2-54　综合布线缆线及管线与其他管线的间距

其他管线	平行净距(mm)	垂直交叉净距(mm)
避雷引下线	1000	300
保护地线	50	20
给水管	150	20
压缩空气管	150	20
热力管（不包封）	500	500
热力管（包封）	300	300
煤气管	300	20

（5）综合布线系统采用屏蔽措施时，应有良好的接地系统，并应符合下列规定：

① 单独设置接地体时保护地线的接地电阻值，不应大于 1Ω；采用联合接地体时，不应大于 4Ω。

② 综合布线系统的所有屏蔽层应保持连续性，并应注意保证导线相对位置不变。

③ 屏蔽层的配线设备（FD 或 BD）端应接地，用户（终端设备）端视具体情况宜接地，两端的接地应尽量连接同一接地体。若接地系统中存在两个不同的接地体，其接地电位差不应大于 1V r.m.s。

（6）在易燃的区域和大楼竖井内布放电缆或光缆时，宜采用防火和防毒的电缆时；相邻的设备间应采用阻燃型配线设备。对于穿钢管的电缆或光缆可采用普通外套护套。

关于防火和防毒电缆的推广应用，考虑到工程造价的原因没有大面积抗议，只是限定在易燃区域和大楼竖井内采用，配线设备也应采用阻燃型。如果将来防火和防毒电缆价格下降，适当扩大些使用面也未尝不可，万一着火，这种电缆会减少有害气体的散发，对于疏散人流会起到好的作用。

目前市场有以下几种类型的产品可供选择：

① LSHF–FR 低烟无卤阻燃型，不易燃烧，释放 CO 少，低烟，不释放卤素，危害性少。

② LSOH 低烟无卤型，有一定的阻燃能力，过后会燃烧，释放 CO，但不释放卤素。

③ LSDC 低烟非燃型，不易燃烧，释放 CO 少，低烟，但释放少量有害气体。

④ LSLC 低烟阻燃型，稍差于 LSNC 型，情况与 LSNC 类同。

（7）利用综合布线系统组成的网络，应防止由射频产生的电磁污染，影响周围其他网络的正常运行。

随着信息时代的高速发展，各种高频率的通信设施不断出现，相互之间的电磁辐射和电磁干扰影响也日趋严重。在国外，已把电磁影响看作一种环境污染，成立专门的机构对电信和电子产品进行管理，制定电磁辐射限值标准加以控制。

对于综合布线系统工程而言也有类似的情况，当应用于计算机网络时，传输频率越来越高，如果不限制电磁辐射的强度，将会造成相互影响。因此，规范规定：利用综合布线系统组成的网络，应防止由射频频率产生的电磁污染影响周围其他网络的正常运行。

【本章小结】

本章阐述了布线系统标准的有关要求，布线系统的设计，工作区子系统设计，配线（水平）子系统设计，干线（垂直干线）子系统设计，设备间子系统设计，技术管理，建筑群子系统设计，进线间设计，光缆传输系统，电信间设计，电源、防护和接地设计，环境保护设计。要求学员掌握综合布线各子系统的设计技术。

【习题和思考题】

1. 综合布线系统标准体现在哪几个方面？
2. 综合布线系统标准的系统设计体现在哪几个方面？
3. 综合布线系统标准的系统指标体现在哪几个方面？
4. 综合布线系统标准的工作区子系统体现在哪几个方面？
5. 综合布线系统标准的配线（水平）子系统体现在哪几个方面？

6. 综合布线系统标准的垂直干线子系统体现在哪几个方面？

7. 综合布线系统标准的设备间子系统体现在哪几个方面？

8. 综合布线系统标准的电信间子系统体现在哪几个方面？

9. 综合布线系统标准的建筑群子系统体现在哪几个方面？

10. 综合布线系统标准的进线间子系统体现在哪几个方面？

11. 综合布线系统标准的管理体现在哪几个方面？

12. 综合布线系统标准的光缆传输系统体现在哪几个方面？

13. 综合布线系统标准的电源、防护及接地体现在哪几个方面？

14. 综合布线系统标准的环境保护体现在哪几个方面？

第3章　综合布线实训室、实训平台和工具箱

综合布线技术与工程课程是高校、高职院校计算机网络技术专业必修的专业技能课程。综合布线实训室是全国高校计算机网络相关专业建议建设的三大实训室之一，面向通信技术、计算机科学与技术电子与信息技术、计算机应用、工业自动化、电视监控、工程监理、弱电工程等专业。

综合布线实训室本着"教、学、做"为一体的教学环境的实训基地，从演示实践、基本技能训练、工程项目实训三个层面为综合布线技术课程教学提供了整套实践教学方案。

3.1　综合布线实训室

3.1.1　综合布线实训室简介

1．综合布线实训室建设的意义

工程项目需要大量的现场安装工程师来完成，在现场安装的都是具有一定经验的工程师，他们安装的项目，在规范、美观、标识等方面体现出细致和严谨，令人赞叹，其最关键的原因就是施工安装人员熟练的操作技能。他们的操作技能是通过大量严格实训练就的。作为一个被劳动与社会保障部定义为新工种的综合布线从业人员岗位，要求大、中专院校的学生在校期间得到综合布线实训教学训练，全面提高学生的专业操作技能，培养出的学生应该是市场上需要的、抢手的、有一技之长的高素质的技术应用性专门人才。

综合布线实训室建设的主要意义在于：

（1）根据教学大纲，加强和改进计算机网络综合布线课程实践教学的方法和手段，满足教学要求。

（2）通过模拟真实的综合布线工程现场，提高学生的动手能力，积累操作经验，使学生在学校就能熟练掌握综合布线现场施工的方法和技能。

（3）提升学生在 IT 和通信行业就业的竞争力，为 IT 和通信行业培养基本功扎实、专业精通、熟练掌握综合布线操作技能的专业技术人才。

2．综合布线实训室建设的原则

（1）实训的内容与课程相结合。实训教学一方面要有其本身的特别之处，另一方面还要结合理论教学开展，达到实训教学和理论教学的融合，综合布线实训教学更是如此。

（2）实训的内容与学生实习相结合。高职院校注重培养学生的动手操作能力，校外实习是提升这一能力的有效途径。校外实习要有针对性，同时也要考虑实习的效率。

（3）实训的内容与行业实践相结合。行业的发展情况始终是学校教学的指挥棒。综合布线专业作为一门应用性很强的专业，这一点体现得特别明显。综合布线实训室应是连接综合布线教学和行业的桥梁。在实训室建设和完善过程中一定要关注综合布线行业的发展状况和人才需求特点。

3．综合布线实训室的实训功能

（1）网络综合布线七个子系统功能实训。

（2）双绞线配线和端接实训。

（3）光纤端接实训。

（4）大对数线端接实训。

（5）同轴电缆端接实训。

（6）RJ45 连接器与 RJ11 连接器端接实训。

（7）信息模块、面板和底盒安装实训。

（8）配线架安装实训。

（9）光纤连接器件端接实训。

（10）机柜安装实训。

（11）金属槽和塑料槽安装实训。

（12）金属管和塑料管安装实训。

（13）桥架安装实训。

（14）网络链路分析和测试实训。

（15）智能化建筑弱电系统实训，如电视监控、语音电话、网络视频监控、卫星电视与有线电视、公共广播、安防报警、火灾报警等。

3.1.2　综合布线实训室建立的模拟布线环境

综合布线实训室的组成是按照综合布线系统的标准（2007）建立模拟的布线环境，并分为 8 个区。

1．布线电缆样品展示区

实训室布线电缆样品展示电缆：双绞线、光缆、大对数线、同轴电缆、通信电缆、有线电视电缆、安防监控电缆等。

每个产品都有单独标签，包括名称、规格和用途三项内容。让学生能直观生动地认识和学习综合布线产品、材料和工具（光纤跳线、面板、底盒、水晶头、信息模块、光纤耦合器、数据配线架、语音配线架、光纤配线架、理线架、双绞线工具、光纤工具箱 1 套。每个产品和工具都有单独标签，包括名称、规格和用途三项内容。）。

2．工作区

实训室工作区展示：

（1）面板、底盒、水晶头、信息模块、RJ11 电话插座、各种阴角/阳角、三通、堵头、弯头、直通头等展示。

（2）单口、双口、多口网络和电话底盒、模块、面板的安装和穿线、压接模块实验。

（3）工作区墙面、地面：底盒之间的线槽、线管的固定。

（4）接口：工作台之间跳线的制作、测试和连接。

3．水平布线区

实训室水平布线展示：

（1）桥架、吊杆、接头、桥架、支架、PVC 线管、线槽等展示。

（2）各种 PVC 线管、线槽在墙面的水平固定、穿线、接头连接和数据电缆布线。

（3）各种 PVC 线管、线槽在吊顶上墙面用三脚架水平固定、穿线、接头连接和数据电缆布线。

（4）各种 PVC 线槽在吊顶上用吊杆水平固定、穿线、接头连接和数据电缆布线。

（5）各种 PVC 线管、线槽在地面的水平固定、穿线、接头连接和数据电缆布线。

4．管理间子系统

实训室管理间子系统布线展示：

（1）网络机柜、确定安装位置、机柜就位、RJ45 配线架、110 通信跳线架、理线环配线器材。

（2）进行模拟安装实训。

（3）安装 RJ45 配线架、110 通信跳线架、理线环配线器材。

（4）配线操作实训。

5．垂直干线

实训室垂直干线布线展示：

（1）钢桥架、PVC 线槽、弯头、三通等展示。

（2）各种 PVC 线管在竖井内或建筑物墙面垂直固定、穿线、楼板穿越、接头连接。

（3）各种 PVC 线槽在墙面垂直固定、穿线、楼板穿越、接头连接。

（4）各种钢缆的垂直固定和数据线缆的捆扎和固定。

6．设备间

实训室设备间展示：

（1）模拟展示核心交换机、汇聚层交换机、防火墙、服务器、机柜等。

（2）设备间常用机柜、线架等各种标准机柜在设备间的布置和安装实训。

（3）设备间机柜内 RJ45 配线架、110 通信跳线架、理线环的安装实训。

（4）设备间机柜内进线、配线、跳线、理线等配线实训。

7．建筑群子系统

实训室建筑群子系统展示：管道的敷设方式和工艺，以及光缆、尾纤、熔接盒、光纤耦合器、光缆跳线、ST 等。使学生了解：

（1）水晶头端接流程。

（2）制作网络跳线。

（3）信息模块端接流程。

（4）数据配线架安装流程。

（5）光纤熔接流程。

（6）综合布线系统连接。

（7）双绞线链路测试的主要故障类型。

（8）100 对 110 语音配线架。

（9）SC 光纤配线架。

（10）各种连接线缆、接插件等。

（11）语音配线架主干端接实训。

（12）管槽路由安装施工。

（13）25 对线缆的线序排线。

8．进线间

使学生了解进线间是建筑物外部通信和信息管线的入口部位，进线间应防止渗水，宜设有抽排水装置。

以上实训项目可以同时进行，也可以交叉进行，此外还可以设计更多的网络综合布线实训项目。

3.2　综合布线工程实训平台

结合教育部中央职业教育实训基地建设项目集中采购的综合布线工程实训产品——北京华育迪赛信息系统有限公司的综合布线工程实训平台，详细介绍实训平台功能。

3.2.1　华育 GCS Training 综合布线工程实训平台的特点

华育 GCS Training 综合布线工程实训平台的优势在于独创性、先进性和实用性，其特点如下。

（1）华育 GCS Training 综合布线工程实训平台是第四代综合布线实训室产品。综合布线工程实训平台的发展经历了四代：

第一代网络综合布线实训室用砖砌成墙，学生模拟高楼进行综合布线实训，这样的实验室环境和安全程度都很难令人满意，一些危险的工具（如钻头等）也出现在实验室，而且一批学生做完实验后墙面上就会千疮百孔，很不利于下批学生进行实训，一面墙往往在几批学生实训结束后就要求拆除重新再砌，成本高。

第二代综合布线实训室为了解决上述问题应运而生，以木墙为结构代替原来的砖块墙。环境问题解决了，可是同样存在重复利用的问题，一批学生做完实训后木墙上也是千疮百孔，很难重复利用，而且二代网络综合布线实训室又出现一个木墙承重能力问题。在这种情况下第三代网络综合布线实训室应运而生。

第三代网络综合布线实训室摒弃了第一、二代实训室的缺点，采用全钢结构（为军工产品并申请国家专利）开发出来的实训室产品，首先解决了重复利用问题，墙面上的钻空已经预留出来，一批学生做完实验只要把螺母拆除，下批学生就可以继续实验，不影响后面学生的实训，达到 10000 次以上的实训次数，完全解决了重复利用问题，而且全钢结构的实训墙美观大方，符合现代高校实训室（实验室）的标准。

但是，第三代网络综合布线实训室也存在一定缺陷：与国标 GB 50311—2007 和 GB 50312—2007 有一定偏离；实训室各个设备互不连通，不能构成一个完整网络；双绞线端接的测试方法过于简单，不够直观，容易误判；工程实训墙的结构及学生实训操作与现场实际情况有较大偏离，容易给学生误导。

华育 GCS Training 综合布线工程实训平台在第三代综合布线实训室的基础上进行了重大改进和技术创新，获得 6 项国家专利（1 项发明专利、4 项实用新型专利、1 项外观设计专利）和 2 项软件著作权。符合国家标准 GB 50311—2007 综合布线工程设计规范和 GB 50312—2007 综合布线工程验收规范；实训室设备构成一个完整链路，全面展现建筑群子系统、干线子系统、配线子系统、工作区、设备间、进线间和管理等组成部分；双绞线端接测试采用高精度时域反射/时域串扰分析 TDR/TDX 技术，可以测试短路、开路、反向线对（Reversed Pairs）、交叉线对（Crossed Pairs）和串对（Split Pairs）等故障，测试结果用彩色图形显示；工程实训墙的结构、材料及安装工艺等更贴近现场的生产实际情况；实训平台提供实训考核和教学管理功能，考核测试结果直接传送到后台管理数据库评判打分。

华育 GCST 综合布线工程实训平台属能够适用于快速以太网和千兆以太网综合布线教学实训的第四代产品。

（2）采用开放式结构，其组成元素、器件要求、安装方式、测试验收等都遵循以"教、学、做"为一体的教学环境和校内生产性实训基地的理念，从演示实践教学、基本技能训练实践教学、工程项目实训实践教学三个层面入手，循序渐进地从理论教学引导到安装技能的训练，再到技能应用性实践训练。

（3）教学设备设计满足国标 GB 50311—2007《综合布线系统工程的设计规范》的要求，从产品结构和教学环境构建上体现出综合布线系统的拓扑结构和七个子系统（仅进线间不予独立呈现），从而使学生对综合布线系统从抽象描述转化为形象的实物印象。

3.2.2　华育 GCS Training 综合布线工程实训平台的构成

GCS Training 综合布线实训室的教学目的：

（1）使学生全面地了解网络综合布线工程的各个流程，更加深入了解布线理论。

（2）通过综合布线设计与实践加深对网络体系结构的理解，掌握更多的网络故障排查方法。

（3）进一步掌握方案设计、工程施工、测试、组织验收和鉴定的全面技能。

（4）了解网络综合布线的最新技术、标准、材料及设备，提高实际的动手能力。

（5）操作使用当今最新的网络布线及测试设备，进一步了解业界先进的施工手段和认证方法。

（6）突出该课程是技能型课程的特征，可进行布线工程案例教学和布线工程现场教学。

华育 GCS Training 综合布线工程实训平台具备四部分功能：知识学习、技能训练、工程实践和成绩考核。

知识学习部分提供各种资料、图片、动画、录像、实物样品等，整体呈现网络综合布线工程技术所涉及的各种知识、结构和产品。

技能训练部分主要通过实训装置提供给学生对双绞线端接操作的完整正确的基本技能训练。

工程实践部分可通过模拟工程项目，给学生提供综合布线工程涉及的七个子系统，以及各种布线产品和路由的设计、管理、安装、测试等全方位的训练。

成绩考核部分主要通过实训装置提供对学生双绞线端接操作的结果进行联机测试评价。

华育 GCS Training 综合布线工程实训平台主要包括专用实训设备（分为技能训练、工程实践、知识学习和测试考核四个区域）、综合布线实训教学管理及考核系统，综合布线工程实训平台如图 3-1 所示。

图 3-1　华育 GCS Training 综合布线工程实训平台

1. 综合布线知识学习部分

知识学习部分提供各种资料、图片、动画、录像、实物样品等，整体呈现网络综合布线工程技术所涉及的各种知识和产品。

主要包括主流布线产品展示，作为实验网络的传输平台，向学生展示符合国际标准的布线规范及材料。包括：线缆类，如双绞线电缆，单、多模光纤，同轴电缆、大对数双绞线缆等；连接件类，如 RJ-45 头、配线架、理线器、耦合器、光跳线及连接器，信息模块及面板等；线缆安装工具类，如剥线、压线、打线钳，光纤开缆、剥离、切割、电动工具等；管槽类材料，如线缆桥架、室内 PVC/金属（塑料）管、线槽及连接件、室外管道等；辅助设备类，如光纤研磨机、熔接设备、光纤快速接头工具、机柜；语音电话类，如综合布线设备。

华育 GCS Training 综合布线工程实训平台也作为一个完整的网络进行教学展示。

2. 双绞线端接技能训练部分

以华育多功能综合布线实训装置 GCT-TXX 为学生提供双绞线端接操作的各种实训，包括 RJ45-RJ45 跳线压接、110 接线端子打线、110 语音配线架打线、RJ45-110 接线端子连接，以及多种复杂链路的配线连接等。

双绞线端接操作完成后，可用实训装置 GCT-TXX 对制作的跳线以及网络链路进行测试，用彩色图形显示双绞线的端接状态，包括正常连接、开路、短路、反向线对、交叉线对、串对等。测试结果可以通过网络上传到后台管理服务器，对实训结果进行考核评价。

华育多功能综合布线实训装置 GCT-TXX 提供了多达数种的布线系统常见的故障现象，包括常见的开路、短路、交叉线对、反向线对、串对等故障现象。学生可以真实模拟测试常见网络布线工程中出现的各种布线故障，提高布线质量，积累正确布线和排差布线故障的经验。

3. 综合布线工程实践部分

主要由建筑群中心设备机架 GCT-C200、建筑物楼宇设备机架 GCT-C100、综合布线工程实训墙 GCT-WP/WCXX 等组成，为学生提供了综合布线工程实际操作的实训环境。例如，建筑群管网桥架、光缆和大对数电缆连接，建筑物内布线网络结构及管槽路由设计，双绞线、语音电话线缆等的牵引、铺设技术，配线架端接，光纤连接器安装，各种信息插座连接及安装等。

本区域包括最基础的布线材料操作加工过程，让学生掌握布线常规材料的制作方法和操作规程。例如，各种线缆连接件的制作，金属线槽、PVC 材料成型加工，光纤连接件的研磨制作，光纤线缆切割与熔接制作等。学生通过打线、做模块、跳线、理线等实际操作过程，最直接地理解体会综合布线系统的精髓。

建筑群中心设备机架 GCT-C200、建筑物楼宇设备机架 GCT-C100、综合布线工程实训墙 GCT-WP/WCXX 内的网络机柜和信息点通过桥架和管线构成一个完整的通信链路，配备笔记本电脑和电话机，可以直接检验网络布线和语音布线的连通情况。图 3-2 展示了学生在实训墙上进行实际操作。

图 3-2　学生在实训墙上进行实际操作

4. 综合布线实训测试考核部分

以实训装置 GCT-TXX 为中心，辅以美国 FLUKE 认证测试设备，帮助学生从各类同轴、双绞线至光纤链路进行参数测试及故障查找，进行最终的工程认证和验收。

测试结果可以通过网络上传到后台管理服务器，对实训结果进行考核评价。

3.2.3 华育 GCS Training 工程实训平台的教学功能

1. 实训平台的主要功能

（1）综合布线系统、产品及工具认知学习；

（2）综合布线系统工程方案设计实训；

（3）双绞线端接原理实训；

（4）双绞线端接测试实训；

（5）双绞线端接故障模拟演示实训；

（6）综合布线系统七个子系统的工程施工操作实训；

（7）用笔记本电脑和电话机现场测试布线链路；

（8）大对数双绞线敷设及端接实训；

（9）光纤快速接头实训；

（10）现场验证测试、认证测试实训；

（11）工程验收及文档资料制作实训；

（12）综合布线实训教学管理和考核功能。

2. 实训室设备配置

（1）建筑群中心设备间（CD）与通信链路装置 GCT-C200；

（2）建筑物楼宇设备间（BD）与通信链路装置 GCT-C100；

（3）带考核功能的网络型多功能综合布线实训装置 GCT-T06；

（4）钢结构模拟工程实训楼 GCT-WP06；

（5）楼层设备间（FD）与通信链路装置 GCT-C30；

（6）综合布线实训管理和考核系统软件 GCT-MES；

（7）管槽系统安装规范展示装置；

（8）综合布线器材展示柜；

（9）综合布线工具箱 GCT-TB；

（10）实训配套元器件及消耗材料；

（11）光纤快速接头工具包；

（12）布线链路分析仪。

3. 工程实训平台详细配置

工程实训平台的型号规格见表 3-1。

表 3-1　工程实训平台的型号规格

项目	名称	型号	功　能	配　置	用途
1	管槽系统安装规范展示装置		采用桥架、线槽、插座、设备间等实物进行系统的安装规范展示	按现场要求	知识学习及展示
2	综合布线产品展示柜	GCT-BC	布线产品、工具、辅助材料认知学习	双绞线及连接件展示柜	知识学习及展示
		GCT-BF		光缆及连接件展示柜	
		GCT-BW		综合布线常用工具展示柜	
		GCT-BP		管槽及辅件展示柜	

续表

项目	名称	型号	功　能	配　置	用途
3	教学展板		综合布线主要知识学习		知识学习及展示
4	常用工具	现场认证测试仪	网络链路的电气性能认证设备		基本技能训练
		布线工具箱	综合布线实训安装工具		
		实训配套工具	工程项目模拟实训配套工具		
		光纤快速接头	光纤连接		
5	多功能综合布线实训装置	GCT-T02，机架式	提供双绞线端接技能训练，双绞线测试和端接故障模拟演示。可连接综合布线实训管理及考核系统	一台双绞线端接测试仪，两组端接实训模块。适合 2～4 人操作	基本技能训练
		GCT-T06，台式		一台双绞线端接测试仪，六组端接实训模块。适合 3～6 人操作	
		GCT-T03，台式		一台双绞线端接测试仪，三组端接实训模块。适合 6 人操作	
6	建筑群中心设备间机架	GCT-C200	建筑群中心设备（CD），提供实训室数据、语音交换枢纽功能和链路系统展示功能	网络交换机 1 台，2 进 16 出语音交换机 1 台，光缆两根，大对数双绞线 2 根，配线架、光纤合等配件 1 套	工程实践训练及展示
7	建筑物楼宇设备间机架	GCT-C100	建筑物中心设备（BD），提供实训室数据、语音交换和链路系统展示功能	网络交换机 1 台，配线架、光纤等配件 1 套。可共用综合布线实训装置 GCT-T02	工程实践训练及展示
8	综合布线工程实训楼	GCT-WP06/2	提供综合布线工程模拟实训现场环境，具有网络综合布线建筑群子系统、配线子系统、设备间子系统、干线子系统、配线子系统、工作区子系统、进线间子系统等七个子系统功能区域，模块化灵活组装，特设两层管理间具有垂直主干安装管井，可完成综合布线工程设计、施工、验收的实训	平行布置，分两行，每行 6 组，工 12 组。每组可布置暗装双口插座 8 个，明装双口插座 8 个，双口地插 4 个，配壁挂机柜 1 个，电话机 1 部。每组可供 4 个学生实训操作	工程实践训练及展示
		GCT-WC12		交叉布置，分 12 个组，每个组可布置暗装双口插座 8 个，明装双口插座 8 个，双口地插 4 个，配壁挂机柜 1 个，电话机 1 部。每个组可供 6 个学生实训操作	
9	综合布线实训管理及考核系统	GCT-MES	综合布线实训教学管理，实现学生数据导入、实训派位、记分、双绞线端接测试结果导入、评定成绩等功能	软件光盘，使用手册	实训管理及考核

3.2.4　华育 GCS Training 综合布线实训平台实训课程体系

实训平台课程是在学生已经完成网络基础课程的学习之后的一门实训程课。实训含 40 多个项目，总学时数建议为 48 学时。可以根据专业的不同选择其中的所有实训项目，或者部分实训项目，或者自己另行加入一些其他实训项目；该实训项目课也可作为计算机网络基础课程的辅助实验课程。实训项目和实训场地如表 3-2 所示。

表 3-2　实训项目

实训项目	实训场地	建议学时
实训项目 1：参观校园网		1
实训项目 3-1：参观综合布线工程实训展示装置	华育 GCS Training 实训平台	1
实训项目 3-2：认识、了解综合布线工具箱	GCS Training 实训平台	0.2
实训项目 4-1：认识、了解双绞线电缆	GCS Training 实训平台	0.2
实训项目 4-2：认识、了解大对数线	GCS Training 实训平台	0.2
实训项目 4-3：认识、了解室内多模光缆和室外单模光缆	GCS Training 实训平台	0.2

实训项目	实训场地	建议学时
实训项目 4-4：认识、了解双绞线连接器	GCS Training 实训平台	0.2
实训项目 4-5：认识、了解信息模块、面板和底盒	GCS Training 实训平台	0.2
实训项目 4-6：认识、了解网络配线架和 110 配线架	GCS Training 实训平台	0.2
实训项目 4-7：认识、了解光纤连接器件	GCS Training 实训平台	0.2
实训项目 4-8：认识、了解光纤配线盒	GCS Training 实训平台	0.2
实训项目 4-9：认识、了解机柜和认识其他小件材料	GCS Training 实训平台	0.6
实训项目 5-1：认识、了解金属槽、金属管和金属软管	GCS Training 实训平台	0.3
实训项目 5-2：认识、了解金属桥架	参观	0.5
实训项目 5-3：认识、了解塑料管和塑料软管	GCS Training 实训平台	0.3
实训项目 6-1：常用电动工具的使用	GCS Training 实训平台	1
实训项目 6-2：金属桥架路由铺设操作	GCS Training 实训平台	1
实训项目 6-3：明敷金属管的铺设操作实训	GCS Training 实训平台	1
实训项目 6-4：无托架的明塑料（PVC）槽的铺设操作实训	GCS Training 实训平台	4
实训项目 6-5：参观架空布线的铺设	课后作业	
实训项目 6-6：参观直埋布线的铺设	课后作业	
实训项目 6-7：双绞线布线实训指导	GCS Training 实训平台	1
实训项目 6-8：落地、壁挂机柜安装实训	GCS Training 实训平台	2
实训项目 6-9：网络数据配线架安装	GCS Training 实训平台	1
实训项目 6-10：干线电缆敷设实训	GCS Training 实训平台	1
实训项目 7-1：110 配线架安装、语音大对数电缆端接实训	GCS Training 实训平台	2
实训项目 7-2：信息插座安装实训	GCS Training 实训平台	1
实训项目 7-3：用户信息跳线制作实训	GCS Training 实训平台	1
实训项目 7-4：网络配线架双绞线打线实训	GCS Training 实训平台	1
实训项目 7-5：电信间（或设备间）电话跳线打线实训	GCS Training 实训平台	1
实训项目 7-6：网络交换机安装与跳线连接	GCS Training 实训平台	1
实训项目 7-7：光纤配线架安装	GCS Training 实训平台	1
实训项目 7-8：光纤连接器端接磨光技术实训	GCS Training 实训平台	3
实训项目 7-9：光纤连接器端接压接技术实训	GCS Training 实训平台	1
实训项目 7-10：光纤连接熔接技术实训	GCS Training 实训平台	3
实训项目 7-11：ST 连接器互联实训	GCS Training 实训平台	1
实训项目 7-12：数据点与语音点互换实训	GCS Training 实训平台	1
实训项目 8-1：永久链路超 5 类双绞线认证测试实训	GCS Training 实训平台	0.5
实训项目 8-2：信道链路超 5 类双绞线认证测试实训	GCS Training 实训平台	0.5
实训项目 8-3：永久链路 6 类双绞线认证测试实训	GCS Training 实训平台	0.5
实训项目 8-4：信道链路 6 类双绞线认证测试实训	GCS Training 实训平台	0.5
实训项目 8-5：性能故障诊断实训	GCS Training 实训平台	0.5
实训项目 8-6：大对数电缆布线测试实训	GCS Training 实训平台	1
实训项目 8-7：光纤测试实训	GCS Training 实训平台	1
实训项目 9-1：综合布线系统现场验收	GCS Training 实训平台	2
实训项目 9-2：综合布线系统文档验收	GCS Training 实训平台	1
实训项目 10-1：综合布线系统工程图纸验收	电脑机房	2
实训项目 10-2：写作网络工程方案	课后作业	4
课时统计		48

3.2.5　华育 GCS Training 综合布线实训平台布局图

综合布线实训平台可以采用平行布置和交叉布置两种形式，推荐采用平行布置方式，如图 3-3 所示。

图 3-3　华育 GCS Training 综合布线实训平台布置图

综合布线实训平台网络包括七个子系统（综合实训和模拟展示）。

（1）建筑群子系统：模拟整个园区网络中心设备（CD），包括 GCT-C200 建筑群中心设备间机架（教师机），42U，CD-BD 之间的桥架，光缆和大对数双绞线。

（2）设备间子系统：模拟一栋大楼网络中心设备（BD），GCT-C100 建筑物楼宇设备间机架（学生机），36U，可与多功能综合布线实训装置 GCT-T02 共用。

（3）干线子系统：模拟每个大楼内中心机架（BD）到楼层设备间（FD，壁挂机柜 6U）之间的垂直布线系统，桥架和优质 PVC 线槽 40×60mm。

（4）管理子系统：模拟楼内每层配线间内的连接设备，GCT-C50 壁挂机，6U。

（5）配线子系统：模拟大楼内管理区到信息点（TO）之间的布线系统，暗装 PVC 管或明装优质 PVC 线槽 20×40mm。

（6）工作区子系统：模拟大楼内房间工作区终端设备（TE）与信息点（TO）之间的布线系统，由笔记本电脑、电话机和跳线组成。

（7）进线间：由园区网络中心设备（CD）的进线管道、接地等装置组成。

注：在本图示例的标准 6 个学生组方案中，可真实模拟出 24 套工作区、配线、管理、干线子系统，以及 12 套楼层设备间子系统、1 套建筑群子系统、1 套进线间子系统各环节的全部实训设备。

3.2.6　GCS Training 工程实训平台网络链路及功能扩展

华育 GCS Training 综合布线实训平台内的所有设备可构建成一个完整的园区网络。

（1）可按 GB 50311—2007 模拟展示综合布线的七个子系统，给学生完整直观的教学体验。

（2）终端设备插入信息插座，可互连互通，现场直接检验综合布线实训的成果。

（3）多功能综合布线实训装置已联网，可实现网络化的综合布线实训教学的计算机管理和考核。

（4）可实现综合布线实训室和计算机网络实训室的一体化整合，改进教学方法。

华育 GCS Training 综合布线实训平台设备连接图如图 3-4 所示。图 3-5 为老师和学生开展教学互动。

图 3-4　华育 GCS Training 综合布线实训平台设备连接图

图 3-5　老师和学生开展教学互动

3.2.7　双绞线端接测试及故障演示装置 GCT-MTP

双绞线端接测试及故障演示装置 GCT-MTP 是专利产品。

发明专利：一种双绞线端接测试实训装置，专利号：200910089129.3

实用新型专利：一种双绞线端接故障演示装置，专利号：200920110601.2

　　　　　　　一种双绞线端接测试实训装置，专利号：200920110300.X

华育 GCT-MTP 双绞线端接测试仪是双绞线端接测试及故障演示装置，能完整提供双绞线线缆的通断、线序等接线图故障显示、验证和排除主要接线故障的课程实训。

GCT-MTP 利用高精度时域反射分析 TDR（Time Domain Reflectometry）测试技术和时域串扰分析 TDX（Time Domain Crosstalk）定位测试技术进行双绞线端接故障的分析判断和定位，可测试双绞线端接的各种故障现象，包括开路、短路、交叉线对、反向线对、串对等故障。利用双绞线端接测试及故障演示装置，还可以真实模拟测试常见网络布线工程中出现的各种布线故障，积累正确布线和排差布线故障的经验。

小知识：时域反射分析/时域串扰分析（TDR/TDX）。

时域反射分析 TDR 测试技术通过在被测线对中发送测试信号，同时检测信号在该线对的反射相位和强度。如果信号在通过电缆时遇到一个阻抗的突变，部分或所有的信号会被反射回来，反射信号的时延、大小以及极性表明了电缆中特性阻抗不连续的位置和性质。时域串扰分析 TDX 技术是通过一个线对上发送测试信号，同时在时域上对相邻线对测试串扰信号，由于是在时域进行测试，根据串扰发生的时间以及信号传输速度可以准确定位串扰发生的物理位置。

采用高精度时域反射/时域分析（TDR/TDX）技术进行双绞线端接测试，能够满足快速以太网和千兆以太网综合布线教学实训测试要求，是第四代网络综合布线实训产品。

双绞线端接测试产品结构如下：

- 19″机架结构，3U 高度；
- 显示器：7″触摸屏彩色 LCD 显示器；
- 分辨率：800×480dpi；
- 电源：交流 220V，功耗 25W；
- 输出接口：1 个 USB2.0 接口；1 个 15 针串行输
  出接口，1 个 10/100M RJ45 网络接口；

图 3-6　双绞线端接测试产品图

- 4 组（8 个）超五类 RJ45 插座，4 组（8 个）超五类 4 对 110 接线卡。
- 双绞线端接测试产品如图 3-6 所示。

3.3　实　　训

实训项目 3-1：参观"华育®"综合布线工程实训展示装置

1．参观综合布线实训室的目的

（1）熟悉和认识参观综合布线实训室——综合布线工程实训展示装置；

（2）熟悉和认识楼层设备间（FD）与通信链路装置 GCT-C50，逐一认识综合布线系统结构工作区、配线子系统、干线子系统、设备间和管理。

2．实训报告

总结参观的体会：

（1）概述综合布线工程实训展示装置；

（2）总结综合布线工程实训展示装置各子系统结构、功能和应用。

实训项目 3-2：认识、了解综合布线工具箱

认识、了解常用的工具：双用压线钳，剥线钳，调力型 110 打线钳，五对打线钳，简易线序测试仪，斜口钳，尖嘴钳，数字测电笔，一字起子，十字起子，活动扳手，钢卷尺，美工刀。

【本章小结】

本章介绍了综合布线实训室、综合布线工程实训平台、综合布线工具箱。要求学员掌握华育 GCS Training 综合布线实训平台的要点，认识、了解实训项目和实训场地。

第4章 综合布线系统的传输和连接介质

在布线系统中使用的线缆通常分为双绞线、同轴电缆、大对数线、光缆等。市场上供应的品种型号很多，作为工程技术人员应根据实际的工程需求来选购电缆。线缆考虑的是作用、型号、品种、主要性能。

4.1 双绞线电缆

双绞线（TP，Twisted Pair）是一种综合布线工程中最常用的传输介质。双绞线是由两根具有绝缘保护层的铜导线组成的。把两根绝缘的铜导线按一定密度互相绞在一起，可降低信号干扰的程度，每一根导线在传输中辐射出来的电波会被另一根线上发出的电波抵消。双绞线一般由两根为 22 号或 24 号或 26 号绝缘铜导线相互缠绕而成。如果把一对或多对双绞线放在一个绝缘套管中便成了双绞线电缆，双绞线电缆（也称双扭线电缆）内，不同线对具有不同的扭绞长度，一般地说，扭绞长度在 38.1cm 至 14cm 内，按逆时针方向扭绞。相邻线对的扭绞长度在 12.7cm 以上，一般来说，扭线越密其抗干扰能力就越强。

双绞线电缆的优点如下：

（1）直径小，节省所占用的空间；

（2）重量轻、易弯曲、易安装；

（3）将串扰减至最小或加以消除；

（4）具有阻燃性；

（5）具有独立性和灵活性，适用于结构化综合布线。

与其他传输介质相比，双绞线在传输距离、信道宽度和数据传输速度等方面均受一定限制，但价格较为低廉。

目前，双绞线可分为非屏蔽双绞线（UTP，Unshielded Twisted Pair）和屏蔽双绞线（STP，Shielded Twisted Pair），屏蔽双绞线电缆的外层由铝泊包裹着，它的价格相对要高一些。

虽然双绞线主要是用来传输模拟声音信息的，但同样适用于数字信号的传输，特别适用于较短距离的信息传输。在传输期间，信号的衰减比较大，并且使波形畸变。

采用双绞线的局域网络的带宽取决于所用导线的质量、导线的长度及传输技术。

因为双绞线传输信息时要向周围辐射，很容易被窃听，所以要花费额外的代价加以屏蔽，以减小辐射（但不能完全消除）。这就是我们常说的屏蔽双绞线电缆（STP，Shielded Twisted Pair）。屏蔽双绞线相对来说贵一些，其安装要比非屏蔽双绞线电缆难一些。

4.1.1 双绞线分类及物理结构

1. 双绞线分七类

（1）一类线：不是用于计算机网络数据通信，而是用于电话语音通信。

（2）二类线：传输频率为 1MHz，用于语音传输和最高传输速率为 4Mbps 的数据传输，常见于使用 4Mbps 规范令牌传递协议的旧的令牌网。

（3）三类线：传输频率为 16MHz，用于语音传输及最高传输速率为 10Mbps 的数据传输，主要用于10BASE-T。

（4）四类线：该类电缆的传输频率为 20MHz，用于语音传输和最高传输速率 16Mbps 的数据传输，主要用于基于令牌的局域网和 10BASE-T/100BASE-T。

（5）五类线：该类电缆增加了绕线密度，外套一种高质量的绝缘材料，传输率为 100MHz，用于语音传输和最高传输速率为 100Mbps 的数据传输，主要用于 100BASE-T 和 10BASE-T 网络。这是最常用的以太网电缆。

（6）超五类线：超 5 类线衰减小，串扰少，并且具有更高的衰减与串扰的比值（ACR）和信噪比、更小的时延误差，性能得到很大提高。超五类线主要用于千兆位以太网（1000Mbps）。

（7）六类线：该类电缆的传输频率为 1～250MHz。六类布线系统在 200MHz 时综合衰减串扰比（PS-ACR）应该有较大的余量，它提供 2 倍于超五类线的带宽。六类布线的传输性能远远高于超五类标准，最适用于传输速率高于 1Gbps 的应用。六类与超五类线的一个重要的不同点在于：改善了在串扰以及回波损耗方面的性能，对于新一代全双工的高速网络应用而言，优良的回波损耗性能是极重要的。六类标准中取消了基本链路模型，布线标准采用星形的拓扑结构，要求的布线距离为：永久链路的长度不能超过 90m，信道长度不能超过 100m。

（8）七类线：七类线是 ISO 7 类/F 级标准中最新的一种双绞线，它主要为了适应万兆位以太网技术的应用和发展。但它不再是一种非屏蔽双绞线了，而是一种屏蔽双绞线，所以它的传输频率至少可达 600 MHz，是六类线和超六类线的 2 倍以上，传输速率可达 10 Gbps。

2．计算机综合布线使用的双绞线的种类

计算机综合布线使用的双绞线的种类如图 4-1 所示。

图 4-1　计算机综合布线使用的双绞线种类

3 类、5 类、超 5 类线 4 对非屏蔽双绞线的物理结构如图 4-2 所示。

4 对双绞线导线色彩组成如表 4-1 所示。

图 4-2　3 类、5 类、超 5 类线 4 对非屏蔽双绞线的物理结构

表 4-1　4 对双绞线导线色彩组成

线对	色彩码
1	白/蓝//蓝
2	白/橙//橙
3	白/绿//绿
4	白/棕//棕

4.1.2　双绞线的参数名词

对于双绞线（无论是 3 类、5 类、超 5 类线（5e）、6 类，还是屏蔽、非屏蔽），作为用户所关心的是：衰减、近端串扰、阻抗特性、分布电容、直流电阻等。为了便于理解首先解释几个名词。

（1）衰减：衰减是沿链路的信号损失的度量。衰减随频率而变化，所以应测量在应用范围内的全部频率上的衰减。

（2）近端串扰：近端串扰 NEXT 损耗（Near-End Crosstalk Loss）是测量一条 UTP 链路中从一对线到另一对线的信号耦合。对于 UTP 链路来说这是一个关键的性能指标，也是最难精确测量的一个指标，尤其是随着信号频率的增加其测量难度更大。

串扰分近端串扰和远端串扰（FEXT），测试仪主要是测量 NEXT，由于线路损耗，FEXT 的量值影响较小，在 3 类、5 类系统中可忽略不计。

NEXT 并不表示在近端点所产生的串扰值，它只是表示在近端点所测量到的串扰值。这个量值会随电缆长度不同而变，电缆越长该值变得越小。同时发送端的信号也会衰减，对其他线对的串扰也相对变小。实验证明，只有在 40m 内测量得到的 NEXT 值是比较真实的，如果另一端是远于 40m 的信号插座，它会产生一定程度的串扰，但测试仪可能无法测量到这个串扰值。基于这个理由，对 NEXT 最好在两个端点都要进行测量。现在的测试仪都配有相应设备，使得在链路一端就能测量出两端的 NEXT 值。

衰减和 NEXT 测试值的参照表如表 4-2 和表 4-3 所示。

表 4-2　各种连接为最大长度时各步频率下的衰减极限

| 频率（MHz） | 最大衰减 | | | | | | | | | |
| | 信道（100m） | | | | | 链路（90m） | | | | |
	3类	4类	5类	5e	6类	3类	4类	5类	5e	6类
1	4.2	2.6	2.5	2.5	2.1	3.2	2.2	2.1	2.1	1.9
4	7.3	4.8	4.5	4.5	4.0	6.1	4.3	4.0	4.0	3.5
8	10.2	6.7	6.3	6.3	5.7	8.8	6.0	5.7	5.7	5.0
10	11.5	7.5	7.0	7.0	6.3	10.0	6.8	6.3	6.3	5.6
16	14.9	9.9	9.2	9.2	8.0	13.2	8.8	8.2	8.2	7.1
20		11.0	10.3	10.3	9.0		9.9	9.2	9.2	7.9
25			11.4	11.4	10.1			10.3	10.3	8.9
31.25			12.8	12.8	11.4			11.5	11.5	10.0
62.5			18.5	18.5	16.5			16.7	16.7	14.4
100			24.0	24.0	21.3			21.6	21.6	18.5
200					31.5					27.1
250					36.0					30.7

表 4-3　特定频率下的 NEXT 测试极限

| 频率（MHz） | 最小NEXT/20℃ | | | | | | | | | |
| | 信道（100m） | | | | | 链路（90m） | | | | |
	3类	4类	5类	5e	6类	3类	4类	5类	5e	6类
1	39.1	53.3	60.0	60.0	65.0	40.1	54.7	60.0	60.0	65.0
4	29.3	43.3	50.6	53.6	63	30.7	45.1	51.8	54.8	64.1
8	24.3	38.2	45.6	48.6	58.2	25.9	40.2	47.1	50.0	59.4
10	22.7	36.3	44.0	47.0	56.6	24.3	38.6	45.5	48.5	57.8
16	19.3	33.1	40.6	43.6	53.2	21.0	35.3	42.3	45.2	54.6
20		31.4	39.0	42.0	51.6		33.7	40.7	43.7	53.1
25.0			37.4	40.4	52.0			39.1	42.1	51.5
31.25			35.7	38.7	48.4			37.6	40.6	50.0
62.5			30.6	33.6	43.4			32.7	35.7	45.1
100.0			27.1	30.1	39.8			29.3	32.3	41.8
200					34.8					36.9
250					33.1					35.3

（3）直流环路电阻。

直流环路电阻会消耗一部分信号并转变成热量，它是指一对导线电阻的和，11801 的规格不得大于 19.2Ω。每对间的差异不能太大（小于 0.1Ω），否则表示接触不良，必须检查连接点。

（4）特性阻抗。

与环路直流电阻不同，特性阻抗包括电阻及频率自 1～100MHz 的感抗及容抗，它与一对电线之间的距离及绝缘的电气性能有关。各种电缆有不同的特性阻抗，对双绞线电缆而言，有 100Ω、120Ω 及 150Ω 几种（中国不使用，也不生产 120Ω 的电缆）。

（5）衰减串扰比（ACR）。

在某些频率范围，串扰与衰减量的比例关系是反映电缆性能的另一个重要参数。ACR 有时也以信噪比（SNR）表示，它由最差的衰减量与 NEXT 量值的差值计算。较大的 ACR 值表示对抗干扰的能力更强，系统要求至少大于 10dB。

（6）电缆特性。

通信信道的品质是由它的电缆特性信噪比（SNR，Signal-Noice Ratio）来描述的。SNR 是在考虑到干扰信号的情况下，对数据信号强度的一个度量。如果 SNR 过低，将导致数据信号在被接收时接收器不能分辨数据信号和噪声信号，最终引起数据错误。因此，为了使数据错误限制在一定范围内，必须定义一个最小的可接收的 SNR。

（7）双绞线的绞距。

在双绞线电缆内，不同线对具有不同的绞距长度，一般的说，4 对双绞线绞距周期在 38.1mm 长度内，按逆时针方向扭绞，一对线对的扭绞长度在 12.7mm 以内。

（8）双绞线的线芯。

美国线缆线规（AWG，American Wire Gauge）是用于测量铜导线直径及直流电阻的标准。线规号从 0000 到 28 号，其直径、直流电阻、重量的相互关系如表 4-4 所示。

中国线缆线规（CWG，China Wire Gauge）为了保持与国际上的学术交流，在网络布线系统中同样采用了表 4-4 所示的线规号。

（9）双绞线在外观的上文字。

对于一条双绞线，在外观上需要注意的是：每隔两英尺有一段文字。以 XXXX 公司的线缆为例，该文字为

"XXXX SYSTEMS CABLE E138034 0100 24 AWG (UL) CMR/MPR OR C(UL) PCC FT4 VERIFIED ETL CAT5 O44766 FT 0708"

其中：

XXXX：代表公司名称。

0100：表示 100Ω。

24：表示线芯是 24 号的（线芯有 22、24、26 三种规格）。

表 4-4 美国线缆线规

线规号	线缆直径		直流电阻	重量
	mm	in	（Ω/km）	（kg/km）
28	0.320	0.0126	214	0.716
27	0.361	0.0142	169	0.908
26	0.404	0.0159	135	1.14
25	0.511	0.0179	106	1.44
24	0.574	0.0201	84.2	1.82
23	0.643	0.0226	66.6	2.32
22	0.724	0.0253	53.2	2.89
21	0.813	0.0285	41.9	3.66
20	0.912	0.0320	33.3	4.61
19	1.020	0.0359	26.4	5.80
18	1.020	0.0403	21.0	7.32
17	1.144	0.045	16.3	9.24
16	1.296	0.051	13.4	11.65
15	1.449	0.057	10.4	14.69
14	1.627	0.064	8.1	18.09
13	1.830	0.072	6.5	23.39
12	2.059	0.081	5.2	29.50
11	2.313	0.091	4.2	37.10
10	2.593	0.102	3.3	46.79
9	2.898	0.114	2.6	59.0
8	3.254	0.128	2.0	74.5
7	3.660	0.144	1.6	93.87
6	4.118	0.162	1.3	118.46
5	4.626	0.182	1.0	49.00
4	5.186	0.204	0.8	187.74
3	5.821	0.229	0.7	236.91
2	6.558	0.258	0.5	299.49
1	7.346	0.289	0.4	376.97
0	8.261	0.325	0.3	475.31
00	9.278	0.365	0.26	600.47
000	10.422	0.410	0.2	756.92
0000	11.693	0.460	0.16	955.09

AWG：表示美国线缆线规标准。

UL：表示通过认证，是认证标记。

FT4：表示 4 对线。

CAT5：表示 5 类线。

044766：表示线缆当前处在的英尺数。

0708：表示生产年月。

4.1.3　5 类超 5 类屏蔽双绞线

5 类超 5 类 4 对屏蔽双绞线线芯有 23 号、24 号的裸铜导体，以氟化乙烯作为绝缘材料，内有一 24AWG TPG 漏电线，铝箔屏蔽。传输频率达 100MHz，导线色彩组成如表 4-5 所示，物理结构如图 4-3 所示。

表 4-5　4 对屏蔽双绞线导线色彩组成

线对	色彩码	屏蔽
1	白/蓝//蓝	0.002[0.051]铝/聚酯带
2	白/橙//橙	内有一根 24 AWG TPC 漏电线
3	白/绿//绿	
4	白/棕//棕	

图 4-3　5 类 4 对 24AWG 100Ω屏蔽电缆

电气特性如表 4-6 所示。

表 4-6　5 类 4 对 24AWG 100Ω屏蔽电缆电气特性

频率需求	阻抗	最大衰减值（dB/100m）	NEXT(dB)（最差对）	最大直流电阻（100m/20℃）
256kHz		1.1		
512kHz		1.5		
772kHz		1.8	66	
1MHz		2.1	64	
4MHz		4.3	55	
10MHz		6.6	49	
16MHz	85～115	8.2	46	9.38Ω
20MHz		9.2	44	
31.25MHz		11.8	42	
62.50MHz		17.1	37	
100MHz		22.0	34	

4.1.4　6 类双绞线

1．6 类标准简介

6 类标准将是未来 UTP 布线的极限标准，为用户选择更高性能的产品提供依据，同时，它也应当满足网络应用标准组织的要求。主要用于大中型单位和公司的百兆、千兆、万兆、十万兆以太网络技术。六类标准中的规定涉及介质、布线距离、接口类型、拓扑结构、安装实践、信道性能及线缆和连接硬件性能等方面的要求。

6 类标准规定了铜缆布线系统应当能提供的最高性能，规定允许使用的线缆及连接类型为 UTP 或 ScTP；整个系统包括应用和接口类型都要有向下兼容性，即新的 6 类布线系统上可以运行以前在 3 类或 5 类系统上运行的应用，用户接口应采用 8 针模块化插座。

同 5 类标准一样，6 类布线标准也采用星形拓扑结构，要求的布线距离为：基本链路（永久链路）的长度不能超过 90m，信道长度不能超过 100m。

6 类产品及系统的频率范围应当在 1～250MHz 之间，对系统中的线缆、连接硬件、基本链路及信道在所有频点都需测试以下参数：

- 衰减（Attenuation）；
- 回损（Return Loss）；
- 延迟/失真（Delay/Skew）；
- 近端串扰（NEXT）；
- 功率累加近端串扰（Power Sum NEXT）；
- 等效远端串扰（ELFEXT）；
- 功率累加等效远端串扰（Power Sum ELFEXT）；
- 平衡（Balance：LCL，LCTL）；
- 其他。

另外，测试环境应当设置在最坏情况下对产品和系统进行测试，从而保证测试结果的可用性。所提供的测试结果也应当是最差值而非平均值。

同时，6 类是一个整体的规范，并能得到以下几方面的支持：

- 实验室测试程序；
- 现场测试要求；
- 安装实践；
- 其他灵活性、长久性等方面的考虑。

2．6 类布线大势所趋

TIA 和 ISO/IEC 标准化委员会认为 6 类信道的性能指标在技术上已经稳定。6 类布线系统在 TIA TR41 的研发基础上形成，该标准的目的是为了实现千兆位方案。千兆位方案最早是基于 5 类布线系统而制定的，而采用 6 类会比超 5 类降低一半的成本，6 类参数值余量可以更好地满足千兆位方案的需求。

为了展示这种概念的可行性，贝尔实验室的微电子工作组已经开发出了一种"低成本"千兆芯片组，该芯片组在 PHY 芯片内部的晶体管数量大约减少了 50%。由于改进的 6 类布线性能简化了收发设备的设计，不必再使用回波抵消技术，大大降低了消除 NEXT 的要求。

3．6 类双绞线物理结构

6 类双绞线在外形上和结构上与五类或超五类双绞线都有一定的差别，物理结构有两种。

（1）绝缘的十字骨架。

6 类双绞线物理结构不仅增加了绝缘的十字骨架，将双绞线的四对线分别置于十字骨架的四个凹槽内，而且电缆的直径也更粗。电缆中央的十字骨架随长度的变化而旋转角度，将四对双绞线卡在骨架的凹槽内，保持四对双绞线的相对位置，提高电缆的平衡特性和串扰衰减。

绝缘的十字骨架 6 类双绞线的物理结构如图 4-4 所示。

（2）扁平 6 类双绞线。

扁平 6 类双绞线的物理结构如图 4-5 所示。

图 4-4　6 类双绞线的物理结构

图 4-5　扁平 6 类双绞线的物理结构

4．6 类布线的性能指标

ISO/IEC 对 6 类线产品性能指标如表 4-7 所示。

表 4-7　ISO/IEC 对 6 类线产品性能指标

ISO/IEC	6 类性能								
JTC1 WG3 SC25 草案内容	电缆			接插件			通道 4 接头模式		
带宽（MHz）	100	200	250	100	200	250	100	200	250
衰减（dB）	19.9	29.2	33.0	0.2	0.3	0.3	21.1	30.9	35.0
近端串扰(dB)	44.3	39.8	38.3	54.0	48.0	46.0	39.9	34.8	33.1
PSNEXT（dB）	42.3	37.8	36.3	50.0	44.0	42.0	37.1	31.9	30.2
ELFEXT(dB)	27.8	21.7	19.8	43.1	37.1	35.1	23.2	17.2	15.3
PSELFEXT(dB)	24.8	18.7	16.8	40.1	34.1	32.1	20.2	14.2	12.3
PSACE(dB)							16.0	1.0	4.8
回路损耗(dB)							12.0	9.0	8.0

5．布线标准的几个关键问题

（1）在 250MHz 时 6 类通道必须提供正的（+ve）PSACR 值（0.1dB）。

（2）6 类通道包括 2、3 或者 4 个接头连接链路。

（3）6 类通道所定义的公式频率值而非现场频率值是 250MHz。带宽提升至 250MHz 是应 IEEE802 委员会定义新布线标准中满足零值 ACR 值而提升频率 25% 的要求来制定的。

（4）电缆和元器件的性能参数需从通道系统中返回计算。

（5）6 类元器件应具备相互兼容性——允许不同厂商产品混合使用。

（6）6 类元器件应具备向下兼容 5 类和增强型 5 类的特性。

上述最后两点将给接插件厂带来更多竞争。然而，6 类系统的回路损耗问题尚未完全解决，电缆和接插件的性能指标需要得到更多改进。回路损耗是一个非常重要的系统性能参数，EIA/TIA 子委员会在 568A（5e）附录 5 中提议采用更为严格的接插件和电缆回路损耗级别，以确保达到系统所限定的级别要求。同样，在 6 类系统中要比 5e 类增加更多要求。

6．6 类布线

6 类布线系统在 TIA TR41 的研发基础上形成，目的是为了实现千兆位方案。超 5 类布线系统可以满足千兆位方案的要求，但需要在网络设备（如网卡）的接口处增加 DSP（数字信号处理）芯片，因此用超 5 类实现千兆位方案就需要较高的成本。而采用 6 类会比超 5 类降低一半的成本，6 类参数值余量可以更好地满足千兆位方案的需求。

7．天诚 6 类 4 对双绞线 23 AWG 非屏蔽双绞线线缆的性能指标

天诚 6 类 4 对双绞线为 23AWG 的实芯裸铜导体，以氟化乙丙烯作为绝缘材料，传输频率达 350MHz。

天诚 6 类 4 对双绞线 23AWG 非屏蔽双绞线线缆的性能指标如表 4-8 所示。

表 4-8 天诚 6 类 4 对双绞线 23AWG 非屏蔽双绞线线缆的性能指标

频率（MHz）	近端串扰	衰减	ACR	回波损耗	ELFEXT
1	84.0	1.6	82.4	24.5	77.7
4	70.8	3.3	67.3	25.5	65.1
8	65.8	4.2	61.6	25.9	58.9
10	63.7	5.3	61.4	26.1	57.3
16	61.5	6.7	53.8	26.2	53.7
20	58.5	7.5	51.0	28.2	52.2
25	58.0	8.6	49.4	29.0	50.2
31	56.0	9.7	46.3	27.9	49.1
63	52.8	14.3	38.5	25.9	48.3
100	51.2	18.5	32.7	23.7	40.3
155	47.5	22.9	24.6	21.2	39.4
200	49.5	26.7	22.6	20.1	36.5
250	44.8	29.7	15.1	19.1	33.0
300	42.8	32.6	10.2	18.2	30.7
350	40.4	35.8	7.6	17.2	23.6

4.1.5　7 类线缆

6 类线标准已于 2002 年 6 月 5 日通过，但许多厂家在积极地研制 7 类线。

7 类线与 5 类、超 5 类和 6 类相比，具有更高的传输带宽，至少为 600MHz。不仅如此，7 类布线系统与以前的布线系统不同，采用的不再是廉价的非屏蔽双绞线，而是采用双屏蔽的双绞线（每对都有一个屏蔽层，8 根芯外还有一个屏蔽层）。接口与现在的 RJ-45 不兼容。

7 类线的进展主要表现为以下几点：

（1）1999 年 6 月 29 日在德国柏林的 ISO/IEC、JTCL/SC、25/WG3 会议上，与会的 69 名专家一致同意将耐克森公司提交的 7 类连接件解决方案 GG45-GP45 写入国际布线标准 ISO/IE 11801 中。

（2）2001 年 8 月 27 日在德国召开的 ISO/IEC 会议上，耐克森公司建议将 IEC 60604-7-7 最终确定为 7 类接口标准。

（3）7 类线一般采用皮—泡沫—皮单线结构。

（4）7 类线的铜导体外径选取在 22AWG 左右（有人主张是 19AWG）。

（5）7 类线的带宽为 600MHz。

（6）网络测试仪的测试频率范围为 0.064～1000MHz。

（7）永久链路为 90m。

（8）插入损耗约为 2dB/（水平电缆约减少 3m，连接跳线为 2m）。

（9）近端串扰损耗 5.1～7dB。

（10）ACR 为−1.9dB。

（11）远端串扰为 45.3dB。

（12）回波损耗为 8.4dB。

（13）延迟为 45ms。

（14）延迟偏移为 44ms。

（15）DC 回路电阻为 34Ω。

（16）耦合衰减为 64.4dB。

1．接口

在网络接口上也有较大变化，开始制定 7 类标准，共有 8 种连接口被提议，其中两种为"RJ"形式，六种为"非 RJ"形式。在 1999 年 1 月，ISO 技术委员会决定选择一种"RJ"和一种"非 RJ"型的接口做进一步的研究。在 2001 年 8 月的 ISO/IEC JTC 1/SC 25/WG3 工作组会议上，ISO 组织再次确认 7 类标准分为"RJ 型"接口及"非 RJ 型"接口两种模式。

2．7 类双绞线的电缆结构

7 类双绞线的电缆结构如表 4-9 所示。

3．7 类双绞线的物理结构

7 类双绞线的物理结构如图 4-6 所示。

表 4-9　7 类双绞线的电缆结构

	STP	SFTP
导体	22/23AWG单股纯铜	22/23AWG单股纯铜
绝缘	聚乙烯	聚乙烯
屏蔽	铝箔分屏蔽	铝箔分屏蔽+铜丝编织总屏蔽
漏电线	7/0.2mm	无
护套	聚氯乙烯/低烟无卤	聚氯乙烯/低烟无卤

图 4-6　7 类双绞线的物理结构

4．7 类双绞线的工作频宽

7 类双绞线的工作频宽分 1～600MHz（通用标准）和 1～1000MHz。

5．物理特性

传输速率（NVP）：79%。

最大相对电容：5.6nF/100m。

最大直流电阻不平衡：5%。

最大传播延迟差：30ns/100m。

最大传播延迟：536ns/100m@100MHz。

额定电压：60Vrms。

最大抗拉载荷：80N。

工作温度：–20℃～+60℃。

储存温度：–5℃～+50℃。

阻燃程度：通过 IEC332-1（FRRVC&LSOH 护套）。

6．7 类双绞线电气性能参数

7 类双绞线电气性能参数如表 4-10 所示。

表 4-10　7 类双绞线电气性能参数表

频率(MHz)	近端串扰(dB/100m) 最差值/典型值/标准值 ≥	衰减(dB/100m) ≤	回波损耗(dB) 最差值/典型值/标准值 ≥	信噪比(dB/100m) 最差值/典型值/标准值 ≥	PPELFEXT 等效远端串扰(dB/100m) 保证值/典型值/标准值 ≥	PSNEXT 近端串扰功率和(dB/100m) 最差值/典型值/标准值 ≥	PSACR 信噪比功率和(dB/100m) 最差值/典型值/标准值 ≥	PSELFEXT 等效远端串扰功率和(dB/100m) 保证值/典型值/标准值 ≥
1	90.0/100.0/80.0	2.0	20.0/23.0/20.0	88.0/98.0/80.0	85.0/90.0/80.0	87.0/97.0/77.0	85.0/95.0/75.0	82.0/87.0/77.0
4	90.0/100.0/80.0	3.6	23.0/26.0/23.0	86.4/96.0/76.4	85.0/90.0/80.0	87.0/97.0/77.0	83.4/93.0/73.4	82.0/87.0/77.0
10	90.0/100.0/80.0	5.7	25.0/28.0/25.0	84.3/94.0/74.3	79.0/90.0/74.0	87.0/97.0/77.0	81.3/91.0/71.3	76.0/87.0/71.0
16	90.0/100.0/80.0	7.2	25.0/28.0/25.0	83.3/92.0/72.8	74.9/90.0/69.9	87.0/97.0/77.0	80.3/89.0/69.8	71.9/87.0/66.9
20	90.0/100.0/80.0	8.1	25.0/28.0/25.0	82.5/91.0/71.9	73.0/90.0/68.0	87.0/97.0/77.0	79.5/88.0/68.9	70.0/87.0/65.0
31.25	90.0/100.0/80.0	10.1	23.6/26.0/23.6	80.0/90.0/69.9	69.1/90.0/64.1	87.0/97.0/77.0	77.0/87.0/66.9	66.1/87.0/61.1
62.5	90.0/100.0/75.5	14.5	21.5/24.0/21.5	76.0/85.0/61.0	63.1/85.0/58.1	80.0/97.0/72.5	73.0/82.0/58.0	60.1/82.0/55.1
100	90.0/100.0/72.4	18.5	20.1/23.0/20.1	72.5/75.0/53.9	53.0/75.0/78.0	87.0/97.0/69.4	69.5/72.0/50.9	56.0/77.0/51.0
200	90.0/100.0/67.9	26.8	18.0/23.0/18.0	65.0/70.0/41.1	53.0/75.0/78.0	87.0/97.0/69.4	62.0/67.0/38.1	50.0/72.0/45.0
250	95.0/90.0/66.5	30.2	17.3/23.0/17.3	50.0/58.0/36.3	51.0/70.0/46.0	92.0/87.0/63.5	47.0/55.0/33.3	48.0/67.0/43.0
300	95.0/90.0/66.3	33.3	17.3/23.0/17.3	59.0/55.0/32.0	49.5/66.0/44.5	92.0/87.0/63.3	56.0/52.0/29.0	46.5/63.0/41.5
600	80.0/90.0/60.8	48.9	17.3/20.0/17.3	32.0/50.0/11.9	43.4/60.0/38.4	77.0/87.0/57.8	29.0/47.0/8.9	40.4/57.0/35.4

4.2　大对数双绞线

4.2.1　大对数双绞线的组成

大对数双绞线是由 25 对具有绝缘保护层的铜导线组成的。它有 3 类 25 对大对数双绞线，5 类 25 对大对数双绞线，为用户提供更多的可用线对，并被设计为在扩展的传输距离上实现高速数据通信应用。传输速度为 100MHz。导线色彩由蓝、橙、绿、棕、灰，以及白、红、黑、黄、紫编码组成，如表 4-11、表 4-12 所示。

表 4-11　大对数双绞线导线色彩

	蓝	橙	绿	棕	灰
白					
红					
黑					
黄					
紫					

表 4-12　导线色彩编码

线对	色彩码	线对	色彩码
1	白/蓝//蓝/白	14	黑/棕//棕/黑
2	白/橙//橙/白	15	黑/灰//灰/黑
3	白/绿//绿/白	16	黄/蓝//蓝/黄
4	白/棕//棕/白	17	黄/橙//橙/黄
5	白/灰//灰/白	18	黄/绿//绿/黄
6	红/蓝//蓝/红	19	黄/棕//棕/黄
7	红/橙//橙/红	20	黄/灰//灰/黄
8	红/绿//绿/红	21	紫/蓝//蓝/紫
9	红/棕//棕/红	22	紫/橙//橙/紫
10	红/灰//灰/红	23	紫/绿//绿/紫
11	黑/蓝//蓝/黑	24	紫/棕//棕/紫
12	黑/橙//橙/黑	25	紫/灰//灰/紫
13	黑/绿//绿/黑		

4.2.2　大对数双绞线的物理结构

大对数双绞线的物理结构如图 4-7 所示。

图 4-7　大对数双绞线的物理结构

4.2.3　5 类 25 对 24AWG 非屏蔽大对数线

5 类 25 对 24AWG 非屏蔽大对数线由 25 对线组成，为用户提供更多的可用线对，并被设计为在扩展的传输距离上实现高速数据通信应用。电气特性如表 4-13 所示。

表 4-13　5 类 25 对 24AWG 非屏蔽大对数线电气特性

频率需求	阻抗（Ω）	最大衰减值（dB/100m）	NEXT(dB)（最差对）	最大直流阻流（100m/20℃）
256kHz	—	1.1	—	
512kHz	—	1.5	—	
772kHz	—	1.8	64	
1MHz		2.1	62	
4MHz		4.3	53	9.38Ω
10MHz		6.6	47	
16MHz	85~115	8.2	44	
20MHz		9.2	42	
31.25MHz		11.8	40	
62.50MHz		17.1	35	
100MHz		22.0	32	

4.2.4　3 类 25 对 24AWG 非屏蔽线

这类电缆适用于最高传输速率 16MHz，一般为 10HMz，它的导线色彩编码如表 2-14 所示。

4.2.5　大对数线品种

大对数线品种分为屏蔽大对数线，非屏蔽大对数线。天诚大对数线品种如表 4-14 所示。

表 4-14　天诚大对数双绞线品种

非屏蔽大对数线	室内3类25对非屏蔽大对数线
	室内5类25对非屏蔽大对数线
	室内3类50对非屏蔽大对数线
	室内5类50对非屏蔽大对数线
	室内3类100对非屏蔽大对数线
	室内5类100对非屏蔽大对数线
	室外3类25对非屏蔽大对数线
	室外5类25对非屏蔽大对数线
	室外3类50对非屏蔽大对数线
	室外5类50对非屏蔽大对数线
	室外3类100对非屏蔽大对数线
	室外5类100对非屏蔽大对数线
屏蔽大对数线	室内5类25对屏蔽大对数线
	室内5类50对屏蔽大对数线
	室外5类25对屏蔽大对数线
	室外5类50对屏蔽大对数线

4.2.6　大对数线的技术特性

大对数线的技术特性如表 4-15 所示。

表 4-15　大对数线的技术特性

电缆类别	线对	导体直径（mm）	绝缘厚度（mm）	绝缘直径（mm）	护套厚度（mm）	铝箔屏蔽	铜线编织密度	成品外径（mm）
5	25	0.512	0.21	0.93	1.0			12.9
5	25	0.512	0.21	0.93	1.0	纵包	50～60	13.5
5	50	0.512	0.21	0.93	1.2			18.6
5	50	0.512	0.21	0.93	1.2	纵包	60～70	19.3
5	100	0.512	0.21	0.93	1.5			26.3
5	100	0.512	0.21	0.93	1.5	纵包	60～70	27

4.3　同　轴　电　缆

同轴电缆由一根空心的外圆柱导体及其所包围的单根内导线所组成。柱体同导线用绝缘材料隔开，其频率特性比双绞线好，能进行较高速率的传输。由于它的屏蔽性能好，抗干扰能力强，通常多用于基带传输。

同轴电缆可分为两种基本类型——基带同轴电缆（粗同轴电缆）和宽带同轴电缆（细同轴电缆）。粗同轴电缆其屏蔽层用铜做成网状的，特征阻抗为 50Ω，如 RG—8、RG—58 等；细同轴电缆其屏蔽层通常是用铝冲压成的，特征阻抗为 75Ω，如 RG—59 等。

1．同轴电缆的物理结构

同轴电缆是由中心导体、绝缘材料层、网状织物构成的屏蔽层以及外部隔离材料层组成，其结构如图 4-8 所示。

同轴电缆具有足够的可柔性，能支持 254mm（10in）的弯曲半径。中心导体是直径为 2.17mm±0.013mm 的实心铜线。绝缘材料要求满足同轴电缆电气参数的绝缘材料。屏蔽层由满足传输阻抗和 ECM 规范说明的金属带或薄片组成，屏蔽层的内径为 6.15mm，外径为 8.28mm。外部隔离材料一般选用聚氯乙烯（如 PVC）或类似材料。

图 4-8　同轴电缆结构示意图

2．50Ω同轴电缆的主要电气参数

（1）同轴电缆的特性阻抗。

同轴电缆的平均特性阻抗为 50Ω±2Ω，沿单根同轴电缆阻抗的周期性变化可达±3Ω的正弦波中心平均值，其长度小于 2m。

（2）同轴电缆的衰减。

500m 长的电缆段的衰减值，当用 10MHz 的正弦波进行测量时，不超过 8.5dB（17dB//km），而用 5MHz 的正弦波进行测量时不超过 6.0dB（12dB/km）。

（3）同轴电缆的传播速度。

最低传播速度为 0.77c（c 为光速）。

（4）同轴电缆直流回路电阻。

电缆的中心导体的电阻，加上屏蔽层的电阻总和不超过 10MΩ/m（在 20℃测量）。50Ω同轴电缆的物理参数如下：

（1）同轴电缆具有足够的柔性；

（2）能支持 254mm（10in）的弯曲半径；

（3）中心导体是直径为 2.17mm±0.013mm 的实心铜线。绝缘材料要求是满足同轴电缆电气参数的绝缘材料。

（4）屏蔽层由满足传输阻抗和 ECM 规范说明的金属带或薄片组成，屏蔽层的内径为 6.15mm，外径 8.28mm。外部隔离材料一般选用聚氯乙烯（如 PVC）或类似材料。

3．细同轴电缆

细同轴电缆不可绞接，各部分是通过低损耗的 75Ω 连接器来连接的。连结器在物理性能上与电缆相匹配。中间接头和耦合器用线管包住，以防不慎接地。若希望将电缆埋在光照射不到的地方，最好把电缆埋在冰点以下的地层里。如果不想把电缆埋在地下，最好采用电杆来架设。同轴电缆每隔 100m 采用一个标记，以便于维修。必要时每隔 20m 要对电缆进行支撑。在建筑物内部安装时，要考虑便于维修和扩展，在必要的地方还要提供管道来保护电缆。

4．通信、有线电视使用的电缆

通信、有线电视常用的电缆有：系列物理发泡有线电视电缆、系列接入网用物理发泡同轴电缆、系列 50Ω 物理发泡同轴电缆、系列物理发泡皱纹铜管同轴电缆、系列实芯聚乙烯绝缘射频同轴电缆、系列漏电同轴电缆等。

4.4　光纤通信系统

4.4.1　光缆的品种与性能

1．光缆

光导纤维是一种传输光束的细而柔韧的介质。光导纤维电缆由一捆纤维组成，简称为光缆。

光缆是数据传输中最有效的一种传输介质，本节介绍光纤的结构、光纤的种类、光纤通信系统的简述和基本构成。

光纤通常由石英玻璃制成，横截面积很小的双层同心圆柱体也称为纤芯，它质地脆，易断裂，由于这一缺点，需要外加一保护层。其结构如图 4-9 所示。

图 4-9　光纤剖面结构示意图

光缆是数据传输中最有效的一种传输介质，它有以下几个优点：

（1）较宽的频带；

（2）电磁绝缘性能好。光纤电缆中传输的是光束，而光束是不受外界电磁干扰影响的，而且本身也不向外辐射信号，因此它适用于长距离的信息传输以及要求高度安全的场合。当然，抽头困难是其固有的难题，因为割开光缆需要再生和重发信号。

（3）衰减较小，可以说在较大范围内是一个常数。

（4）中继器的间隔距离较大，因此整个通道中继器的数目可以减少，从而可降低成本。根据贝尔实验室的测试，当数据速率为 420Mbps 且距离为 119km 无中继器时，其误码率为 10^{-8}，可见其传输质量很好。而同轴电缆和双绞线在长距离使用中就需要接中继器。

2．光纤的种类

光纤主要有两大类，即单模光纤和多模光纤。

（1）单模光纤。

单模光纤的纤芯直径很小，在给定的工作波长上只能以单一模式传输，传输频带宽，传输容量大。光信号可以沿着光纤的轴向传播，因此光信号的损耗很小，离散也很小，传播的距离较远。单模光纤 PMD 规范建议芯径为 8～10μm，包括包层直径为 125μm，计算机网络用的单模光纤纤芯直径分为 10μm 和 9μm，包层直径为 125μm，导入波长分单模 1310nm 和 1550nm。

（2）多模光纤。

多模光纤是在给定的工作波长上能以多个模式同时传输的光纤。多模光纤的纤芯直径一般为 50～200μm，而包层直径的变化范围为 125～230μm，计算机网络用的多模光纤纤芯直径分为 62.5μm 和 50μm，包层直径为 125μm，也就是通常所说的 62.5μm。导入波长分 850nm、1300nm。与单模光纤相比，多模光纤的传输性能要差。

（3）纤芯分类。

① 按照纤芯直径来划分：

- 50/125(μm)缓变型多模光纤；
- 62.5/125(μm)缓变增强型多模光纤；
- 10/125(μm)缓变型单模光纤。

② 按照光纤芯的折射率分布来划分：

- 阶跃型光纤（Step Index Fiber），简称 SIF；
- 梯度型光纤（Gr12ded Index Fiber），简称 GIF；
- 环形光纤（Ring Fiber）；
- W 形光纤。

3．光缆与光纤的关系

光缆与光纤的关系如图 4-10 所示。

光缆有单模和多模之分，其特性比较如表 4-16 所示。

图 4-10　光缆与光纤的关系

表 4-16　单模和多模特性的比较

单模	多模
用于高速、长距离	用于低速度、短距离
成本高	成本低
窄芯线、需要激光源	宽芯线、聚光好
耗散极小、高效	耗散大、低效

在使用光缆互连多个小型机的应用中，必须考虑光纤的单向特性，如果要进行双向通信，就应用使用双股光纤。由于要对不同频率的光进行多路传输和多路选择，故在通信器件市场上又出现了光学多路转换器。

光纤的类型由材料（玻璃或塑料纤维）及芯和外层尺寸决定，芯的尺寸大小决定光的传输质量。常用的光纤缆有

- 9μm　芯/125μm 外层　　单模
- 10μm　芯/125μm 外层　　单模
- 62.5μm芯/125μm 外层　　多模
- 50μm　芯/125μm 外层　　多模

光缆在普通计算机网络中的安装是从用户设备开始的。因为光缆只能单向传输，为要实现双向通信，就必须成对出现，一个用于输入，一个用于输出。光缆两端接到光学接口器上。

安装光缆需小心谨慎。每条光缆的连接都要磨光端头，通过电烧烤工艺与光学接口连在一起。要确保光通道不被阻塞。光纤不能拉得太紧，也不能形成直角。

4.4.2　光纤通信系统简述

1．光纤通信系统

光纤通信系统是以光波为载体、光导纤维为传输介质的通信方式，起主导作用的是光源、光纤、光发送机和光接收机。

- 光源：是光波产生的根源。
- 光纤：是传输光波的导体。
- 光发送机：负责产生光束，将电信号转变成光信号，再把光信号导入光纤。
- 光接收机：负责接收从光纤上传输过来的光信号，并将它转变成电信号，经解码后再进行相应处理。

2．光端机

光端机是光通信的一个主要设备，主要分为两大类：模拟信号光端机和数字信号光端机。

（1）模拟信号光端机。

模拟信号光端机主要分为调频式光端机和调幅式光端机。由于调频式光端机比调幅式光端机的灵敏度高约 16dB，所以市场上模拟信号光端机是以调频式光端机为主导的，调幅式光端机很少见。光端机一般按方向分为发射机（T）、接收机（R）、收发机（X）。作为模拟信号的调频式光端机，现行市场上主要有单模光端机和多模光端机。

光端机根据系统的传输模式可分为单模光机和多模光端机。一般来说，单模光端机光信号可传输几十千米的距离，模拟光端机的有些型号可无中继传输 100km。而多模光端机的光信号一般传输为 2～5km 左右。这一点也可作为光纤系统中一般光端机选择的参考标准。

（2）数据/视频/音频光端机。

① 光端机根据传输信号又可分为数据（RS-232/RS-422/RS-485/曼彻斯特（Manchester）/TTL/常开触点/常闭触点）光端机、视频光端机、音频光端机、视频/数据光端机、视频/音频光端机、视频/数据/音频光端机以及多路复用光端机，并且可以实现 10M～100M 以太网（IP）数据传输功能。

② 独立式/插卡式/标准式光端机。

a．独立式光端口。

独立式光端机可独立使用，但需要外接电源。独立式光端机主要应用于系统远程设备比较分散的场合。

b. 插卡式光端机。

插模块可插入插卡式机箱中工作，每个插卡式机箱的机架为 19″，具有 18 个插槽，插卡式光端机主要应用在系统的控制中心，便于系统安装和维护。

c. 标准式光端机。

标准式光端机可独立使用，具有标准的 19″ IU 机箱。标准式光端机可安装在系统远程设备及系统控制中心的标准 19″ 机柜中。

（3）光纤通信系统的主要优点。

① 传输频带宽，通信容量大，短距离时达几千兆的传输速率；

② 线路损耗低，传输距离远；

③ 抗干扰能力强，应用范围广；

④ 线径细，重量轻；

⑤ 抗化学腐蚀能力强；

⑥ 光纤制造资源丰富。

在网络工程中，一般采用 62.5μm/125μm 规格的多模光纤，有时采用 50μm/125μm 规格的多模光纤。户外布线大于 2km 时可选用单模光纤。在进行综合布线时需要了解光纤的基本性能。

为了便于阅读，下面对直径、重量、拉力和弯曲半径解释如下：

① 直径：单位用 mm；

② 重量：单位用 kg/km；

③ 拉力：单位用 N（牛顿），对拉力分两种情况说明，安装时最大为 2700N，约合 609lbf。

④ 弯曲半径：指光缆安装拐弯时的弯曲半径。

（4）光缆的种类和机械性能。

① 单芯互连光缆。

　主要应用范围包括：

　a. 跳线；

　b. 内部设备连接；

　c. 通信柜配线面板；

　d. 墙上出口到工作站的连接；

　e. 水平拉线，直接端接。

　主要性能及优点如下：

　a. 高性能的单模和多模光纤符合所有工业标准；

　b. 900μm 紧密缓冲外衣易于连接与剥除；

　c. Aramid 抗拉线增强组织提高对光纤的保护；

　d. 验证符合 IEC 794-1/792-1 标准的性能要求。

② 双芯互连光缆。

　主要应用范围包括：

　a. 交连跳线；

　b. 水平走线，直接端接；

　c. 光纤到桌；

　d. 通信柜配线面板；

　e. 墙上出口到工作站的连接。

双芯互连光缆除具备单芯互连光缆的主要性能优点之外，还具有光纤之间易于区分的优点。

③ 室外光缆 4～12 芯铠装型与全绝缘型。

主要应用范围包括：

a. 园区中楼宇之间的连接；

b. 长距离网络；

c. 主干线系统；

d. 本地环路和支路网络；

e. 严重潮湿、温度变化大的环境；

f. 架空连接（和悬缆线一起使用）、地下管道或直埋、悬吊缆。

主要性能优点包括：

a. 高性能的单模和多模光纤符合所有的工业标准；

b. 900μm 紧密缓冲外衣易于连接与剥除；

c. 套管内具有独立的彩色编码的光纤；

d. 轻质的单通道结构节省了管内空间，管内灌注防水凝胶，以防止水渗入；

e. 设计和测试均根据 Bellcore GR-20-CORE 标准；

f. 扩展级别 62.5/125 符合 ISO/IEC 11801 标准；

g. 抗拉线增强组织提高对光纤的保护；

h. 聚乙烯外衣在紫外线或恶劣的室外环境有保护作用；

i. 低磨擦的外皮使之可轻松穿过管道，完全绝缘或铠装结构，撕剥绳使剥离外表更方便。

室外光缆有 4 芯、6 芯、8 芯、12 芯，又分铠装型和全绝缘型。

④ 室内/室外光缆（单管全绝缘型）。

物理结构如图 4-11 所示。

主要应用范围包括：

a. 不需要任何互连的情况下，由户外延伸入户内，线缆具有阻燃特性；

b. 园区中楼宇之间的连接；

c. 本地线路和支路网络；

d. 严重潮湿、温度变化大的环境；

e. 架空连接（和悬缆线一起使用）时；

f. 地下管道或直埋；

g. 悬吊缆/服务缆。

主要性能优点包括：

a. 高性能的单模和多模光纤符合所有的工业标准；

b. 设计符合低毒、无烟的要求；

c. 套管内具有独立的彩色编码的光纤；

d. 轻质的单通道结构节省了管内空间，管内灌注防水凝胶，以防止水渗入；注胶芯完全由聚酯带包裹；

e. 符合 ISO/IEC 118011995 标准；

f. Aramid 抗拉线增强组织提高对光纤的保护。

⑤ 聚乙烯外衣在紫外线或恶劣的室外环境有保护作用。

⑥ 低磨擦的外皮使之可轻松穿过管道，完全绝缘或铠装结构，撕剥绳使剥离外表更方便。

室内/室外光缆如图 4-11 所示，有 4 芯、6 芯、8 芯、12 芯等。

室内光缆

光纤
松套管
套管填充物
缆芯填充物
涂塑铝带
聚乙烯护套
非金属加强芯

室外光缆

图 4-11　光纤物理结构

4.5　RJ 系列连接器、信息模块、面板和底盒、配线架

1. RJ系列连接器

RJ 是 Registered Jack 的缩写。在 FCC（美国联邦通信委员会）的标准和规章中，RJ 是描述公用电信网络的接口。RJ系列连接器用于 UTP 双绞线的连接，在语音和数据通信中有 4 种不同类型的结构，分别是 2 线位结构、4 线位结构、6 线位结构和 8 线位结构。

双绞线连接器有 RJ11 和RJ45（俗称水晶头）。

RJ11 与 RJ45 连接器的尺寸不同，RJ11 比 RJ45 插孔小，RJ45 插头不能插入 RJ11 插孔，但反过来 RJ11 可插入 RJ45。在实际应用中不建议将 RJ11 插头用于 RJ45 插孔，这是因为 RJ11 不是国际标准接口，其尺寸、插入力度、插入角度以及线序等没有依照国际标准接插件设计要求，因此不能确保两类接口之间的互操作性。此外，RJ11 插头比 RJ45 插孔小，RJ11 插头两边的塑料部分将会损坏 RJ45 插孔的金属针。

2. RJ11连接器

RJ11 结构采用 2 线位（用于电话）、4 线位或 6 线位，常用于语音通信和低速率数据传输（Modem）。4 线位水晶头如图 4-12 所示，6 线位水晶头如图 4-13 所示。

3. RJ45连接器

RJ-45 是计算机网络标准 8 位模块化接口。每条双绞线两头通过安装 RJ-45 连接器（俗称水晶头）与网卡、集线器、交换机的接口上进行网络通信。RJ45 8 线位水晶头如图 4-14 所示。

图 4-12　4 线位水晶头

图 4-13　6 线位水晶头

图 4-14　RJ45 8 线位水晶头

4. 信息模块

信息模块如图 4-15 所示。

信息模块压接时一般有两种方式：

（1）用打线工具压接；

（2）不用打线工具而直接压接。

5 类、超 5 类模块

6 类模块

超 5 类屏蔽模块

6 类屏蔽模块

7 类模块

图 4-15　信息模块

根据工程中的经验体会，一般采用打线工具进行压接模块。

信息模块的压接分 EIA/TIA 568A 和 EIA/TIA 568B 两种方式。

EIA/TIA 568A 信息模块的物理线路分布如图 4-16 所示。

线对3　　　　线对2　　　线对1　　　　线对4

白　绿　　白　蓝　　白　橙　　白　棕
绿　　　橙　　　蓝　　　棕

图 4-16　EIA/TIA 568A 物理线路接线方式

EIA/TIA 568B 信息模块的物理线路分布如图 4-17 所示。

线对3
线对2　　　线对1　　　　线对4

白　橙　　白　蓝　　白　绿　　白　棕
橙　　　绿　　　蓝　　　棕

图 4-17　EIA/TIA 568B 物理线路接线方式

无论是采用 568A 还是采用 568B，均在一个模块中实现，但它们的线对分布不一样，减少了产生的串扰对。在一个系统中只能选择一种，即要么是 568A，要么是 568B，不可混用。568A 第 2 对线（568B第 3 对线）把 3 和 6 颠倒，可改变导线中信号流通的方向排列，使相邻的线路变成同方向的信号，减少串扰对，如图 4-18 所示。

目前，信息模块的供应商有 IBM、西蒙等国外商家，国内有上海天诚、南京普天等公司，其产品的结构都类似，只是排列位置有所不同。有的面板注有双绞线颜色标号，与双绞线压接时，注意颜色标号配对就能够正确地压接。

5. **面板**

信息底盒的面板如图 4-19 所示。

图 4-18　568 接线排列串扰对

图 4-19　信息底盒的面板

6. **底盒**

底盒如图 4-20 所示。

图 4-20　底盒

7. **配线架**

（1）网络配线架。

网络配线架是一种机架固定的配线架（通常为 19 英寸宽）。用于 4 对双绞线与设备之间的接插连接。网络配线架如图 4-21 所示。

图 4-21　网络配线架

（2）网络理线架。

网络理线架如图 4-22 所示。

（3）光纤配线架。

光纤配线架如图 4-23 所示。

图 4-22　网络理线架　　　　　　　　　　图 4-23　光纤配线架

（4）电话通信 S110 配线架。

电话通信 S110 配线架分墙挂式跳线架和机架式跳线架。

① 墙挂式跳线架，100 对，标配 20 个 4 对插线块和 4 个 5 对插线块。

② 机架式跳线架 100 对，高度 1U。标配 20 个 4 对插线块和 4 个 5 对插线块。

电话通信 S110 配线架如图 4-24 所示。

图 4-24　S110 配线架

4.6　光纤连接器件

1．光纤连接器

光纤均使用光纤连接器进行连接。单光纤连接线和光纤连接器如图 4-25 所示。

连接器的部件包括：

● 连接器；

● 用于 2.4mm 和 3.0mm 直径的单光纤缆的套管；

● 缓冲器光纤缆支撑器（引导）；

● 带螺纹帽的扩展器；

● 保护帽。

图 4-25　单光线连接和光纤连接器

连接器的部件和组装如图 4-26 所示。

图 4-26　连接器的部件与组装

（1）STII 光纤连接器插头有陶瓷结构和塑料结构。

其物理和电气规格如下。

● 长度：22.6mm；

● 工作温度：-40～85℃（具有±0.1 的平均性能变化）；

● 耦合次数：500 次（陶瓷结构）。

（2）常见的连接器。

常见的连接器如图 4-27 所示。

2．光纤耦合器

耦合器起对准套管的作用。另外，耦合器多配有金属或非金属法兰，以便于连接器的安装固定。

常见的连接器如图 4-28 所示。

图 4-27　常见的连接器（1）　　　　　　　图 4-28　常见的连接器（2）

4.7　机　　柜

机柜已经成为计算机行业中不可缺少的用品，在各大机房都能看到各种款式的机柜，随着计算机产业的不断突破，机柜所体现的功能也越来越大。机柜一般用在网络布线间、楼层配线间、中心机房、数据机房、网络机房、控制中心、监控室、监控中心等处。

1．机柜的结构

常见机柜颜色有白色、黑色和灰色。机柜的材质一般有铝型材的机柜、冷轧钢板的机柜和热轧钢板的机柜。

机柜的结构应根据设备的电气、机械性能和使用环境的要求，进行必要的物理设计，保证机柜的结构具有良好的刚度和强度以及良好的电磁隔离、接地、噪声隔离、通风散热等性能，保证设备稳定可靠地工作。

常见机柜如图 4-29 所示。

2．机柜的产品规格

机柜分落地柜和墙挂柜。机柜以 U 为单位。

（1）落地柜的产品规格。

落地柜的产品规格如表 4-17 所示。

（2）墙挂柜的产品规格。

墙挂柜的产品规格如表 4-18 所示。

图 4-29　常见机柜

表 4-17　落地柜产品规格

规格	高度（m）
47U	2.2
42U	2.0
37U	1.8
32U	1.6
27U	1.4
22U	1.2
17U	1.0

表 4-18　墙挂柜的产品规格

规格	高度
12U	0.8m
7U	0.6m

3. 机柜选择方法

选择机柜时要考虑以下因素。

（1）物理要求。

列出所有装在机柜内的设备及其完整的丈量数据：高、长、宽、重量。这些设备的总高度将最终决定可以把多少设备装进机柜。显然，高的机柜能装进更多的设备，而且更省地方。

机柜应有可调节的位置。计算完了机柜空间（以 U 或 1.75 英寸为单位）之后，还要考虑房间的大小。

（2）温度控制。

机柜内部有良好的温度控制系统，可避免机柜内产品的过热或过冷，以确保设备的高效运作。机柜可选择全通风系列，可配备风扇（风扇有寿命保证），在炎热的环境下可安装独立空调系统，在严寒环境下可安装独立加热保温系统。

（3）抗干扰及其他。

一款功能齐备的机柜应提供各类门锁及其他功能，例如防尘、防水或电子屏蔽等高度抗扰性能；同时应提供适合的附件及安装配件支持，以使布线更为方便，同时易于管理，省时省力。

4.8　实　　训

本章实训是实地参观"华育®"综合布线实训室并进行实物演示。通过实地参观和实物演示，认识综合布线工程中常用布线材料的品种与规格，并在工程中正确选购和使用。

实训项目 4-1：认识、了解双绞线电缆

实训目的：

（1）认识、了解 3 类、5 类、超 5 类线、6 类非屏蔽双绞线。

（2）熟悉 3 类、5 类、超 5 类线、6 类非屏蔽和屏蔽双绞线、7 类屏蔽双绞线规格和用途，为布线施工和布线总体方案的正确选购双绞线电缆打下基础。

实训项目 4-2：认识、了解大对数线

实训目的：

（1）认识、了解大对数线。

（2）熟悉大对数线规格和用途，为布线施工和布线总体方案正确选购大对数线线缆打下基础。

实训项目 4-3：认识、了解室内多模光缆和室外单模光缆

实训目的：

（1）认识、了解室内多模光缆和光纤、室外单模光缆和光纤。

（2）熟悉室内多模光缆和光纤、室外单模光缆和光纤的规格用途，为布线施工和制定布线总体方案时正确选购光缆打下基础。

实训项目 4-4：认识、了解双绞线连接器

实训目的：

（1）认识、了解双绞线连接器。

（2）熟悉双绞线的连接器规格和用途，为布线施工和制定布线总体方案时正确选购双绞线连接器打下基础。

实训项目 4-5：认识、了解信息模块、面板和底盒

实训目的：

（1）认识、了解信息模块、面板和底盒。

（2）熟悉信息模块、面板和底盒的用途，为布线施工和制定布线总体方案时正确选购打下基础。

实训项目 4-6：认识、了解网络配线架和 110 配线架

实训目的：

（1）认识、了解网络配线架和电话通信 110 配线架。

（2）熟悉网络配线架和电话通信 110 配线架规格和用途，为布线施工和制定布线总体方案时正确选购打下基础。

实训项目 4-7：认识、了解光纤连接器件

实训目的：

（1）认识、了解光纤连接器件。

（2）熟悉光纤连接器件的规格和用途，为布线施工和制定布线总体方案时选购光纤连接器件打下基础。

实训项目 4-8：认识、了解光纤配线盒

实训目的：

（1）认识、了解光纤配线盒。

（2）熟悉光纤配线盒的规格和用途，为布线施工和制定布线总体方案时选购光纤配线盒打下基础。

实训项目 4-9：认识、了解机柜和认识其他小件材料

实训目的：

认识、了解机柜、膨胀栓、标记笔、捆扎带、锣钉、木锣钉、膨胀胶等，认识以上材料在工程中的使用。

【本章小结】

本章阐述了双绞线电缆，大对数线，同轴电缆，光缆，RJ45 连接器与 RJ11 连接器，信息模块、面板和底盒，配线架，光纤连接器件，机柜。

要求学生掌握双绞线，大对数线，同轴电缆，光缆，RJ45 连接器与 RJ11 连接器，信息模块、面板和底盒，配线架，光纤连接器件，机柜要点。为布线施工和布线总体方案打下基础。

第5章　线槽规格和品种

布线系统中除了线缆外，槽管是一个重要的组成部分，金属槽、PVC 槽、金属管、PVC 管是综合布线系统的基础性材料，一名合格的布线工程师要熟悉和掌握线槽规格和品种。

5.1　金属槽和金属桥架

5.1.1　金属槽

金属槽由槽底和槽盖组成，每根槽一般长度为 2m，槽与槽连接时使用相应尺寸的铁板和螺丝固定。槽的外型如图 5-1 所示。

在综合布线系统中一般使用的金属槽的规格有：50×100mm、100×100mm、100×200mm、100×300mm、200×400mm 等多种规格。

金属线槽的主要品种有：镀锌金属线槽、防火金属线槽、铝合金金属线槽、不锈钢金属线槽、静电喷塑金属线槽等。

图 5-1　槽的外型

5.1.2　金属线槽的各种附件

金属线槽的附件如图 5-2 所示。

水平45°弯通	水平90°弯通	水平三通	水平四通	C型异径接头
A型异径接头	B型异径接头	垂直上弯通	垂直下弯通	垂直右上弯通
垂直左上弯通	垂直右下弯通	垂直左下弯通	上垂直三通	下垂直三通
上边垂直三通	下边垂直三通	上角垂直三通	下角垂直三通	垂直四通

图 5-2　金属线槽的各种附件

5.1.3 金属桥架

桥架是布线行业的一个术语，是一个支撑和放电缆的支架，是建筑物内布线不可缺少的部分。

在布线工程中，由于线缆桥架具有结构简单，造价低，施工方便，配线灵活，安全可靠，安装标准，整齐美观，防尘防火，能延长线缆使用寿命，方便扩充、维护检修等特点，所以广泛应用于建筑物内主干管线的安装施工。

1．电缆桥架分类

电缆桥架按功能分类可分为：多孔 U 形钢走线架、汇线桥架、铝合金走线架、机房走线架、电缆竖井桥架、电缆沟桥架、扁钢走线架。

按外表处理分类可分为：热浸塑电缆桥架、静电喷涂电缆桥架、防火漆桥架、热浸锌电缆桥架。

电缆桥架按结构形式分类可分为：钢网式桥架、网格型桥架、大跨距桥架、组合式桥架、梯式桥架、托盘式桥架、槽式桥架、金属线槽。

电缆桥架按材质分类可分为：铝合金电缆桥架、防火阻燃电缆桥架、不锈钢桥架、玻璃钢电缆桥架。

桥架分为普通桥架、重型桥架、槽式桥架。在普通桥架中还可分为普通型桥架和直边普通型桥架。

在普通桥架中，有以下主要配件供组合：梯架、弯通、三通、四通、多节二通、凸弯通、凹弯通、调高板、端向联结板、调宽板、垂直转角联结件、联结板、小平转角联结板、隔离板等。

在直通普通型桥架中有以下主要配件供组合：梯架、弯通、三通、四通、多节二通、凸弯通、凹弯通、盖板、弯通盖板、三通盖板、四通盖、凸弯通盖板、凹弯通盖板、花孔托盘、花孔弯通、花孔四通托盘、联结板垂直转角联结板、小平转角联结板、端向联结板护扳、隔离板、调宽板、端头挡板等。

重型桥架和槽式桥架在网络布线中很少使用，故不再叙述。

2．综合布线系统中主要使用的桥架

（1）网格式桥架。

网格式桥架虽然轻便，却并不牺牲最重要的承载性能。网格式桥架如图 5-3 所示。

网格式桥架—30H   网格式桥架—100H

垂直连接片安装图

管接头支架安装图   旋转接片安装图

图 5-3 网格式桥架图

（2）梯式电缆桥架。

梯式电缆桥架适用于变电站、户外等大型电缆的敷设，散热性好，承载力高。梯式电缆桥架如图 5-4 所示。

梯架式直通

大跨距梯架式直通

A型　　　B型

图 5-4　梯式电缆桥架图

梯式电缆桥架各种弯通形状及名称如图 5-5 所示。

梯式水平45°弯通　梯式水平45°弯通　梯式水平90°弯通　梯式水平90°弯通

水平四通　　　水平四通　　　水平三通　　　水平三通

垂直下弯通　　　垂直上弯通

图 5-5　梯式电缆桥架各种弯通形状及名称图

（3）玻璃钢桥架。

玻璃钢桥架采用不饱和聚酯树脂和中碱无捻粗纱通过加热的模具拉制成型，如图 5-6 所示。

图 5-6　玻璃钢桥架

（4）不锈钢系列桥架。

不锈钢系列桥架应用于冶金、石油、化工、车辆船舶、液压机械等设备制造业及装备自动化生产线工业的电缆桥架。不锈钢系列桥架如图 5-7 所示。

不锈钢托盘式线槽

不锈钢组装式桥架

图 5-7　不锈钢系列桥架图

图 5-7（续）　不锈钢系列桥架图

5.1.4　托臂支架

电缆桥架安装时的支托是通过立柱和托臂来完成的。立柱是支撑电缆桥架的主要部件，而桥架的荷重是通过托臂传递给立柱的，因此立柱和托臂是电缆桥架安装的两个主要部件。托臂支架如图 5-8 所示。

图 5-8　托臂支架图

5.2　塑　料　槽

PVC 塑料线槽是综合布线工程明敷管路广泛使用的一种材料，它是一种带盖板的线槽，盖板和槽体通过卡槽合紧，塑料槽的外状与图 5-1 类似，但它的品种规格更多，从型号上讲有：PVC-20 系列、PVC-25 系列、PVC-25F 系列、PVC-30 系列、PVC-40 系列、PVC-50 系列、PVC-100 系列、PVC-200 系列、PVC-400 系列等。从规格上讲有：20×12、25×12.5、25×25、30×15、40×20 等。

　　与 PVC 槽配套的附件有：阳角、阴角、直转角、平三通、左三通、右三通、连接头、终端头等。如图 5-9 所示。

图 5-9　各种 PVC 附件

5.3　金属管和金属软管

1.　金属管

　　金属管是用于分支结构或暗埋的线路，它的规格也有多种，外径以 mm 为单位：工程施工中常用的金属管有 D16、D20、D25、D32、D40、D50、D63、D25、D110 等规格。

　　在金属管内穿线比线槽布线难度更大一些，在选择金属管时要注意管径选择要大一点，一般管内填充物占 30% 左右，以便于穿线。金属管和金属管的连接件如图 5-10 所示。

2.　金属软管

　　金属管还有一种是软管（俗称蛇皮管），如图 5-11 所示，供弯曲的地方使用。

金属管

金属管连接件

图 5-10　金属管和金属管的连接件

金属软管

图 5-11　金属软管

5.4　塑料管和塑料软管

1.　塑料管

　　在非金属管路中，应用最广泛的是塑料管。塑料管种类很多，塑料管产品分为两大类，即 PE 阻燃导管和 PVC 阻燃导管。

　　PE 阻燃导管是一种塑制半硬导管，按外径有 D16、D20、D25、D32 4 种规格。外观为白色，具有强度高、耐腐蚀、挠性好、内壁光滑等优点，明、暗装穿线兼用，它还以盘为单位，每盘重为 25 千克。

PVC 阻燃导管是以聚氯乙稀树脂为主要原料，加入适量的助剂，经加工设备挤压成型的刚性导管，小管径 PVC 阻燃导管可在常温下进行弯曲。便于用户使用，按外径分有 D16、D20、D25、D32、D40、D45、D63、D25、D110 等规格，如图 5-12 所示。

与 PVC 管安装配套的附件有：接头、螺圈、弯头、弯管弹簧；一通接线盒、二通接线盒、三通接线盒、四通接线盒、开口管卡、专用截管器、PVC 粗合剂等，如图 5-13 所示。

图 5-12　塑料管

图 5-13　塑料管附件

2．塑料软管

塑料管还有一种是塑料软管，供弯曲的地方使用。

5.5　线缆的槽、管铺设方法

线缆槽的铺设一般有 4 种方法。

1．采用电缆桥架或线槽和预埋钢管结合的方式

（1）电缆桥架宜高出地面 2.2m 以上，桥架顶部距顶棚或其他障碍物不应小于 0.3m，桥架宽度不宜小于 0.1m，桥架内横断面的填充率不应超过 50%。

（2）在电缆桥架内缆线垂直铺设时，在缆线的上端应每间隔 1.5m 左右固定在桥架的支架上；水平铺设时，在缆线的首、尾、拐弯处每间隔 2～3m 处进行固定。

（3）电缆线槽宜高出地面 2.2m。在吊顶内设置时，槽盖开启面应保持 80mm 的垂直净空，线槽截面利用率不应超过 50%。

（4）水平布线时，布放在线槽内的缆线可以不绑扎，槽内缆线应顺直，尽量不交叉，缆线不应溢出线槽，在缆线进出线槽部位，拐弯处应绑扎固定。垂直线槽布放缆线应每间隔 1.5m 固定在缆线支架上。

（5）在水平、垂直桥架和垂直线槽中铺设线时，应对缆线进行绑扎。绑扎间距不宜大于 1.5m，扣间距应均匀，松紧适度。

预埋钢管如图 5-14 所示，它结合布放线槽的位置进行。

设置缆线桥架和缆线槽支撑保护要求如下：

（1）桥架水平铺设时，支撑间距一般为 1～1.5m，垂直铺设时固定在建筑物体上的间距宜小于 1.5m。

（2）金属线槽铺设时，在下列情况下设置支架或吊架：线槽接头处，间距 1～1.5m，离开线槽两端口 0.5m 处，拐弯转角处。

（3）塑料线槽槽底固定点间距一般为 0.8～1m。

图 5-14　预埋钢管的方式

2．预埋金属线槽支撑保护方式

（1）在建筑物中预埋线槽可视不同尺寸按一层或两层设置，应至少预埋两根以上，线槽截面高度不宜超过 25mm。

（2）线槽直埋长度超过 6m 或在线槽路由交叉、转变时宜设置拉线盒，以便于布放缆线和维修。

（3）拉线盒盖应能开启，并与地面齐平，盒盖处应采取防水措施。

（4）线槽宜采用金属管引入分线盒内。

（5）预埋金属线槽方式如图 5-15 所示。

3．预埋暗管支撑保护方式

（1）暗管宜采用金属管，预埋在墙体中间的暗管内径不宜超过 50mm；楼板中的暗管内径宜为 15～25mm。在直线布管 30m 处应设置暗箱等装置。

（2）暗管的转弯角度应大于 90℃，在路径上每根暗管的转弯点不得多于两个，并不应有 S 和 Z 弯出现。在弯曲布管时，在每间隔 15m 处应设置暗箱等装置。

（3）暗管转变的曲率半径不应小于该管外径的 6 倍，如暗管外径大于 50mm 时，不应小于 10 倍。

（4）暗管管口应光滑，并加有绝缘套管，管口伸出部位应为 25～50mm。管口伸出部位要求如图 5-16 所示。

图 5-15　预埋金属线槽方式　　　　　　　图 5-16　暗管出口部位安装示意图

4．格形线槽和沟槽结合的保护方式

（1）沟槽和格形线槽必须沟通。

（2）沟槽盖板可开启，并与地面齐平，盖板和插座出口处应采取防水措施。

（3）沟槽的宽度宜小于 600mm。

（4）格形线槽与沟槽的构成如图 5-17 所示。

（5）在活动地板内铺设缆线时，活动地板内净空不应小于 150mm，活动地板内如果作为通风系统的风道使用时，地板内净高不应小于 300mm。

（6）采用公用立柱作为吊顶支撑时，可在立柱中布放缆线，立柱支撑点宜避开沟槽和线槽位置，支撑应牢固。公用立柱布线方式如图 5-18 所示。

图 5-17　格形线槽和沟槽结合的示意图

图 5-18　公用立柱布线方式示意图

（7）不同种类的缆线布线在金属槽内时，应同槽分隔（用金属板隔开）布放。金属线槽接地应符合设计要求。

干线子系统缆线铺设支撑保护应符合下列要求：

① 缆线不得布放在电梯或管道竖井中。

② 干线通道间应沟通。

③ 竖井中缆线穿过每层楼板孔洞宜为矩形或圆形。矩形孔洞尺寸不宜小于 300×100mm。圆形孔洞处应至少安装三根圆形钢管，管径不宜小于 100mm。

（8）在工作区的信息点位置和缆线铺设方式未定的情况下，或在工作区采用地毯下布放缆线时，在工作区宜设置交接箱，每个交接箱的服务面积约为 80cm^2。

5.6　槽管可放线缆的条数

在工作区、水平干线、垂直干线铺设槽（管）时，选择什么规格的槽（管）呢？为了能够较快速地选择槽（管）型号，我们提供表 5-1、表 5-2，供工程技术人员参考。

表 5-1　槽规格型号与容纳 3 类、5 类、超 5 类线 4 对非屏蔽双绞线的条数

槽类型	槽规格（mm）	容纳双绞线条数
PVC	20×12	2
PVC	25×12.5	4
PVC	30×16	7
金属、PVC	50×25	18
金属、PVC	60×30	23
金属、PVC	75×50	40
金属、PVC	80×50	50
金属、PVC	100×50	60
金属、PVC	100×80	80
金属、PVC	200×100	150
金属、PVC	250×125	230
金属、PVC	300×100	280
金属、PVC	300×150	330
金属、PVC	400×100	380
金属、PVC	150×75	100

表 5-2　管规格型号与容纳 3 类、5 类、超 5 类线 4 对非屏蔽双绞线的条数

管类型	管规格（mm）	容纳双绞线条数
PVC、金属	16	2
PVC	20	3
PVC、金属	25	5
PVC、金属	32	7
PVC	40	11
PVC、金属	50	15
PVC、金属	63	23
PVC	80	30
PVC	100	40

选用槽时，作者建议宽高之比为 2∶1，这样布出的线槽较为美观、大方。

5.7　实　　训

本章实训是实地参观和实物演示，在"华育®"综合布线实训室，通过实地参观和实物演示，认识综合布线工程中常用布线槽、管的品种与规格，并在工程中正确选购使用。

实训项目 5-1：认识、了解金属槽、金属管和金属软管

实训目的：

（1）认识、了解金属槽、金属管和金属软管。

（2）熟悉金属槽、金属管和金属软管的规格和用途，为布线施工和制定布线总体方案时正确选购金属槽、金属管和金属软管打下基础。

实训项目 5-2：认识、了解金属桥架

实训目的：

（1）认识、了解金属桥架分类，以及普通桥架的主要配件。

（2）熟悉金属桥架规格和用途，综合布线系统中主要使用的桥架，为布线施工和制定布线总体方案时正确选购桥架打下基础。

实训项目 5-3：认识、了解塑料管和塑料软管

实训目的：

（1）认识、了解塑料管和塑料软管、塑料管主要配件。

（2）熟悉塑料管、塑料软管、塑料管主要配件的规格和用途，为布线施工和制定布线总体方案时正确选购塑料管、塑料软管、塑料管主要配件打下基础。

【本章小结】

本章阐述金属槽和金属桥架，塑料槽，金属管和金属软管，塑料管和塑料软管，线缆的槽、管铺设方法。要求学员掌握金属槽和金属桥架、塑料槽、金属管和金属软管、塑料管和塑料软管的规格和用途，掌握线缆的槽、管铺设方法。

对本章的内容有一个清晰的认识，为布线施工和布线总体方案打下基础。

【习题和思考题】

1．在综合布线系统中主要使用线槽有哪几种情况？

2．在综合布线系统中与 PVC 槽配套的附件有哪几种？

3．在综合布线系统中普通桥架的主要配件有哪几种？

4．在综合布线系统中直通普通型桥架的主要配件有哪几种？

5．在综合布线系统中线缆槽的铺设主要有哪几种？

第6章 网络工程施工实用技术

本章围绕网络工程施工过程中各阶段的要点展开。

6.1 网络工程布线施工技术要点

6.1.1 施工技术要点

1. 布线工程开工前的准备工作

网络工程经过调研，确定方案后，下一步就是工程的实施。而工程实施的第一步就是开工前的准备工作，要求做到以下几点：

（1）设计综合布线实际施工图。确定布线的走向位置，供施工人员、督导人员和主管人员使用。

（2）备料。网络工程施工过程需要许多施工材料，这些材料有的必须在开工前就备好料，有的可以在开工过程中备料。主要有以下几种：

① 光缆、双绞线、插座、信息模块、服务器、稳压电源、集线器等落实购货厂商，并确定提货日期；

② 不同规格的塑料槽板、PVC防火管、蛇皮管、自攻螺丝等布线用料就位；

③ 如果集线器是集中供电，则准备好导线、铁管和制定好电器设备安全措施（供电线路必须按民用建筑标准规范进行）；

④ 制定施工进度表（要留有适当的余地，施工过程中意想不到的事情，随时可能发生并要求立即协调）。

（3）向工程单位提交开工报告。

2. 施工过程中的注意事项

（1）施工现场督导人员要认真负责，及时处理施工进程中出现的各种情况，协调处理各方意见。

（2）如果现场施工碰到不可预见的问题，应及时向工程单位汇报，并提出解决办法供工程单位当场研究解决，以免影响工程进度。

（3）对工程单位计划不周的问题，要及时妥善解决。

（4）对工程单位新增加的点要及时在施工图中反映出来。

（5）对部分场地或工段要及时进行阶段检查验收，确保工程质量。

（6）制定工程进度表。

在制定工程进度表时要留有余地，还要考虑其他工程施工时可能对本工程带来的影响，避免出现不能按时完工、交工的问题。

因此，建议使用分项工程指派任务表、工作区施工表，见表6-1和表6-2。督导人员对工程的监督管理则依据表6-1和表6-2进行。

此表一式四份，领导、施工、测试、项目负责人各一份。

表 6-1 分项工程指派任务表

分项工程	质量要求	施工人员	施工地点	完工日期	检查结果		备注
					合格	不合格	

表 6-2 工作区施工表

楼号	楼层	房号	联系人	电话	备注	施工人员	测试日期

3．测试

测试所要做的事情有：

（1）工作区到设备间连通状况；

（2）主干线连通状况；

（3）信息传输速率、衰减率、距离接线图、近端串扰等因素。

有关测试的具体内容将在第 7 章中叙述。

4．工程施工结束时的注意事项

工程施工结束时的注意事项如下：

（1）清理现场，保持现场清洁、美观。

（2）对墙洞、竖井等交接处要进行修补。

（3）各种剩余材料汇总，并把剩余材料集中放置一处，登记其还可使用的数量。

（4）编写总结材料。

总结材料主要有：

（1）开工报告；

（2）布线工程图；

（3）施工过程报告；

（4）测试报告；

（5）使用报告；

（6）工程验收所需的验收报告。

6.1.2 安装工艺要求

1．设备间

（1）设备间的设计应符合下列规定：

① 设备间应处于干线综合体的最佳网络中间位置；

② 设备间应尽可能靠近建筑物电缆引入区和网络接口。电缆引入区和网络接口的相互间隔宜 ≤15m；

③ 设备间的位置应便于接地装置的安装；

④ 设备间室温应保持在 10℃至 27℃之间，相对湿度应保持 60%～80%。

这里未分长期温度/湿度工作条件与短期温度/湿度工作条件。长期工作条件的温度/湿度是在地板上 2m 和设备前方 0.4m 处测量的数值；短期工作定为连续不超过 48 小时和每年积累不超过 15 天，也可按生产厂家的标准要求确定。短期工作条件可低于条文规定的数值。

⑤ 设备间应安装符合法规要求的消防系统，应使用防火防盗门，至少能耐火 1 小时的防火墙；

⑥ 设备间内所有设备应有足够的安装空间，其中包括：程控数字用户电话交换机，计算机主机，整个建筑物用的交接设备等。

设备间内安装计算机主机，其安装工艺要求应按照计算机主机的安装工艺要求进行设计。设备间安装程控用户交换机，其安装工艺要求应按照程控用户电话交换机的安装工艺进行设计。

（2）设备间的室内装修、空调设备系统和电气照明等安装应在装机前进行。设备间的装修应满足工艺要求，经济适用。容量较大的机房可以结合空调下送风、架间走缆和防静电等要求，设置活动地板。设备间的地面面层材料应能防静电。

（3）设备间应防止有害气体（如 SO_2、H_2O、NH_3、NO_2 等）的侵入，并应有良好的防尘措施，允许尘埃含量限值可参见表 6-3 的规定。

表 6-3　允许尘埃限值表

灰尘颗粒的最大直径（μm）	0.5	1	3	5
灰尘颗粒的最大浓度（粒子数/m³）	1.4×10^7	7×10^5	2.4×10^5	1.3×10^5

注：灰尘粒子应是不导电的，非铁磁性和非腐蚀性的。

（4）至少应为设备间提供离地板 2.55m 高度的空间，门的高度应大于 2.1m，门宽应大于 90cm，地板的等效均布活荷载应大于 $5kN/m^2$。凡是安装综合布线硬件的地方，墙壁和天棚应涂阻燃漆。

（5）设备间的一般照明，最低照明度标准应为 150lx，规定照度的被照面，水平面照度指距地面 0.8m 处的规定，垂直面照度指距地面 1.4m 处的规定。

2．交接间

（1）确定干线通道和交接间的数目，应从所服务的可用楼层空间来考虑。如果在给定楼层所要服务的信息插座都在 75m 范围以内，宜采用单干线接线系统。凡超出这一范围的，可采用双通道或多个通道的干线系统，也可采用经过分支电缆与干线交接间相连接的二级交接间。

（2）干线交接间兼作设备间时，其面积不应小于 $10m^2$。干线交接间的面积为 $1.8m^2$ 时（1.2m×1.5m）可容纳端接 200 个工作区所需的连接硬件和其他设备。如果端接的工作区超过 200 个，则在该楼层增加一个或多个二级交接间，其设置要求宜符合表 6-4 的规定，或可根据设计需要确定。

表 6-4　交接间的设置表

工作区数量（个）	交接间数量和面积（个-m²）	二级交接间数量和大小（个-m²）
≤200	1- ≥1.2×1.5	0
201～400	1- ≥1.2×2.1	1- ≥1.2×1.5
401～600	1- ≥1.2×2.7	1- ≥1.2×1.5
>600	交接间数量- ≥交接间面积	见注①

注：① 任何一个交接间最多可以支持两个二级交接间。

3．电缆

（1）配线子系统电缆在地板下的安装，应根据环境条件选用地板下桥架布线法、蜂窝状地板布线法、高架（活动）地板布线法、地板下管道布线法等四种安装方式。

（2）配线子系统电缆宜穿钢管或沿金属电缆桥架敷设，并应选择最短的路径。

（3）干线子系统垂直通道有电缆孔、管道、电缆竖井三种方式可供选择，宜采用电缆孔方式。水平通道可选择管道方式或电缆桥架方式。

干线子系统垂直通道有下列三种可供选择：

① 电缆孔方式通常用一根或数根直径 10cm 的金属管预埋在地板内，金属管高出地坪 2.5～5cm，也可直接在地板上预留一个大小适当的长方形孔洞；

② 管道方式（包括管或暗管敷设）；

③ 电缆竖井方式：在原有建筑物中开电缆井很费钱，且很难防火，如果在安装过程中没有采取措施防止损坏楼板支撑件，则楼板的结构完整性将受到破坏。

（4）一根管子宜穿设一条综合布线电缆。管内穿放大对数电缆时，直线管路的管径利用率宜为 50%～60%，弯管路的管径利用率宜为 40%～50%。管内穿放 4 对对绞电缆时，截面利用率宜为 25%～30%。

4 对对绞电缆不作为电缆处理，条文规定按截面利用率计算管子的尺寸。

（5）允许综合布线电缆、电视电缆，火灾报警电缆，监控系统电缆合用金属电缆桥架，但与电视电缆宜用金属隔板分开。金属隔板分开是为满足防电磁干扰的要求。

（6）建筑物内暗配线一般可采用塑料管或金属配线材料。

6.2 网络布线路由选择技术

两点间最短的距离是直线，但对于布线缆来说，它不一定就是最好、最佳的路由。在选择最容易布线的路由时，要考虑便于施工，便于操作，即使花费更多的线缆也要这样做。对一个有经验的安装者来说，"宁可多使用额外的 1000m 线缆，而不使用额外的 100 工时"，通常线要比劳务费用便宜。

如果我们要把"25 对"线缆从一个配线间牵引到另一个配线间，可采用直线路由，要经天花板布线，路由中要多次分割，钻孔才能使线缆穿过并吊起来；而另一条路由是将线缆通过一个配线间的地板，然后通过一层悬挂的天花板，再通过另一个配线间的地板向上，如图 6-1 所示。具体采用何种方式就要我们来选择。

图 6-1 路由选择

有时如果第一次所做的布线方案并不是很好的，则可以选择另一种布线方案。但在某些场合，又没有更多的选择余地。例如，一个潜在的路径可能被其他的线缆塞满了，第二路径要通过天花板，也就是说，这两种路径都是不希望的。因此，考虑较好的方案是安装新的管道，但由于成本费用问题，用户又不同意，这时只能布明线，将线缆固定在墙上和地板上。总之，如何布线要根据建筑结构及用户的要求来决定。选择好的路径时，布线设计人员要考虑以下几点。

1．了解建筑物的结构

对布线施工人员来说，需要彻底了解建筑物的结构。由于绝大多数线缆是走地板下或天花板内的，故对地板和吊顶内的情况了解得要很清楚。也就是说，要准确地知道，什么地方能布线，什么地方不易布线，而且要向用户方说明。

现在绝大多数建筑物设计是规范的，并为强电和弱电布线分别设计了通道。利用这种环境时，也必须了解走线的路由，并用粉笔在走线的地方做出标记。

2．检查拉（牵引）线

在一个现存的建筑物中安装任何类型的线缆之前，必须检查有无拉线。拉线是某种细绳，它沿着要布线缆的路由（管道）安放好，必须是路由的全长。绝大多数管道安装者要给后继的安装者留下一条拉线，使布线容易进行。如果没有，则应考虑穿一条拉线。

3．确定现有线缆的位置

如果布线的环境是一座旧楼，则必须了解旧线缆是如何布放的，用的是什么管道（如果有的话），这些管道是如何走的。了解这些有助于为新的线缆建立路由。在某些情况下能够使用原来的路由。

4．提供线缆支撑

根据安装情况和线缆的长度，要考虑使用托架或吊杆槽，并根据实际情况决定托架吊杆，使其加在结构上的重量不至于超重。

5．拉线速度的考虑

从理论上讲，线的直径越小，则拉线的速度越快。但是，有经验的安装者采取慢速而又平稳的拉线，而不是快速的拉线。原因是：快速拉线会造成线的缠绕或被绊住。

6．最大拉力

拉力过大，线缆变形，将引起线缆传输性能下降。线缆最大允许的拉力如下：

- 一根 4 对线电缆，拉力为 100N；
- 两根 4 对线电缆，拉力为 150N；
- 三根 4 对线电缆，拉力为 200N；
- n 根线电缆，拉力为 $n \times 50+50$N；
- 不管多少根线对电缆，最大拉力不能超过 400N。

6.3　网络布线的线槽铺设技术

综合布线工程在布线路由确定以后，首先考虑是线槽铺设。线槽从使用材料上看分为金属槽、管，塑料（PVC）槽、管。

从布槽范围看：分为工作区线槽、配线（水平干线）线槽、干线（垂直干线）线槽。用什么样的材料，则根据用户的需求、投资来确定。

6.3.1　金属管的铺设

1．金属管的加工要求

综合布线工程使用的金属管应符合设计文件的规定，表面不应有穿孔、裂缝和明显的凹凸不平，内壁应光滑，不允许有锈蚀。在易受机械损伤的地方和在受力较大处直埋时，应采用足够强度的管材。

金属管的加工应符合下列要求：

（1）为了防止在穿电缆时划伤电缆，管口应无毛刺和尖锐棱角。

（2）为了减小直埋管在沉陷时管口处对电缆的剪切力，金属管口宜做成喇叭形。

（3）金属管在弯制后，不应有裂缝和明显的凹瘪现象。弯曲程度过大，将减小金属管的有效管径，造成穿设电缆困难。

（4）金属管的弯曲半径不应小于所穿入电缆的最小允许弯曲半径。

（5）镀锌管锌层剥落处应涂防腐漆，可延长其使用寿命。

2．金属管切割套丝

在配管时，应根据实际需要长度，对管子进行切割。管子的切割可使用钢锯、管子切割刀或电动机切管机，严禁用气割。

管子和管子连接，管子和接线盒、配线箱的连接，都需要在管子端部进行套丝。焊接钢管套丝，可用管子绞板（俗称代丝）或电动套丝机。硬塑料管套丝，可用圆丝板。

套丝时，先将管子在管子压力上固定压紧，然后再套丝。若利用电动套丝机，可提高工效。套完丝后，应随时清扫管口，将管口端面和内壁的毛刺用锉刀锉光，使管口保持光滑，以免割破线缆绝缘护套。

3．金属管弯曲

在铺设金属管时应尽量减少弯头。每根金属管的弯头不应超过 3 个，直角弯头不应超过 2 个，且不应有 S、Z 弯出现。弯头过多，将造成穿电缆困难。对于较大截面的电缆不允许有弯头。当实际施工中不能满足要求时，可采用内径较大的管子或在适当部位设置拉线盒，以利于线缆的穿设。

金属管的弯曲一般都用弯管器进行。先将管子需要弯曲部位的前段放在弯管器内，焊缝放在弯曲方向背面或侧面，以防管子弯扁，然后用脚踩住管子，手扳弯管器进行弯曲，并逐步移动弯管器，可得到所需要的弯度。弯曲半径应符合下列要求：

（1）明配时，一般不小于管外径的 6 倍；只有一个弯时，可不小于管外径的 4 倍；整排钢管在转弯处，宜弯成同心圆的弯儿。

（2）暗配时，不应小于管外径的 6 倍；铺设于地下或混凝土楼板内时，不应小于管外径的 10 倍。

为了穿线方便，水平铺设的金属管路超过下列长度并弯曲过多时，中间应增设拉线盒或接线盒，否则应选择大一级的管径。

4．金属管的接连

金属管连接应牢固，密封应良好，两管口应对准。套接的短套管或带螺纹的管接头的长度不应小于金属管外径的 2.2 倍。金属管的连接采用短套接时，施工简单方便；采用管接头螺纹连接则较为美观，保证金属管连接后的强度。无论采用哪一种方式均应保证牢固、密封。

金属管进入信息插座的接线盒后，暗埋管可用焊接固定，管口进入盒的露出长度应小于 5mm。明设管应用锁紧螺母或管帽固定，露出锁紧螺母的丝扣为 2～4 扣。

引至配线间的金属管管口位置，应便于与线缆连接。并列铺设的金属管管口应排列有序，便于识别。

5．金属管铺设

（1）金属管的暗设应符合下列要求：

① 预埋在墙体中间的金属管内径不宜超过 50mm，楼板中的管径宜为 15～25mm，直线布管 30m 处设置暗线盒。

② 铺设在混凝土、水泥里的金属管，其地基应坚实、平整、不应有沉陷，以保证铺设后的线缆安全运行。

③ 金属管连接时，管孔应对准，接缝应严密，不得有水和泥浆渗入。管孔对准无错位，以免影响管路的有效管理，保证铺设线缆时穿设顺利。

④ 金属管道应有不小于 0.1%的排水坡度。

⑤ 建筑群之间金属管的埋没深度不应小于 0.8m；在人行道下面铺设时，不应小于 0.5m。

⑥ 金属管内应安置牵引线或拉线。

⑦ 金属管的两端应有标记，表示建筑物、楼层、房间和长度。

（2）金属管明铺时应符合下列要求：

金属管应用卡子固定。这种固定方式较为美观，且在需要拆卸时方便拆卸。金属的支持点间距，有要求时应按照规定设计；无设计要求时不应超过 3m。在距接线盒 0.3m 处，用管卡将管子固定。在弯头的地方，弯头两边也应用管卡固定。

（3）光缆与电缆同管铺设时，应在暗管内预置塑料子管。将光缆铺设在子管内，使光缆和电缆分开布放。子管的内径应为光缆外径的 2.5 倍。

6.3.2　金属线槽的铺设

金属桥架多由厚度为 0.4～1.5mm 的钢板制成。与传统桥架相比，具有结构轻、强度高、外型美观、无须焊接、不易变形、连接款式新颖、安装方便等特点，它是铺设线缆的理想配套装置。

金属桥架分为槽式和梯式。槽式桥架是指由整块钢板弯制成的槽形部件；梯式桥架是指由侧边与若干个横档组成的梯形部件。桥架附件是用于直线段之间，直线段与弯通之间连接所必需的连接固定或补充直线段、弯通功能部件。支、吊架是指直接支承桥架的部件，包括托臂、立柱、立柱底座、吊架以及其他固定用支架。

为了防止金属桥架腐蚀，其表面可采用电镀锌、烤漆、喷涂粉末、热浸镀锌、镀镍锌合金纯化处理或采用不锈钢板。可以根据工程环境、重要性和耐久性，选择适宜的防腐处理方式。一般腐蚀较轻的环境可采用镀锌冷轧钢板桥架；腐蚀较强的环境可采用镀镍锌合金纯化处理桥架，也可采用不锈钢桥架。综合布线中所用线缆的性能对环境有一定的要求。为此，我们在工程中常选用有盖无孔型槽式桥架（简称金属线槽）。

1．金属线槽的安装要求

安装金属线槽应在土建工程基本结束以后，与其他管道（如风管、给排水管）同步进行，也可比其他管道稍迟一段时间安装。但尽量避免在装饰工程结束以后进行安装，从而造成铺设线缆的困难。安装金属线槽应符合下列要求：

（1）金属线槽安装位置应符合施工图规定，左右偏差视环境而定，最大不超过 50mm。

（2）金属线槽水平度每米偏差不应超过 2mm。

（3）垂直金属线槽应与地面保持垂直，无倾斜现象，垂直度偏差不应超过 3mm。

（4）金属线槽节与节间用接头连接板拼接，螺丝应拧紧。两线槽拼接处水平偏差不应超过 2mm。

（5）当直线段桥架超过 30m 或跨越建筑物时，应有伸缩缝。其连接宜采用伸缩连接板。

（6）线槽转弯半径不应小于其槽内的线缆最小允许弯曲半径的最大者。

（7）盖板应紧固，并且要错位盖槽板。

（8）支吊架应保持垂直、整齐牢固、无歪斜现象。

为了防止电磁干扰，宜用辫式铜带把线槽连接到其经过的设备间，或楼层配线间的接地装置上，并保持良好的电气连接。

2．水平子系统线缆铺设支撑保护要求

（1）预埋金属线槽（金属管）支撑保护要求如下：

① 在建筑物中预埋线槽（金属管）可为不同的尺寸，按一层或二层设备，应至少预埋两根以上，线槽截面高度不宜超过 25mm。

② 线槽直埋长度超过 15m 或在线槽路由交叉、转变时宜设置拉线盒，以便布放线缆和维护。

③ 接线盒盖应能开启，并与地面齐平，盒盖处应采取防水措施。

④ 线槽宜采用金属引入分线盒内。

（2）设置线槽支撑保护要求如下：

① 水平铺设时，支撑间距一般为 1.5～2m，垂直铺设时固定在建筑物构体上的间距宜小于 2m。

② 金属线槽铺设时，在下列情况下设置支架或吊架：线槽接头处；间距 1.5～2m 处；离开线槽两端口 0.50m 处；转弯处。

③ 塑料线槽底固定点间距一般为 1m。

（3）在活动地板下铺设线缆时，活动地板内净高不应小于 150mm。如果活动地板内作为通风系统的风道使用时，地板内净高不应小于 300mm。

（4）采用公用立柱作为吊顶支撑柱时，可在立柱中布放线缆。立柱支撑点宜避开沟槽和线槽位置，支撑应牢固。

（5）在工作区的信息点位置和线缆铺设方式未定的情况下，或在工作区采用地毯下布放线缆时，在工作区宜设置交接箱，每个交接箱的服务面积约为 80cm²。

（6）不同种类的线缆布放在金属线槽内，应同槽分开（用金属板隔开）布放。

（7）采用格形楼板和沟槽相结合时，铺设线缆支槽保护要求如下：

① 沟槽和格形线槽必须沟通。

② 沟槽盖板可开启，并与地面齐平，盖板和信息插座出口处应采取防水措施。

③ 沟槽的宽度宜小于 600mm。

3．干线子系统的线缆铺设支撑保护要求

（1）线缆不得布放在电梯或管道竖井中。

（2）干线通道间应沟通。

（3）弱电间中线缆穿过每层楼板孔洞宜为方形或圆形。长方形孔尺寸不宜小于 300mm×100mm，圆形孔洞处应至少安装三根圆形钢管，管径不宜小于 100mm。

（4）建筑群干线子系统线缆铺设支撑保护应符合设计要求。

4．槽管大小选择的计算方法

根据工程施工的体会，对槽、管的选择可采用以下简易方式计算：

$$n = \frac{槽（管）截面积}{线缆截面积} \times 70\% \times (40 \sim 50)\%$$

式中　n：表示用户所要安装的线的条数（已知数）；

　　　　槽（管）截面积：表示要选择的槽管截面积（未知数）；

　　　　线缆截面积：表示选用的线缆面积（已知数）；

70%：表示布线标准规定允许的空间；

(40～50)%：表示线缆之间浪费的空间。

上述算法是作者在施工过程中的总结，供读者参考。

5．管道敷设线缆

在管道中敷设线缆时，有三种情况：

（1）"小孔到小孔"；

（2）"在小孔间的直线敷设"；

（3）"沿着拐弯处敷设"。

可用人和机器来敷设线缆，到底采用哪种方法依赖于下述因素：

① 管道中有没有其他线缆；

② 管道中有多少拐弯；

③ 线缆有多粗和多重。

由于上述因素，很难确切地说是用人力还是用机器来牵引线缆，只能依照具体情况决定。

6.3.3　塑料槽的铺设

塑料槽的规格有多种，在第 4 章中已做了叙述，这里不再赘述。塑料槽的铺设从理性上讲类似金属槽，但操作上还有所不同。具体表现为 4 种方式：

● 在天花板吊顶打吊杆或托式桥架。

● 在天花板吊顶外采用托架桥架铺设。

● 在天花板吊顶外采用托架加配定槽铺设。

● 在天花板吊顶使用"J"形钩铺设。

（1）使用"J"形钩铺设是在天花板吊顶内水平布线最常用的方法。具体施工步骤如下：

① 确定布线路由；

② 沿着所设计的路由，打开天花板，用双手推开每块镶板。多条线很重，为了减轻压在吊顶上的重量，可使用"J"形钩、吊索及其他支撑物来支撑线缆；

③ 在离管理间最远的一端开始，拉到管理间。

（2）采用托架时，一般应：

① 在石膏板（空心砖）墙壁 1m 左右安装一个托架。

② 在砖混结构墙壁 1.5m 左右安装一个托架。

（3）不用托架时，采用固定槽的方法把槽固定，根据槽的大小，建议：

① 25×20～25×30 规格的槽，一个固定点应有 2～3 个固定螺丝，呈梯形状排列。

a. 在石膏板（空心砖）墙壁固定点应每隔 0.5m 左右（槽底应刷乳胶）。

b. 在砖混结构墙壁固定点应每隔 1m 左右。

② 25×30 以上的规格槽，一个固定点应有 3～4 固定螺丝，呈梯形状，使槽受力点分散分布。

a. 在石膏板（空心砖）墙壁固定点应每隔 0.3m 左右（槽底应刷乳胶）。

b. 在砖混结构墙壁固定点应每隔 1m 左右。

③ 除了固定点外应每隔 1m 左右钻 2 个孔，用双绞线穿入，待布线结束后，把所布的双绞线捆扎起来。

④ 水平干线、垂直干线布槽的方法是一样的，差别在于一个是横布槽，一个是竖布槽。

⑤ 在水平干线与工作区交接处，不易施工时，可采用金属软管（蛇皮管）或塑料软管连接。

⑥ 在水平干线槽与竖井通道槽交接处要安放一个塑料的套状保护物，以防止不光滑的槽边缘擦破线缆的外皮。

⑦ 在工作区槽、水平干线槽转弯处，保持美观，不宜用 PVC 槽配套的附件阳角、阴角、直转角、平三通、左三通、右三通、连接头、终端头等。

（4）在墙壁上布线槽一般遵循下列步骤：

① 确定布线路由；

② 沿着路由方向放线（讲究直线美观）；

③ 线槽要安装固定螺钉；

④ 布线（布线时线槽容量为 70%）。

（5）在工作区槽、水平干线槽布槽施工结束时的注意事项如下：

① 清理现场，保持现场清洁、美观；

② 盖塑料槽盖。盖槽盖时应错位盖；

③ 对墙洞、竖井等交接处要进行修补；

④ 工作区槽、水平干线槽与墙有缝隙时要用腻子粉补平。

（6）暗道布线。

暗道布线是在浇筑混凝土时已把管道预埋好地板管道，管道内有牵引电缆线的钢丝或铁丝，安装人员只需索取管道图纸来了解地板的布线管道系统，确定"路径在何处"，就可以制定出施工方案了。

对于老的建筑物或没有预埋管道的新的建筑物，要向业主索取建筑物的图纸，并到要布线的建筑物现场，查清建筑物内电、水、气管路的布局和走向，然后详细绘制布线图纸，确定布线施工方案。

对于没有预埋管道的新建筑物，施工可以与建筑物装修同步进行，这样既便于布线，又不影响建筑物的美观。

管道一般从配线间埋到信息插座安装孔。安装人员只要将 4 对线电缆线固定在信息插座的拉线端，从管道的另一端牵引拉线就可以将缆线拉到配线间。

6.3.4　线缆牵引技术

用一条拉线（通常是一条绳）或一条软钢丝绳将线缆牵引穿过墙壁管路、天花板和地板管路时，所用的方法取决于要完成作业的类型、线缆的质量、布线路由的难度（例如，在具有硬转弯的管道布线要比在直管道中布线难），还与管道中要穿过的线缆的数目有关，在已有线缆的拥挤的管道中穿线要比空管道难。

不管在哪种场合都应遵循一条规则：使拉线与线缆的连接点应尽量平滑，所以要采用电工胶带紧紧地缠绕在连接点外面，以保证平滑和牢固。

1. 牵引"4 对"线缆

标准的"4 对"线缆很轻，通常不要求做更多的准备，只要将它们用电工带子与拉绳捆扎在一起就行了。

如果牵引多条"4 对"线穿过一条路由，可采用下列方法：

（1）将多条线缆聚集成一束，并使它们的末端对齐。

（2）用电工带或胶布紧在线缆束外面，在末端外绕 50～100mm 的距离就行了，如图 6-2 所示。

（3）将拉绳穿过用电工带缠好的线缆并打好结，如图 6-3 所示。

如果在拉线缆过程中，连接点散开了，则要收回线缆和拉绳，重新制作更牢固的连接。为此，可以采取下列一些措施：

（1）除去一些绝缘层以暴露出 50～100mm 的裸线，如图 6-4 所示。

图 6-2　牵引线——将多条"4 对"
线缆的末端缠绕在电工带上

图 6-3　牵引线缆——固定拉绳

（2）将裸线分成两条。

（3）将两条导线互相缠绕起来形成环，如图 6-5 所示。

图 6-4　牵引线缆——留出裸线

图 6-5　牵引线——编织导线以建立一个环供连接拉绳用

（4）将拉绳穿过此环并打结，然后将电工带缠到连接点周围，要缠得结实且不滑。

2. 牵引单条"25 对"缆

对于单条的"25 对"线，可采用下列方法：

（1）将缆向后弯曲以便建立一个环，直径约 150～300mm，并使缆末端与缆本身绞紧，如图 6-6 所示。

（2）用电工带紧紧地缠在绞好的缆上，以加固此环，如图 6-7 所示。

图 6-6　牵引单条的缆——建立 6～112in 的环

图 6-7　牵引单条的缆——用电工带加固

（3）把拉绳拉接到缆环上，如图 6-8 所示。

（4）用电工带紧紧地将连接点包扎起来。

3. 牵引多条"25 对"或"更多对"线缆

这可用一种称为芯（A Core Kiteh）的连接来操作。这种连接
是非常牢固的，它能用于"几百对"的缆上，过程如下：

（1）剥除约 30cm 的缆护套，包括导线上的绝缘层。

（2）使用针口钳将线切去，留下约 12 根（一打）。

（3）将导线分成两个绞线组，如图 6-9 所示。

（4）将两组绞线交叉地穿过拉绳的环，在缆的另一边建立一个闭环，如图 6-10 所示。

（5）将缆一端的线缠绕在一起以使环封闭，如图 6-11 所示。

图 6-8　牵引单条的缆——将
拉绳连接到缆环上

图 6-9　用一个芯套/钩牵引电缆——将
缆导线分成两个均匀的导线组

图 6-10　用一个芯套/钩牵引缆——
通过拉线环馈送绞线组

（6）用电工带紧紧地缠绕在缆周围，覆盖长度约是环直径的 3～4 倍，然后继续再绕上一段，如图 6-12 所示。

图 6-11　用一个芯套/钩牵引缆——用将绞线
缠绕在自己上面的方法来关闭缆环

图 6-12　用一个芯套/钩牵引电缆——用
电工带紧密缠绕建立的芯套/钩

在某些重缆上装有一个牵引眼；在缆上制作一个环，以使拉绳固定在它上面。对于没有牵引眼的主缆，可以使用一个芯套/钩或一个分离的缆夹，如图 6-13 所示。将夹子分开将它缠到缆上，在分离部分的每一半上有一个牵引眼。当吊缆已经缠在缆上时，可同时牵引两个眼，使夹子紧紧地保持在缆上。

图 6-13　牵引缆——用于将牵引缆分离的吊缆夹

6.3.5　电缆连接技术

1．建筑物主干线电缆连接技术

主干缆是建筑物的主要线缆，它为从设备间到每层楼上的管理间之间传输信号提供通路。在新的建筑物中，通常有竖井通道。

在竖井中铺设主干缆一般有两种方式：向下垂放电缆和向上牵引电缆。

相比较而言，向下垂放比向上牵引容易。

（1）向下垂放线缆的一般步骤如下：

① 首先把线缆卷轴放到最顶层。

② 在离房子的开口处（孔洞处）3～4m 处安装线缆卷轴，并从卷轴顶部馈线。

③ 在线缆卷轴处安排所需的布线施工人员（数目视卷轴尺寸及线缆质量而定），每层上要有一个工人以便引寻下垂的线缆。

④ 开始旋转卷轴，将线缆从卷轴上拉出。

⑤ 将拉出的线缆引导进竖井中的孔洞。在此之前先在孔洞中安放一个塑料的套状保护物，以防止孔洞不光滑的边缘擦破线缆的外皮，如图 6-14 所示。

⑥ 慢慢地从卷轴上放缆并进入孔洞向下垂放，请不要快速地放缆。

⑦ 继续放线，直到下一层布线工人员能将线缆引到下一个孔洞。

⑧ 按前面的步骤，继续慢慢地放线，并将线缆引入各层的孔洞。

图 6-14 保护线缆的塑料靴状物

如果要经由一个大孔铺设垂直主干线缆，就无法使用一个塑料保护套了，这时最好使用一个滑车轮，通过它来下垂布线，为此需求做如下操作：

a. 在孔的中心处装上一个滑车轮，如图 6-15 所示。

b. 将缆拉出绕在滑轮车上。

c. 按前面所介绍的方法牵引缆穿过每层的孔，当线缆到达目的地时，把每层上的线缆绕成卷放在架子上固定起来，等待以后的端接。在布线时，若线缆要越过弯曲半径小于允许的值（双绞线弯曲半径为 8～10 倍于线缆的直径，光缆为 20～30 倍于线缆的直径），可以将线缆放在滑轮车上，解决线缆的弯曲问题。方法如图 6-16 所示。

图 6-15 用滑轮车向下布放线缆通过大孔

图 6-16 用滑轮车解决线缆的弯曲问题

（2）向上牵引线缆的一般步骤如下：

向上牵引线缆可用电动牵引绞车，如图 6-17 所示。

图 6-17 典型的电动牵引绞车

① 按照线缆的质量，选定绞车型号，并按绞车制造厂家的说明书进行操作。先往绞车中穿一条绳子。

② 启动绞车，并往下垂放一条拉绳（确认此拉绳的强度能保护牵引线缆），拉绳向下垂放直到安放线缆的底层。

③ 如果缆上有一个拉眼，则将绳子连接到此拉眼上。

④ 启动绞车，慢慢地将线缆通过各层的孔向上牵引。

⑤ 缆的末端到达顶层时，停止绞车。

⑥ 在地板孔边沿上用夹具将线缆固定。

⑦ 当所有连接制作好之后，从绞车上释放线缆的末端。

2. 建筑物中的光缆布线技术

在新建的建筑物中，通常有一竖井，沿着竖井方向通过各楼层敷设光缆。在许多老式建筑中，可能有大槽孔的竖井。通常在这些竖井内装有管道，以供敷设气、水、电、空调等线缆。若利用这样的竖井来敷设光缆时，光缆必须加以保护。也可将光缆固定在墙角上。

在竖井中敷设光缆有两种方法：向下垂放光缆和向上牵引光缆。

通常向下垂放比向上牵引容易些。但如果将光缆卷轴机搬到高层上去很困难，则只能由下向上牵引。

（1）向上牵引光缆。

① 敷设光缆前，应检查光纤有无断点、压痕等损伤。

② 根据施工图纸选配光缆长度，配盘时应使接头避开河沟、交通要道和其他障碍物。

③ 光缆的弯曲半径不应小于光缆外径的 20 倍，光缆可用牵引机牵引，端头应做好技术处理，牵引力应加于加强芯上，牵引力大小不应超过 150kg，牵引速度宜为 10m/min，一次牵引长度不宜超过 1km。

④ 光缆接头的预留长度不应小于 8m。

⑤ 光缆敷设一段后，应检查光缆有无损伤，并对光缆敷设损耗进行抽测。确认无损伤时，再进行接续。

⑥ 光缆接续应由受过专门训练的人员操作，接续时应用光功率计或其他仪器进行监视，使接续损耗最小。接续后应做接续保护，并安装好光缆接头护套。

⑦ 光缆端头应用塑料胶带包扎，盘成圈置于光缆预留盒中，预留盒应固定在电杆上。地下光缆引上电杆，必须穿入金属管。

⑧ 光缆敷设完毕时，需测量通道的总损耗，并用光时域反射计观察光纤通道全程波导衰减特性曲线。

⑨ 光缆的接续点和终端应作永久性标志。

（2）向下垂放光缆。

① 在离建筑层槽孔 1～1.5m 处安放光缆卷轴（光缆通常是绕在线缆卷轴上，而不是放在纸板箱中），以便在卷筒转动时能控制光缆，要将光缆卷轴置于平台上以便保持在所有时间内都是垂直的，放置卷轴时要使光缆的末端在其顶部，然后从卷轴顶部牵引光缆。

② 使光缆卷轴开始转动，当它转动时，将光缆从其顶部牵出。牵引光缆时要保证不超过最小弯曲半径和最大张力的规定。

③ 引导光缆进入槽孔中，如果是一个小孔，则首先要安装一个塑料导向板，以防止光缆与混凝土边侧产生摩擦导致光缆的损坏。如果通过大的开孔下放光缆，则在孔的中心上安装一个滑车轮，然后把光缆拉出交绕到车轮上。

④ 慢慢地从光缆卷轴上牵引光缆，直到下面一层楼上的人能将光缆引入到下一个槽孔中为止。

⑤ 每隔 2m 左右打一线夹。

3. 建筑群间的电缆连接技术

在建筑群中铺设线缆，一般采用 3 种方法，即直埋电缆布线、地下管道铺设和架空铺设。

（1）管道内铺设线缆。

在管道中铺设线缆时，有 4 种情况：

① "小孔到小孔"；

② "在小孔间的直线铺设"；

③ "沿着拐弯处铺设"；

④ 线缆用 PVC 阻燃管。

可用人和机器来铺设线缆，到底采用哪种方法取决于下述因素：

① 管道中有没有其他线缆；

② 管道中有多少拐弯；

③ 线缆有多粗和多重。

由于上述因素，很难确切地说是用人力还是用机器来牵引线缆，只能依照具体情况而定。

（2）架空铺设线缆

架空线缆铺设时，一般步骤如下：

① 电杆以 30～50m 的间隔距离为宜；

② 根据线缆的质量选择钢丝绳，一般选 8 芯钢丝绳；

③ 先接好钢丝绳；

④ 每隔 0.5m 架一挂钩；

⑤ 架设光缆；

⑥ 净空高度≥4.5m。

架空敷设时，同共杆架设的电力线（1kV 以下）的间距不应小于 1.5m，同广播线的间距不应小于 1m，同通信线的间距不应小于 0.6m。

在电缆端做好标志和编号。

（3）直埋电缆布线。

① 挖开路面；

② 拐弯设人井；

③ 埋钢管；

④ 穿电缆。

6.3.6　建筑物内水平布线技术

建筑物内水平布线，可选用天花板、暗道、墙壁线槽等形式，在决定采用哪种方法之前，到施工现场进行比较，从中选择一种最佳的施工方案。

1．暗道布线

暗道布线是在浇筑混凝土时已把管道预埋好地板管道，管道内有牵引电缆线的钢丝或铁丝，安装人员只需索取管道图纸来了解地板的布线管道系统，确定"路径在何处"，就可以制定出施工方案了。

对于老的建筑物或没有预埋管道的新的建筑物，要向业主索取建筑物的图纸，并到要布线的建筑物现场，查清建筑物内电、水、气管路的布局和走向，然后详细绘制布线图纸，确定布线施工方案。

对于没有预埋管道的新建筑物，施工可以与建筑物装修同步进行，这样既便于布线，又不影响建筑物的美观。

管道一般从配线间埋到信息插座安装孔。安装人员只要将 4 对线电缆线固定在信息插座的拉线端，从管道的另一端牵引拉线就可以将线缆拉到配线间。

2．天花板顶内布线

水平布线最常用的方法是在天花板吊顶内布线。具体施工步骤如下：

（1）确定布线路由。

（2）沿着所设计的路由，打开天花板，用双手推开每块镶板，如图 6-18 所示。

（3）假设要布放 24 条 4 对的线缆，到每个信息插座安装孔有两条线缆。

可将线缆箱放在一起并使线缆接管嘴向上。24 个线缆箱按图 6-19 所示的那样分组安装，每组有 6 个线缆箱，共有 4 组。

（4）加标注。在箱上写标注，在线缆的末端注上标号。

（5）在离管理间最远的一端开始，拉到管理间。

图 6-18　移动镶板的悬挂式天花板

注：多条 4 对线很重，为了减轻压在吊顶上的压力，可使用 J 形钩、吊索及其他支撑物来支撑线缆

24箱4对的线缆，分成4组，每组6箱

办公室

办公室

图 6-19　共布 24 条 24 对线缆，每一信息点布放一条 4 对的线

3．墙壁线槽布线

在墙壁上布线槽一般遵循下列步骤：

（1）确定布线路由。

（2）沿着路由方向放线（讲究直线美观）。

（3）线槽每隔 1m 要安装固定螺钉。

（4）布线（布线时线槽容量为 70%）。

（5）盖塑料槽盖。盖槽盖时应错位盖。

6.4　双绞线布线技术

1．双绞线布线方法

对于双绞线布线，目前主要有 3 种布线方法：

（1）从管理局向工作区布线（从一层中信息点较少的情况下）。

（2）从中间向两端布线（中间有隔断情况下）。

（3）从工作区向管理间布线（信息点多的情况下）。

双绞线布线时要做标记。做标记的方法有 4 种：

（1）用打号机打号；

（2）用塑料的护套套号；

（3）用标签记号；

（4）用油墨笔记号。

建议用油墨笔记号。

双绞线布线时要注意：

（1）要对线缆端做记号；

（2）要注意节约用线；

（3）布线的线缆不能有扭结，要平放。

2．双绞线布线缆线间的最小净距要求

（1）双绞线布线缆线与电源线的要求。

双绞线布线缆线与电源线应分隔布放，并应符合表 6-5 的要求。

表 6-5　双绞线电缆与电力电缆最小净距

干扰源类别	线缆与干扰源接近的情况	间距（mm）
小于 2kVA 的 380V 电力线缆	与电缆平行敷设	130
	其中一方安装在已接地的金属线槽或管道	70
	双方均安装在已接地的金属线槽或管道	10
2kVA～5kVA 的 380V 电力线缆	与电缆平行敷设	300
	其中一方安装在已接地的金属线槽或管道	150
	双方均安装在已接地的金属线槽或管道	80
大于 5kVA 的 380V 电力线缆	与电缆平行敷设	600
	其中一方安装在已接地的金属线槽或管道	300
	双方均安装在已接地的金属线槽或管道	150
荧光灯等带电感设备	接近电缆线	150～300
配电箱	接近配电箱	1000
电梯、变压器	远离布设	2000

3．双绞线布线与配电箱、变电室、电梯机房、空调机房之间的最小净距要求

双绞线布线与配电箱、变电室、电梯机房、空调机房之间的最小净距宜符合表 6-6 的要求。

4．建筑物内电、光缆暗管敷设与其他管线的最小净距

建筑物布线常采用以下 6 种线缆：

（1）4 对双绞线电缆（UTP 或 STP）。

（2）2 对双绞线电缆。

（3）100Ω大对数对绞电缆（UTF 或 STP）。

（4）62.5/125μm 多模光缆。

（5）9/125μm、10/125μm 单模光缆。

（6）75Ω有线电视同轴电缆。

建筑物内电、光缆暗管敷设与其他管线的最小净距应符合表 6-7 的要求。

表 6-6　双绞线布线与配电箱、变电室、电梯机房、空调机房之间最小净距表

名称	最小净距（m）
配电箱	1
电梯机房	2
变电室	2
空调机房	2

表 6-7　电、光缆暗管敷设与其他管线的间距

管线种类	平行净距（mm）	垂直交叉净距（mm）
避雷引下线	1000	300
保护地线	50	20
热力管(不包封)	500	500
热力管(包封)	300	300
给水管	150	20
煤气管	300	20
市话管道边线	75	25
压缩空气管	150	20

6.5 实 训

实训项目 6-1：常用电动工具的使用

本实训操作不当会有危险，因此必须小心操作和使用。建议在老师的指导下进行。

1. 电动起子操作实训

（1）电动起子操作要求。

① 电动起子操作按电动起子使用说明规范操作。

② 检查电动起子电池是否有电，安装上适合大小的螺丝批头并检查一下批头是否安紧。

③ 电动起子有顺/逆时钟方向操作，安装螺丝时先要调整好电动起子的工作方向。

（2）电动起子操作实训步骤。

操作步骤如图 6-20 所示。

① 安装合适的螺丝起头。

安装合适的螺丝起头如图 6-20(a)所示。

② 把电动起子螺丝起头拧紧。

电动起子螺丝起头拧紧如图 6-20(b)所示。

③ 调整好电动起子的工作方向。

调整好电动起子的工作方向如图 6-20(c)所示。

④ 操作电动起子安装面板。

操作电动起子安装面板如图 6-20(d)所示。

(a) 安装合适的螺丝起子　　　　　　(b) 将螺丝起头拧紧

(c) 调整好电动起子的工作方向　　　　(d) 安装信息面盒

图 6-20 电动起子操作实训图

2. 冲击电钻操作实训

冲击电钻有三种工作模式："单钻"模式，钻只具备旋转方式，特别适合于在需要很小力的材料上钻孔，例如软木、金属、砖、瓷砖等；"冲击钻"模式，击钻依靠旋转和冲击来工作，每分钟 40 000 多次的冲击频率可产生连续的力。冲击钻可用于天然的石头或混凝土；电锤模式，电锤靠旋转和捶打来工作，与冲击钻相比，电锤需要最小的压力来钻入硬材料，例如石头和混凝土，特别是相对较硬的混凝土。

（1）冲击电钻操作要求。

① 冲击电钻操作按冲击电钻使用说明规范操作。

② 使用时需戴护目镜。

③ 面部朝上作业时，要戴上防护面罩。

④ 钻头夹持器应妥善安装。

⑤ 用Φ12mm 以上的手持电钻钻孔时应使用有侧柄手枪钻。

⑥ 站在梯子上工作或高处作业应采用防止高处坠落措施，梯子应有地面人员扶。

（2）冲击电钻操作实训步骤。

① 使用时，开启电源开关，应使冲击电钻空转 1 分钟左右以检查传动部分和冲击结构转动是否灵活。待冲击电钻正常运转之后，才能进行钻孔、打洞。

② 当冲击电钻用于在金属材料上钻孔时，需将"锤钻调节开关"打到标有钻的位置上，采用普通麻花钻头，电钻产生纯转动，就像手电钻那样使用。当用冲击电钻在混凝土构件、预制板、瓷面砖、砖墙等建筑构件上钻孔、打洞时，需将"锤钻调节开关"打到标有锤的位置上，采用电锤钻头（镶有硬质合金的麻花钻），此时电钻将产生既旋转又冲击的动作。

③ 安装合适的钻头。

安装合适的钻头如图 6-21(a)所示。

④ 调节深浅扶助器。

调节深浅扶助器如图 6-21(b)所示。

⑤ 更换不同尺寸的钻头。

可以根据施工的不同调节工作方式，更换不同尺寸的钻头，如图 6-21(c)所示。

(a) 安装合适的钻头　　　　　(b) 调节深浅扶助器　　　　　(c) 更换不同尺寸的钻头

图 6-21 冲击电钻操作实训图

实训项目 6-2：金属桥架路由铺设操作

1. 安装实训要求

（1）线槽安装位置应符合施工图规定，左右偏差视环境而定，最大不超过 50mm。

（2）线槽水平度每米偏差不应超过 2mm。

（3）垂直线槽应与地面保持垂直，并无倾斜现象，垂直度偏差不应超过 3mm。

（4）线槽节与节间用接头连接板拼接，螺丝应拧紧。两线槽拼接处水平偏差不应超过 2mm。

（5）当直线段桥架超过 30m 或跨越建筑物时，应有伸缩缝。其连接宜采用伸缩连接板。

（6）线槽转弯半径不应小于其槽内的线缆最小允许弯曲半径的最大者。

（7）盖板应紧固，并且要错位盖槽板。

（8）支吊架应保持垂直、整齐牢固、无歪斜现象。

2. 实训步骤

第一步：设计一种桥架施工路由，并且绘制施工图。3~4 人成立一个项目组，选举项目负责人，由项目负责人指定一种设计方案进行实训。

图 6-22   路由完成示意图

第二步：参照设计图需求，核算实训材料规格和数量，掌握工程材料核算方法，列出材料清单。

第三步：参照设计图需要，列出实训工具清单，领取实训材料和工具。

第四步：把支架安装在实训墙顶端，采用内六角螺丝固定。

第五步：桥架部件组装和安装。

桥架与各种弯通采用连接片及螺栓套件固定。接着用 M6X16 螺钉把桥架固定在支架上，路由施工完成示意图如图 6-22 所示。

实训项目 6-3：明敷金属管的铺设操作实训

1. 金属管明敷实训要求

（1）为了防止在穿电缆时划伤电缆，管口应无毛刺和尖锐棱角。

（2）金属管的弯曲半径不应小于所穿入电缆的最小允许弯曲半径。

（3）弯曲半径不小于管外径的 6 倍。

（4）金属管连接应套接，套接应牢固，密封应良好。

（5）金属管应用卡子固定。这种固定方式较为美观，且在需要拆卸时方便拆卸。

（6）金属的支持点间距，有要求时应按照规定设计。无设计要求时不应超过 3m。

（7）在距接线盒 0.3m 处，用管卡将管子固定。

（8）在弯头的地方，弯头两边也应采用管卡固定。

2. 实训步骤

第一步：设计金属管施工路由，并且绘制施工图。3~4 人成立一个项目组，选举项目负责人，由项目负责人指定一种设计方案进行实训。

第二步：参照设计图需求，核算实训材料规格和数量，掌握工程材料核算方法，列出材料清单。

第三步：参照设计图需求，列出实训工具清单，领取实训材料和工具。

第四步：明敷金属管。

实训项目 6-4：无托架的明塑料（PVC）槽的铺设操作实训

塑料槽的铺设从理性上讲类似金属槽。本实训是不用托架时塑料（PVC）槽的铺设操作。

实训目的：

（1）掌握不用托架时在石膏板、空心砖、砖混结构的墙壁固定塑料槽操作技巧。

（2）明塑料槽的铺设讲究美观，掌握明塑料槽内弯、外弯操作技巧。

1．不用托架时在石膏板、空心砖、砖混结构的墙壁固定塑料槽操作指导

（1）石膏板、空心砖墙壁固定塑料槽操作技巧。

① 铺设 25×20～25×30 规格的塑料槽操作。

  a. 塑料槽每隔 1m 左右钻 2 个孔，用一对 0.3～0.4m 长度的双绞线从塑料槽背面穿入，待布线结束后，把所布的双绞线捆扎起来。

  b. 为使安装的管槽系统"横平竖直"，弹线定位。根据施工图确定的安装位置，从始端到终端（先垂直干线定位再水平干线定位）找好水平或垂直线，用墨线袋沿线路中心位置弹线。

  c. 槽底应刷乳胶。

  d. 槽底沿墨线袋弹线固定。

  e. 固定螺丝。在石膏板墙壁，一个固定点应有 2～3 个固定螺丝，呈梯形状排列，固定点应间隔 0.5m 左右。

石膏板、空心砖墙壁固定螺丝如图 6-23 所示。

图 6-23　石膏板、空心砖墙壁铺设 25×20～25×30 规格的塑料槽操作图

② 铺设 25×30～50×25 规格的塑料槽操作。

  a. 塑料槽每隔 1m 左右钻 2 个孔，用一对 0.3～0.4m 长度的双绞线从塑料槽背面穿入，待布线结束后，把所布的双绞线捆扎起来。

  b. 为使安装的管槽系统"横平竖直"，弹线定位。根据施工图确定的安装位置，从始端到终端（先垂直干线定位再水平干线定位）找好水平或垂直线，用墨线袋沿线路中心位置弹线。

  c. 槽底应刷乳胶。

  d. 槽底沿墨线袋弹线固定。

  e. 固定螺丝。在石膏板墙壁，一个固定点应有 3～4 个固定螺丝，呈梯形状排列，固定点应间隔 0.5 m 左右。

石膏板、空心砖墙壁铺设 25×30～50×25 塑料槽固定螺丝如图 6-24 所示。

（2）砖混结构墙壁固定塑料槽操作。

① 塑料槽每隔 1m 左右钻 2 个孔，用一对 0.3～0.4m 长度的双绞线从塑料槽背面穿入，待布线结束后，把所布的双绞线捆扎起来。

② 为使安装的管槽系统"横平竖直"，弹线定位。根据施工图确定的安装位置，从始端到终端（先垂直干线定位再水平干线定位）找好水平或垂直线，用墨线袋沿线路中心位置弹线。

图 6-24　石膏板、空心砖墙壁铺设 25×30～50×25 固定螺丝图

③ 槽底应每隔 1m 左右钻 2 个固定螺丝孔。

④ 槽底沿墨线袋弹线确定塑料膨胀管安装位置。

⑤ 向墙体钉入塑料膨胀管。

⑥ 用固定螺丝固定。固定点应间隔 1m 左右。

砖混结构墙壁塑料槽固定螺丝如图 6-25 所示。

图 6-25　砖混结构墙壁塑料槽固定螺丝

2．明塑料槽内弯、外弯操作指导

在工作区槽、水平干线槽转弯处，要保持美观，不宜用 PVC 槽配套的附件阳角、阴角、直转角、平三通、左三通、右三通、连接头、终端头等。

转弯处分内弯和外弯，如图 6-26 所示。

图 6-26　明塑料槽内弯、外弯图

（1）内弯操作步骤。

① 定点在塑料槽内弯点，在塑料槽（槽体槽盖一体）盖上画一直线，如图 6-27(a)所示。

② 在槽盖上画三角形，如图 6-27(b)所示。

③ 锯（剪）掉三角形，如图 6-27(c)所示。

④ 用美工刀光滑锯（剪）槽边缘的外皮。

⑤ 用打火机对塑料槽体内加温（3～5 秒），迅速内弯。

⑥ 取下槽盖。

⑦ 内弯直角成型效果如图 6-27(d)所示。

(a) 在塑料槽盖上画一直线

(b) 在槽盖上画三角形

(c) 锯（剪）掉三角形图

(d) 内弯直角成型效果图

图 6-27　内弯操作效果图

（2）外弯操作步骤。

① 定点在塑料槽外弯内弯点，在塑料槽（槽体槽盖一体）盖上画一直线，如图 6-28(a)所示。

② 在槽盖上画三角形，如图 6-28(b)所示。

③ 锯（剪）掉三角形，如图 6-28(c)所示。

④ 用美工刀光滑锯（剪）槽边缘的外皮。

⑤ 用打火机对塑料槽体内加温（3～5 秒），迅速内弯。

⑥ 取下槽盖。

⑦ 外弯直角成型效果如图 6-28(d)所示。

(a) 在塑料槽盖上画一直线

(b) 在槽盖上画三角形

(c) 锯（剪）掉三角形图

(d) 外弯直角成型效果图

图 6-28　外弯操作效果图

明装铺设效果图如图 6-29 所示。

图 6-29　明装布线效果图

实训项目 6-5：参观架空布线的铺设（课后作业）

实训项目 6-6：参观直埋布线的铺设（课后作业）

实训项目 6-7：双绞线布线实训指导

双绞线布线具体施工步骤如下：

（1）确定布线路由。

（2）沿着所设计的路由，打开天花板。

（3）假设要布放 24 条 4 对双绞线线缆，到每个信息插座安装孔有两条线缆。

可将线缆箱放在一起并使线缆接管嘴向上。24 个线缆箱按图 6-19 所示的那样分组安装，每组有 6 个线缆箱，共有 4 组。

（4）缆线两端须做标注。在双绞线线箱上写标注（双绞线开始长度），在线缆的末端注上信息点编号 （建议：用油墨笔记号，每隔 0.3 m 注上信息点编号，注 3 次，工作区端注 1 次）。

（5）在离电信间（管理间子系统）最远的一端开始，拉到电信间。

（6）在箱上写标注一条线结束长度，目的是计算一条线的长度，节约用线。

（7）布线时线槽容量为 70%。

（8）在工作区槽、水平干线槽布槽施工结束时的注意事项如下：

① 清理现场，保持现场清洁、美观。

② 用布塑料槽时从槽背面穿入的一对 0.3～0.4m 长度的双绞线把所布的双绞线捆扎起来。

③ 盖塑料槽盖。盖槽盖应错位盖。

④ 对墙洞、竖井等交接处要进行修补。

⑤ 工作区槽、水平干线槽与墙有缝隙时要用腻子粉补平。

其他布线的方法同双绞线布线类似。

实训项目 6-8：落地、壁挂机柜安装实训

1. 实训目的

（1）通过落地式机柜的安装，了解机柜的布置原则、安装方法和使用要求。

（2）通过常用壁挂式机柜的安装，掌握机柜的布置原则、安装方法及使用要求。

（3）通过落到、壁挂机柜安装实训，了解常用机柜的规格和功能。

2．实训要求

（1）准备实训工具、设备和材料，并列出详细清单。

（2）独立领取实训设备、材料和工具并登记。

（3）完成落地式机柜的定位、地脚螺丝调整、门板的拆卸和重新安装。

（4）完成标准壁挂式机柜的定位。

（5）认真完成壁挂式机柜墙面固定安装。

3．实训材料和工具

（1）落地式机柜 1 台，壁挂式机柜 1 台。

（2）实训专用 M8×20mm 外六角螺栓，用于固定壁挂式机柜，每个机柜使用 4 个。

（3）呆板手 8～10，用于固定安装螺栓，每组一把。

4．实训设备

（1）"华育®"钢结构模拟工程实训楼 GCT-WP/WCXX。

（2）"华育®"壁挂式机柜 GCT-C50，落地式机柜。

5．壁挂机柜安装实训

实训步骤如下

第一步：设计壁挂式机柜安装图，确定壁挂式机柜安装位置。

第二步：准备实训工具，列出实训工具清单。

第三步：领取实训材料和工具。

第四步：准备好需要安装的设备——壁挂式机柜，拆掉壁挂式机柜的门，以方便机柜的安装。

第五步：使用实训专用螺栓，用螺栓把壁挂式机柜固定在实训墙上，如图 6-30 所示。

图 6-30　6U 壁挂式机柜安装图

第六步：安装完毕后，将门重新定位安装。

第七步：最后将机柜进行编号。

6．落地式机柜的安装

第一步：准备实训工具、列出实训工具清单。

第二步：领取实训材料和工具。

第三步：确定落地式机柜安装位置。

落地式机柜在管理间、设备间或机房的布置必须考虑远离配电箱，四周保证有 1 米的通道和检修空间。

第四步：实际测量尺寸。

第五步：准备好需要安装的设备——落地式机柜，将机柜就位，然后将机柜底部的定位螺栓向下旋转，将四个轱辘悬空，保证机柜不能转动。

第六步：安装完毕后，学习机柜门板的拆卸和重新安装。

7．实训报告：

（1）画出壁挂式机柜和落地式机柜安装位置布局示意图。

（2）详述实训程序或步骤以及安装注意事项。

（3）操作技巧和实训体会。

实训项目 6-9：网络数据配线架安装

1．实训目的

让学生认识 RJ45 配线架的结构、色标和线序排列方法。掌握 RJ45 配线架的端接方法和安装方法，培养学生对 RJ-45 配线架的正确端接能力和安装能力。在落地式机柜中，安装网络配线架。

2．实训设备、材料和工具

（1）"华育®" GCT-C100 建筑物楼宇设备机架 1 台。

（2）网络配线架 1 套、理线架 1 套，以及附带的螺栓、螺母。

（3）配套十字螺丝刀，或电动起子（带十字批头）。

3．网络数据配线架安装基本要求

（1）为了管理方便，配线间的数据配线架和网络交换设备一般都安装在同一个 19 英寸的机柜中。

（2）根据楼层信息点标识编号，按顺序安放配线架，并画出机柜中配线架信息点分布图，便于安装和管理。

（3）线缆一般从机柜的底部进入，所以通常配线架安装在机柜下部，交换机安装在机柜上部，也可根据进线方式进行调整。

（4）为美观和管理方便，机柜正面配线架之间和交换机之间要安装理线架，跳线从配线架面板的 RJ45 端口接出后通过理线架从机柜两侧进入交换机间的理线架，然后再接入交换机端口。

（5）对于要端接的线缆，先以配线架为单位，在机柜内部进行整理，用扎带绑扎，将容余的线缆盘放在机柜的底部后再进行端接，使机柜内整齐美观，便于管理和使用。

4．实训步骤

第一步：使用螺栓将配线架固定在落地式机柜中，如图 6-31 所示。

图 6-31　网络配线架安装

第二步：根据系统安装标准选定 EIA/TIA 568A 或 EIA/TIA 568B 标签，然后将标签压入模块组插槽。

第三步：编好标签并贴在配线架前面板。

实训项目 6-10：干线电缆敷设实训

1．实训目的：

（1）掌握设计图在现实施工中的应用。

（2）熟悉主干链路线缆和水平链路线缆材料。

（3）通过线槽的安装和布线等，熟练掌握干线子系统的施工方法。

2．实训要求

（1）垂直线槽应与地面保持垂直，并无倾斜现象，垂直度偏差不应超过 3 mm。

（2）线槽节与节间用接头连接板拼接，螺丝应拧紧。两线槽拼接处水平偏差不应超过 2mm。

（3）独立完成干线子系统布线方法，掌握牵引线的使用方法。

在新的建筑物中，通常在每一层同一位置都有封闭型的小房间，称为弱电井（弱电间），该弱电井一般就是综合布线垂直干线子系统的安装场所，而旧楼改造工程中常常会遇到没有弱电井的情况，此时就用安装金属线槽的方式代替。水平干线、垂直干线布槽的方法是一样的，差别在于一个是横布槽一个是竖布槽。

（1）垂直干线线缆。

实训室垂直干线线缆为数据和语音两种，数据采用光缆和 4 对双绞线，语音采用 25 对大对数电缆。

（2）线缆布放。

在竖井中敷设干线电缆一般有两种方法，即向下垂放电缆和向上牵引电缆。基于便利性，可选用向下垂放进行布放，布放的长度以端接的机柜配线架为基点，延长 1 米的长度。布放工作需要两人以上同时协作。

（3）扎线要求。

垂直干线线缆的捆扎间距一般以 2 米左右较为合适。

【本章小结】

本章阐述网络工程布线施工要技术要点，网络布线路由选择技术，网络布线线槽铺设技术，双绞线布线技术，长距离光缆布线技术，吹光纤布线技术。共 10 个实训项目。

要求学员掌握本章的内容和 10 个实训项目的操作方法，从而有助于及今后的学习和工作。

第7章 布线端接操作技术

综合布线工程师要具备布线端接操作的能力，本章介绍布线端接常用技术。

7.1 布线压接技术

网络布线压接共有图7-1所示的8种安装方式。

图 7-1　布线压接技术的 8 种安装方式

（1）工作区用户信息插座的安装。
（2）工作区用户信息跳线制作。
（3）工作区用户电话跳线。
（4）用户信息的双绞线在配线架压线。
（5）S110 配线架电话压 4 对双绞线。
（6）电信间（或设备间）电话跳线。
（7）S110 配线架压 25 对大对数线。
（8）用户信息的垂直干线子系统连接交换机的跳线。

7.1.1　压线工具

在布线压接的过程中要用到一些压线工具，如图7-2所示。

1．压线钳

目前市面上有好几种类型的压线钳，而实际功能以及操作都大同小异。压线钳不仅仅是压线，还具备有三种不同的功能。

图 7-2 压线工具

（1）RJ-45 和 RJ-11 压线。

（2）剥线口。

（3）刀片，刀片的主要作用是切断线材。

2．S110 压线工具

配线架和信息模块的压线钳工具。

3．五对线压线工具

5 对线压线工具用于压大对数线。

7.1.2 工作区用户信息插座的安装

图 7-1 中的（1）是用户信息插座的安装，安装信息插座要做到一样高、平、牢固。

1．信息模块压接方式

信息座中有信息模块，信息模块压接时一般有两种方式：

（1）用打线工具压接。

（2）不用打线工具，直接压接。

根据工程中的经验体会，一般采用打线工具进行压接。

2．信息模块压接操作步骤

信息模块压接的具体操作步骤如下：

（1）使用剥线工具，在距线缆末端 5cm 处剥除线缆的外皮。

（2）剪除线缆的抗拉线。

（3）按色标顺序将 4 个线对分别插入模块的各个槽位内。

（4）使用打线工具对各线对打线，与插槽连接。

（5）信息模块的压接分 EIA/TIA568A 和 EIA/TIA568B 两种方式。

目前，信息模块的供应商有 IBM、西蒙等国外商家，国内有上海天诚、南京普天等公司，其产品的结构都类似，只是排列位置有所不同。有的面板标有双绞线颜色标号，与双绞线压接时，注意颜色标号配对就能够正确地压接。

3．信息模块压接要点

信息模块压接时应注意以下要点：

（1）双绞线是成对相互拧在一处的，按一定距离拧起的导线可提高抗干扰的能力，减小信号的串扰，压接时一对一对打开放入与信息模块相对的端口上。

（2）在双绞线压处不能拧、撕开，并防止有断线的伤痕。

（3）使用压线工具压接时，要压实，不能有松动的地方。

（4）双绞线开绞不能超过要求。

模块端接完成后，接下来就要安装到信息插座内。各厂家信息插座安装方法具有相似性，具体可以参考厂家说明资料。

7.1.3　工作区用户信息跳线

图 7-1 中的（2）是用户信息跳线。

RJ-45 跳线如图 7-3 所示。

（1）双绞线与 RJ-45 头的连接技术。

RJ-45 的连接也分为 568A 与 568B 两种方式，不论采用哪种方式必须与信息模块采用的方式相同。对于 RJ-45 插头与双绞线的连接需要了解以下事宜，以 568A 为例来讲解。

① 首先将双绞线电缆套管，自端头剥去双绞线塑料外皮剥去 2～3cm（或用双绞线剥线器），露出 4 对线。剥线如图 7-4 所示。

图 7-3　RJ-45 跳线　　　　　　　　　图 7-4　剥线

② 定位电缆线以使它们的顺序号是 1&2、3&6、4&5、7&8，如图 7-5 所示。为防止插头弯曲时对套管内的线对造成损伤，导线应并排排列至套管内至少 8mm 形成一个平整部分。平整部分之后的交叉部分呈椭圆形状态。

图 7-5　RJ-45 连接剥线示意图

③ 为绝缘导线解扭，使其按正确的顺序平行排列，导线 6 跨过导线 4 和 5，在套管里不应有未扭绞的导线。

④ 导线经修整后（导线端面应平整，避免毛刺影响性能）距套管的长度为 14mm，从线头（如图 7-6 所示）开始，至少 10±1mm 之内导线之间不应有交叉，导线 6 应在距套管 4mm 之内跨过导线 4 和 5。

图 7-6　双绞线排列方式和必要的长度

⑤ 将导线插入 RJ-45 头，导线在 RJ-45 头部能够见到铜芯，套管内的平坦部分应从插塞后端延伸直至初张力消除（如图 7-7 所示），套管伸出插塞后端至少 6mm。

⑥ 用压线工具压实 RJ-45。

图 7-7　RJ-45 跳线压线的要求

（2）双绞线跳线制作过程。

① 首先利用压线钳的剪线刀口剪裁出计划需要使用到的双绞线长度，见图 7-8 的(a)。

② 把双绞线的保护层剥掉，可以利用到压线钳的剪线刀口将线头剪齐，再将线头放入剥线专用的刀口，稍微用力握紧压线钳慢慢旋转，让刀口划开双绞线的保护胶皮。需要注意的是，压线钳挡位离剥线刀口长度通常恰好为水晶头长度，这样可以有效避免剥线过长或过短。若剥线过长双绞线的保护层不能被水晶头卡住，则容易松动；若剥线过短，则因保护层塑料的存在，不能完全插到水晶头底部，造成水晶头插针不能与网线芯线很好接触，会影响线路的质量。把双绞线的保护层剥掉，见图 7-8(b)。

③ 为绝缘导线解扭，将 4 个线对的 8 条细导线逐一解开、理顺、拉直，使其按正确的顺序平行排列，导线 6 跨过导线 4 和 5，在套管里不应有未扭绞的导线，见图 7-8(c)。

④ 导线经修整，见图 7-8(d)。

⑤ 将裸露出的双绞线用剪刀或斜口钳剪下只剩约 12mm 的长度。

⑥ 水晶头的方向是金属引脚朝上、弹片朝下。另一只手捏住双绞线，用力缓缓将双绞线的 8 条导线依序插入水晶头，并一直插到 8 个凹槽顶端，将双绞线放入 RJ-45 接头的引脚内，见图 7-8(e)；从水晶头的顶部检查，看看是否每一组线缆都紧紧地顶在水晶头的末端。

⑦ 用压线钳压实，用力握紧压线钳，可以使用双手一起压，这样一压使得水晶头凸出在外面的针脚全部压入水晶并头内，受力之后听到轻微的"啪"一声即可，见图 7-8(f)。

⑧ 制作完成的 RJ-45 接头见图 7-8(g)。

⑨ 重复图 7-8(a)～(g)的步骤，再制作双绞线跳线另一端的 RJ-45 接头。

（3）双绞线与 RJ-45 头的连接。

不管是哪家公司生产的 RJ-45 接头，导线的排列顺序都是 1、2、3、4、5、6、7、8。端接时可能是 568A 或 568B。

(a)　　　　　　　(b)　　　　　　　(c)　　　　　　　(d)

第一只脚　白橙色

(e)　　　　　　　(f)　　　　　　　(g)

图 7-8　双绞线跳线制作过程

1	2	3	4	5	6	7	8	RJ-45 接头引脚
白	橙	白	蓝	白	绿	白	棕	双绞线色标（568B）
	橙		绿		蓝		棕	

将双绞线与 RJ-45 连接时应注意的要点如下：

① 按双绞线色标顺序排列，不要有差错。

② 与 RJ-45 接头点压实。

③ 用压线钳压实。

RJ-45 与信息模块的关系如图 7-9 所示。

图 7-9　RJ-45 与信息模块的关系

在现场施工过程中，有时需要将一条 4 对线的 5 类（3 类）线缆一端端接 RJ-45，另一端端接 RJ-11 6 针模块，这时按图 7-10 所示进行操作。

注意：在 RJ-11 端，棕色的一对线作废。

图 7-10　RJ-45 连接 6 针模块

7.1.4　工作区用户电话跳线

图 7-1 中的（3）是用户电话跳线。

工作区电话信息插座中的电话模块一般是 4 芯的模块化插头，称为电话模块。普通电话使用中间的两芯进行通信；数字电话就需要四条线都接。

用户电话跳线使用电话跳线。一般电话机自带电话跳线。

两芯电话跳线没有线序之分，只要能保证导通即可实现电话信号的传输。电话机的水晶头是 4 芯的，用中间的两根，可不分正负，将线插入中间两个槽，并用用压线钳压实。

7.1.5　配线架压线

图 7-1 中的（4）是用户信息的双绞线在配线架压线。

在配线架压线如图 7-11 所示。

网络配线架双绞线打线时一般应注意以下要点：

（1）按表 7-1 写清楚信息点分布编号和配线架端口号。

表 7-1　信息点分布编号和配线架端口号

配线架端口号	1	2	3	4	5	6	7	8	9	10	11	12	13	14	15	16	17	18	19	20	21	22	23	24
信息点编号	101-1	101-2	101-3	101-4	102-1	102-2	102-3	102-4	103-1	103-2	103-3	103-4	104-1	104-2	104-3	104-4	104-5	104-6	105-1	105-2	105-3	105-4	105-5	105-6

（2）按楼层顺序分配配线架，画出机柜中配线架信息点分布图，便于安装和管理，如图 7-12 所示。

图 7-11　在配线架压线

图 7-12　按楼层顺序分配配线架

（3）以楼层信息点为单位分线，理线，从机柜进线处开始整理电缆。

图 7-13　根据标签色标排列顺序压线打线

（4）根据选定的接线标准，将 T568A 或 T568B 标签压入模块组插槽内。

（5）以配线架为单位，在机柜内部进行整理。

（6）根据每根电缆在配线架接口的位置，测量端接电缆应预留的长度。

（7）根据标签色标排列顺序，将对应颜色的线对逐一压入配线架接口槽内，然后使用打线工具固定线对，同时将伸出槽位外的多余导线截断，如图 7-13 所示。

（8）整理并绑扎固定线缆。

整理并绑扎固定线缆，如图 7-14 所示。

整理并绑扎固定线缆线架端接后机柜内部示意图如图 7-15 所示。

图 7-14　整理并绑扎固定线缆

图 7-15　整理并绑扎固定线缆线架端接后机柜内部示意图

（9）编好标签并贴在配线架前面板，见表 7-1。

7.1.6　S110 配线架压双绞线（电话通信）

图 7-1 中的（5）是用户电话双绞线在 S110 配线架压线。

双绞线向 S110 配线架压线，按双绞线色标的蓝、橙、绿、棕顺序排列，不要有差错。25 对的 S110 配线架压 6 条双绞线，用 4 对连接块连接。

7.1.7　电信间（或设备间）电话跳线

图 7-1 中的（6）是电信间（或设备间）电话跳线。压 4 对双绞线的 S110 配线架向压 25 对大对数 S110 配线架电话跳线，一部电话用 1 对跳线。电信间或设备间用的 1 对普通电话跳线如图 7-16 所示。

图 7-16　电信间或设备间用的电话跳线

7.1.8　S110 配线架压 25 对大对数

图 7-1 中的（7）是用户在 S110 配线架压 25 对大对数线。

安装 110 配线架步骤如下：

（1）将配线架固定到机柜合适位置。

（2）把 25 对线从机柜进线处进机柜，把 25 对线固定在机柜上。

（3）从机柜进线处开始整理电缆，电缆沿机柜两侧整理至配线架处，并留出大约 25cm 的大对数电缆，用电工刀或剪刀把大对数电缆的外皮剥去，用剪刀把线撕裂绳剪掉，使用绑扎带固定好电缆，将电缆穿 110 语音配线架左右两侧的进线孔，摆放至配线架打线处。

（4）对 25 对线缆进行线序排线，先按主色排列，后按主色里的配色排列，排列后把线卡入相应位置。

（5）根据电缆色谱排列顺序，将对应颜色的线对逐一压入槽内，然后使用 5 对打线刀打线，刀口向外，用力要垂直，听到"喀"的一声后，模块外多余的线会被剪断。

（6）安装 5 对连接块。

（7）贴上编号标签。

（8）安装语音跳线。

7.1.9　垂直干线子系统连接交换机跳线

图 7-1 中的（8）是用户信息的垂直干线子系统连接交换机的跳线。

垂直干线子系统连接跳线如图 7-17 所示。

图 7-17　垂直干线子系统连接跳线

7.2　光缆光纤连接技术

7.2.1　光缆光纤连接技术概述

在网络综合布线系统和城域光传送网中，光缆的应用越来越广泛，但是它的连接件的制作技术的确不易普及，需要一定程度的训练，有些技术需要熟练的技术人员才能掌握。

光纤连接技术可分为端接技术和熔接技术。

（1）端接技术。

端接是指把连接器连接到每条光纤的末端。端接技术可分为磨光技术和压接技术。磨光技术是指用环氧树脂端接的技术，压接技术是指免磨压接的非环氧树脂型端接技术。

（2）熔接技术。

熔接技术是对同一种光纤类型的接续或机械连接。

磨光技术、压接技术和熔接技术在光缆光纤工程中广泛使用，为此，本章用较大的篇幅来讨论，详细介绍如何运用这项技术和操作过程。

7.2.2　光纤连接器和光纤耦合器

在光纤连接的过程中，主要有光纤连接器和光纤耦合器。

光纤连接器连接插头用于光纤的端点，此时光缆只有单根光纤的交叉连接或互连的方式连接到光电设备上。

光纤耦合器用于光纤连接器和光纤连接器的对接。

1．光纤连接器

在所有的光缆光纤工程单工终端应用中，均使用光纤连接器。

连接器的部件有：连接器体；用于 2.4mm 和 3.0mm 直径的单光纤缆的套管；缓冲器光纤缆支撑器（引导）；带螺纹帽的扩展器；保护帽。

连接器插头有陶瓷结构和塑料结构两种。

STII 光纤连接插头的物理和电气规格：

（1）长度：22.6mm；

（2）运行温度：–40～85℃（具有±0.1℃的平均性能变化）；

（3）耦合次数：500 次（陶瓷结构）。

2．光纤耦合器

耦合器起对准套管的作用。另外，耦合器多配有金属或非金属法兰，以便于连接器的安装固定。

7.2.3　光纤连接器端接磨光技术

连接器有陶瓷和塑料两种材质，它的制作工艺分为磨光、金属圈制作。下面简述磨光、金属圈制作方法的工艺。

1．PF 磨光方法

PF（Protruding Fiber）是 STII 连接器使用的磨光方法。STII 使用铅陶质平面的金属圆，必须将光纤连接器磨光直至陶质部分。不同材料的金属圈需要使用不同的磨光程序和磨光纸。经过正确的磨光操作后，将露出 1～3μm 的光纤，当连接器进行耦合时，唯一的接触部分就是光纤，如图 7-18 所示。

2．PC 磨光方法

PC（Pcgsica Contact）是 STII 连接器使用的圆顶金属连接器的交接方法。在 PC 磨光方法中，圆顶的顶正部位恰好配合金属圈上光纤的位置，当连接器交接时，唯一产生接触的地方在圆顶的部位，并构成紧密的接触，如图 7-19 所示。

图 7-18　PF 磨光方法

图 7-19　PC 磨光方法

PC 磨光方法可得到较佳的回波耗损。目前，在工程上常常采用这种方法。

3．光纤连接器磨光连接的具体操作

在光纤连接器的具体操作过程中，一般来讲分为：SC 连接器安装和 ST 连接器安装。它们的操作步骤大致相同，不再分开叙述。

（1）工作区操作准备。

① 在操作台上打开工具箱，工具箱内的工具有：胶和剂、ST/SC 两用压接器、ST/SC 抛光工具、光纤剥离器、抛光板、光纤划线器、抛光垫、剥线钳、抛光相纸、酒精擦拭器和干燥擦拭器、酒精瓶、Kevlar 剪刀、带 ST/SC 适配器的手持显微镜、注射器、终接手册。

② 在操作台上放一块平整光滑的玻璃，做好工作台的准备工作（即从工具箱中取出并摆放好必要的工具）。

③ 将塑料注射器的针头插在注射器的针管上。

④ 拔下注射器针头的盖，装入金属针头。（注意：保存好针头盖，以便注射器使用完毕后再次盖上针头，以后继续使用。）

⑤ 把磨光垫放在一个平整的表面上，使其带橡胶的一面朝上，然后把砂纸放在磨光垫上，光滑的一面朝下。

表 7-2　各类光缆刀切要求

光缆类型	刀切的深度	准备的护套长度
LGBC-4	5.08mm	965mm
LGBC-6	5.08mm	965mm
LGBC-12	5.62mm	965mm

（2）光缆的准备。

剥掉外护套，套上扩展帽及缆支持，具体操作有 5 步：

① 用环切工具来剥掉光缆的外套。

② 使用环切工具上的刀片调整螺钉，设定刀片深度为 5.6mm。对于不同类型的光缆刀切要求如表 7-2 所示。环切光缆外护套如图 7-20 所示。

③ 在光缆末端的 96.5cm 处环切外护套（内层）。将内外护套滑出，如图 7-21 所示。

图 7-20　环切光缆的外套

图 7-21　将内层外护套滑出

④ 给光缆装上缆支撑、扩展帽。

⑤ 先从光纤的末端将扩展帽套上（尖端在前）向里滑动，再从光纤末端将缆支持套上（尖端在前）向里滑动，如图 7-22 所示。

图 7-22　缆支持及提高扩展器帽的安装

（3）采用模板上规定的长度时需要给安装插头的光纤做标记。

对于不同类型的光纤及不同类型的 STII 插头长度规定不同，如图 7-23 和表 7-3 所示。

图 7-23　不同类型光纤和 STII 插头对长度的规定

表 7-3　不同类型的光纤和 STII 插头对长度的规定

	陶瓷类型	塑料类型
缓冲层光纤（缓冲层和光纤外衣准备的长度）	16.5～19.1mm	6.5～5.6mm
	（0.65～0.75in）	（0.25～0.30in）
SBJ 光纤（缓冲层的准备长度）	18.1～20.6mm	5.9～9.2mm
	（0.71～0.81in）	（0.31～0.36in）

使用 SC 模板，量取光纤外套的长度，用记号笔按模板刻度所示位置，在外套上做记号。

（4）准备好剥线器，用剥线器将光纤的外衣剥去。

注意：

① 使用剥线器前要用刷子刷去刀口处的粉尘。

② 对有缓冲层的光纤使用"5B5 机械剥线器"，对有纱线的 SBJ 光纤要使用"线剥线器"。

利用"5B5 机械剥线器"剥除缓冲器光纤的外衣，如图 7-24 所示。具体操作有 7 步：

图 7-24　机械剥线器

a. 将剥线器深度按要求长度置好。打开剥线器手柄，将光纤插入剥线器导管中，用手紧握两手柄使它们牢固地关闭，然后将光纤从剥线器中拉出。（注意：每次用 5B5 剥线器剥光纤的外衣后，要用与 5B5 一起提供的刷子把刀口刷干净。）

b. 用浸有酒精的纸/布从缓冲层向前擦拭，去掉光纤上残留的外衣，要求至少要细心擦拭两次才合格，且擦拭时不能使光纤弯曲，如图 7-25 所示。

图 7-25　擦拭光纤

切记：不要用干布去擦没有外衣的光纤，这会造成光纤表面缺陷，不要去触摸裸露的光纤或让光纤与其他物体接触。

c. 利用"剥线器"剥除 SBJ 光纤的外衣。

d. 使用 6in 刻度尺测量并标记合适的光纤长度（用模板亦可）。

e. 用"剥线器"上的 2 号刻槽一小段一小段地剥去外衣，剥时用直的拉力，切勿弯曲光缆直到剥到标记外为止，如图 7-26 所示。

f. 对于 SBJ 光纤，还要在离标记 1.6mm 处剪去纱线。

g. 用浸有酒精的纸/布细心擦光纤两次，如图 7-25 所示。

（5）将准备好的光纤存放在"保持块"上。

① 存放光纤前要用罐气将"保持块"吹干净。

② 将光纤存放在槽中（有外衣的部分放在槽中），裸露的光纤部分悬空，保持块上的小槽用来存放缓冲层光纤，大槽存放单光纤光缆，如图 7-27 所示。

图 7-26　剥去光纤缓冲层

图 7-27　将光纤存放在槽中

③ 将依次准备好的 12 根光纤全存于此块上。

④ 若准备好的光纤在脏的空间放过，则继续加工前再用酒精纸/布细心擦两次。

（6）环氧树脂和注射器的准备。

要特别小心：切勿将环氧树脂弄到皮肤上和眼睛中。

① 取出装有环氧树脂的塑料袋（有黄白两色的胶体，中间用分隔器分开），撤下分隔器，然后在没有打开的塑料袋上用分隔器来回摩擦，以使两种颜色的胶体混合均匀成同一颜色。

② 取出注射器拿下帽子，将注射器针头安装到注射器上，并拧转它到达锁定的位置。

③ 将注射器塞拉出，以便装入准备好的塑料袋中的环氧树脂。

④ 将环氧树脂塑料剪去一角，并将混合好的环氧树脂从注射器后部孔中加入（挤压袋子），约 19mm 的环氧树脂足够做 12 个 STII 连接器插头。

⑤ 从后部将注射器塞插入。

⑥ 从针管中除去气泡。方法是：将注射器针头向上（垂直），压后部的塞子，使环氧树脂从注射器针头中出来（用纸擦去），直到环氧树脂是自由清澈的。

（7）在缓冲层的光纤上安装 STII 连接器插头。

① 从连接器袋取出连接器，对着光亮处从后面看到连接器中的光纤孔通还是不通。

如果通过该孔不能看到光，则从消耗器材工具箱中取出 music 线试着插入孔中去掉阻塞物，将 music 线从前方插入并推进，可以把阻塞物推到连接器后边打开的腔中去，再看有光否。如果通过该孔能看到光，则检查准备好的光纤是否符合标准，然后将准备好的光纤从连接器的后部插入，并轻轻旋转连接器，以感觉光纤与洞孔的关系是否符合标准。

若光纤通过整个连接器的洞孔，则撤出光纤，并将其放回到保持块上去；若光纤仍不能通过整个连接器的洞孔，请再用 music 线从尖头的孔中插入，以去掉孔中的阻塞物。

② 将装有环氧树脂的注射器针头插入 STII 连接器的背后，直到其底部，压注射器塞，慢慢地将环氧树脂注入连接器，直到一个大小合适的泡出现在连接器陶瓷尖头上平滑部分为止。

当环氧树脂在连接器尖头上形成了一个大小合适的泡时，立即释放注射器塞上的压力，并拿开注射器。

对于多模的连接器，小泡至少应覆盖连接器尖头平面的一半，如图 7-28 所示。

图 7-28 在连接器尖上的环氧树脂泡

③ 用注射器针头给光纤上涂上一薄层环氧树脂外衣，大约到缓冲器外衣的 12.5mm 处。若为 SBJ 光纤，则对剪剩下的纱线末端也要涂上一层环氧树脂。

④ 同样，使用注射器的针头对连接器筒的头部（3.2mm）也涂上一层薄的环氧树脂。

⑤ 通过连接器的背部插入光纤，轻轻地旋转连接器，仔细地"感觉"光纤与孔（尖后部）的关系，如图 7-29 所示。

图 7-29 插入光纤

⑥ 当光纤被插入并通过连接器尖头伸出后，从连接器后部轻轻地往回拉光纤以检查它的运动（该运动用来检查光纤有没有断，是否位于连接器孔的中央），检查后重新把光纤插好。

⑦ 观察连接器的尖头部分以确保环氧树脂泡沫未被损坏。

对于单模连接器，它只是覆盖了连接器顶部的平滑面。对于多模连接器，它大约覆盖了连接器尖平滑面的一半。如果需要的话，小心地用注射器重建环氧树脂小泡。

⑧ 将缓冲器光纤的"支撑（引导）"滑动到连接器后部的筒上去，旋转"支撑（引导）"以使提供的环氧树脂在筒上均匀分布，如图 7-30 所示。

⑨ 往扩展器帽的螺纹上注射一滴环氧树脂，将扩展帽滑向缆"支撑（引导）"，并将扩展器帽通过螺纹拧到连接器体中去，确保光纤就位，如图 7-31 所示。

图 7-30 组装缆支撑

⑩ 往连接器上加保持器，如图 7-32 所示。

将连接器尖端底部定位的小凸起与保持器的槽对成一条线（同时将保持器上的凸起与连接器内部的前沿槽对准）。将保持器拧锁到连接器上去，压缩连接器的弹簧，直到保持器的凸起完全锁进连接器的切下部分。

图 7-31 加上扩展器帽

图 7-32 将保持器锁进连接器

⑪ 要特别小心不要弄断从尖伸出的光纤，若保持器与连接器装好后光纤从保持器中伸出，则应使用剪子把光纤剪去掩埋掉，否则当将保持器及连接器放入烘烤炉时会把光纤弄断。

（8）烘烤环氧树脂。

① 将烘烤箱放在远离易燃物的地方。把烘烤箱的电源插头插到一组 220V 的交流电源插座上，将 ON/OFF 开关按到 ON 位置，并将烘烤箱加温直到 READY 灯亮（约 5min）。

② 将"连接器和保持器组件"（切勿将光纤部分）放到烘烤箱的一个端口（孔）中，并用工具箱中的微型固定架（不能用手）夹住连接器组件的支撑（引导）部分，如图 7-33 所示。

③ 在烘烤箱中烤 10min 后，拿住连接器的"支撑（引导）"部分（切勿拿光纤）将连接器组件从烘烤箱上撤出，再将其放入保持块的端口（孔）中进行冷却，如图 7-34 所示。

图 7-33 将组件放到烘烤箱端口中

图 7-34 冷却连接器组件

（9）切断光纤。

① 确定连接器保持器组件已冷却，从连接器上对保持器解锁，并取下保持器，小心不要弄断光纤。

② 用切断工具在连接器尖上伸出光纤的一面上刻痕（对着灯光，看清在环氧树脂泡上靠近连接器尖的中位轻轻地来回刻痕）。

③ 刻痕后，用刀口推力将连接器尖外的光纤点去。如果光纤不容易被点断，则重新刻痕并再试。要使光纤末端的端面能成功地磨光，光纤不能在连接器尖头断开（即到连接器尖头中），切勿通过弯曲光纤来折断它。如果动作干净利索，则会大大提高成功效率。刻痕光纤如图 7-35 所示。

（10）除去连接器尖头上的环氧树脂。

检查连接器，看有没有环氧树脂在其外面，尤其不允许环氧树脂留在连接器尖头，有残留的环氧树脂会妨碍后续的加工步骤，且不能获得低损耗的连接。

图 7-35　刻痕光纤

① 如果在连接器的陶瓷尖头上发现有环氧树脂，则可用一个干净的单边剃须刀片除去它，使用轻力及一个浅工作角向前移动刀片以除去所有的环氧树脂痕迹，切勿刻和抓连接器的尖头。

② 如果有塑料尖头的连接，若塑料尖头上有环氧树脂，也可用单边的剃须刀片除去它，但尖头容易损坏。

（11）磨光。

应注意，对多模光纤只能用在 D102938 或 D182038 中提供的磨光纸，一粒灰尘就能阻碍光纤末端的磨光。

① 准备工作：清洁所有用来进行磨光工作的物品。

　　a. 用一块沾有酒精的纸/布将工具表面擦净。

　　b. 用一块沾有酒精的纸/布将磨光盘表面擦净。

　　c. 用罐气吹去任何残存的灰尘。

　　d. 用罐气将磨光纸两面吹干净。

　　e. 用罐气连接器表面和尖头以使其清洁。

　　f. 用沾有酒精的棉花将磨光工具的内部擦拭干净。

② 初始磨光：在初始磨光阶段，先将磨光砂纸放手掌心中，对光纤头轻轻地磨几下。不要对连接器尖头进行过分磨光，通过对连接器端面的初始检查后，初始磨光就完成了。

　　a. 将一张 type A 磨光纸放在磨光盘的 1/4 位置上。

　　b. 轻轻地将连接器尖头插到 400B 磨光工具中，将工具放在磨光纸上，特别小心不要粉碎了光纤末端。

　　c. 开始时需要用非常轻的压力进行磨光，用大约 80mm 高的"8"字形进行磨光运动。

当继续磨光时，逐步增加压力，磨光的时间根据环氧树脂泡的大小而不同，但平均是移动 20 个"8"字形，如图 7-36 所示。不磨时要将磨光工具拿开，并用罐气吹工具和纸上的砂粒。

图 7-36　用"8"字形运动进行初始磨光

③ 初始检查。

在进行检查前，必须确定光纤上有没有接上光源，为了避免损坏眼睛，永远不要使用光学仪器去观看有激光或 LED 光的光纤。

　　a. 从磨光工具上拿下连接器，用一块沾有酒精的纸/布清洁连接器尖头及磨光工具。

　　b. 用一个 100 倍眼睛放大镜检查对连接器尖头上光滑区的磨光情况。如果有薄的环氧树脂层，则连接器尖头的表面就不能被彻底地磨光。在初始磨光阶段，如果磨过头了，则可能产生一个高损耗的连接器。

c. 对于陶瓷尖头的连接器，初始磨光的完成标志是：在连接器尖头的中心部分保留有一个薄的环氧树脂层，且连接器尖头平滑区上有一个陶瓷的外环暴露出来，将能看到一个发亮的晕环绕在环氧脂层的周围。

d. 对于塑料尖头的连接器，初始磨光的完成标志是：直到磨光的痕迹刚刚从纸上消失为止，并在其尖头上保留一层薄的环氧树脂层。

e. 如果磨光还没有满足条件，继续按"8"字形磨光，要频繁地用放大镜来检查连接器尖头的初始磨光标志，如图 7-37 所示。

f. 当初始磨光满足条件后，从磨光工具上取下连接器，并用沾有酒精的纸/布清洗磨光工具和连接器，再用罐气对连接器吹气。

图 7-37　检查连接器尖头

④ 最终磨光（先要用酒精和罐气对工具和纸进行清洁工作）。

a. 将 type C 磨光纸的 1/4（有光泽的面向下）放在玻璃板上。

b. 开始用轻的压力，然后逐步增加压力，以约 100mm 高的"8"字形运动进行磨光。

c. 磨光多模陶瓷尖头的连接器直到所有的环氧树脂被除掉。

d. 磨光多模塑料尖头的连接器直到尖头的表面与磨光工具的表面平齐。

⑤ 最终检查。

a. 从磨光工具上取下连接器，用一块沾有酒精的纸/布清洗连接器尖头、被磨光的末端及连接器头。

b. 将连接器钮锁到显微镜的底部。

c. 将连接器钮锁到显微镜的底部，如图 7-38 所示。打开（分开）显微镜的镜头管（接通电源）以照亮连接器的尖头，并用边轮去聚集，用高密的光回照光纤的相反一端。如果可能，照亮核心区域以便更容易发现缺陷。

一个可接收或可采用的光纤 ST 头末端是在核心区域中没有"裂开的口"、"空隙"或"深的抓痕"，或在包层中的深的缺口，如图 7-39 所示。

图 7-38　将连接器钮锁到显微镜　　　　图 7-39　可采用、不可采用的光纤 ST 头

　　d. 如果磨的光纤末端是可采用的，于是连接器就可使用了，如果不是立即使用此连接器，则可用保护帽把末端罩起来。

　　e. 如果光纤 ST 头末端不能被磨光达到可采用的条件，则需要重新端接它。

（12）光纤的安装。

对光纤的安装（使用粘接剂）如下：

① 用注射器吸入少量粘接剂。

② 将几滴粘接剂滴在一块软亚麻布上，在滴有粘接剂的地方擦拭并摩擦连接器的下端，这一步操作可以保证不发生氧化。

③ 将装有粘接剂的注射器金属针头插入连接器的空腔内，直至针头完全插入到位。将粘接剂注入直接连接器的腔内，直至有一小滴从连接器下端溢出。

④ 将暴露的光纤插入连接器腔内，直到光纤从内套的底端到达连接器（在进行下面的⑤、⑥两步操作时要拿好光纤）。

当光纤插入时，用手指来回转动连接器，这有助于光纤进入连接器的洞内。对于带有护套的光纤，光纤应插入到使它的尼龙丝完全展开，并在连接器底部形成一个圈。

⑤ 对穿入连接器的光纤用粘接剂粘接（连接器底部滴上一、二滴粘接剂）。

⑥ 握住光缆，用一块干燥的软布擦掉光纤周围多余的粘接剂。等粘接剂干燥后，再进入下一步操作。

⑦ 用光纤刻刀，在光纤底部轻轻划一道刻痕。刻划时不要用过大的压力，以防光纤受损。

⑧ 将伸出连接器的多余光纤去掉，拔掉时用力方向要沿着光纤的方向，不要扭动，并把多余的光纤放在一个安全的地方。

⑨ 将护套光纤围在连接器下端，并用金属套套上，然后用钳子夹一下金属套。

⑩ 为了保证护套完全装好，对护套光纤，还要再一次夹一下金属套，在金属套的下部（大约 4mm），用钳子再夹一下金属套。

⑪ 对于护套光纤，将护套上移，套在连接器上。

⑫ 对于缓冲光纤将护套上移，套在连接器上。

所有 ST 连接器的磨光操作均与此类似。

4．光纤连接器的互连

光纤连接器的互连比较简单，下面以 ST 连接器为例，说明其互连方法。

（1）什么是连接器的互连。

① 对于互连模块，要进行互连的两条半固定的光纤通过其上的连接器与此模块嵌板上的耦合器互连起来。做法是将两条半固定光纤上的连接器从嵌板的两边插入其耦合器中。

② 对于交叉连接模块，一条半固定光纤上的连接器插入嵌板上的耦合器，插入要交叉连接的耦合器的一端，该耦合器的另一端中插入要交叉连接的另一条半固定光纤的连接器。

交叉连接就是在两条半固定的光纤之间使用跳线作为中间链路，使管理员易于对线路进行重布线。

（2）ST 连接器互连的步骤。

① 清洁 ST 连接器。

拿下 ST 连接器头上的黑色保护帽，用沾有酒精的医用棉花轻轻擦拭连接器头。

② 清洁耦合器。

摘下耦合器两端的红色保护帽，用沾有酒精的杆状清洁器穿过耦合孔擦拭耦合器内部以除去其中的碎片，如图 7-40 所示。

③ 使用罐装气，吹去耦合器内部的灰尘，如图 7-41 所示。

图 7-40　用沾有酒精的杆状清洁器擦拭耦合器　　　图 7-41　用罐装气吹除耦合器中的灰尘

④ 将 ST 连接器插到一个耦合器中。

将连接器的头插入耦合器一端，耦合器上的凸起对准连接器槽口，插入后扭转连接器以使锁定，如经测试发现光能量损耗较高，则需摘下连接器并用罐装气重新净化耦合器，然后再插入 ST 连接器。在耦合器端插入 ST 连接器，要确保两个连接器的端面与耦合器中的端面接触上，如图 7-42 所示。

图 7-42　将 ST 连接器插入耦合器

注意：每次重新安装时要用罐装气吹去耦合器的灰尘，并用沾有酒精的棉花擦净 ST 连接器。

⑤ 重复以上步骤，直到所有的 ST 连接器都插入耦合器为止。

应注意，若一次来不及装上所有的 ST 连接器，则连接器头上要盖上黑色保护帽，而耦合器空白端或一端（有一端已插上连接器头的情况）要盖上保护帽。

7.2.4　光纤连接器端接压接式技术

1. 光纤连接器端接压接式技术概述

压接式光纤连接器端接技术是安普公司的专利压接技术，它使光纤安装过程变得快速、整洁和简单，而有别于传统的烦锁过程。被称为 LC（Light Crimp Plus）接头的特性如下：

① 最简单、安装最快的光纤端口；

② 易于安装；

③ 体积小（仅为 SC 连接器的一半）；

④ 快速连接；

⑤ 不需要打磨，只需剥皮、切断、压接；

⑥ 出厂时已进行了高质打磨；

⑦ 不需要打磨纸；

⑧ 高性能；

⑨ 无源；

⑩ 不需要热固式加工或紫外线处理；

⑪ 多模 SC、ST 接头；

⑫ 无损健康、无环境污染；

⑬ 直接端接，不需要工作站；

⑭ 低人工成本；

⑮ 与 TIA/EIA、IEC、CECC 及 EN 标准兼容；

⑯ 提供工具升级。

需要将光纤预先打磨好，因为 AMP Light Crimp Plus 连接头是在工厂打磨好的，因此，你所要做的就是：剥开线缆，切断光纤，压好接头。在节省时间的同时，还获得了高质量的产品。

Light Crimp Plus 接头提供始终如一的压接性能，而且与热固式接头具有相同的性能，并能适应较宽的温度范围。

Light Crimp Plus 满足相应的 TIA/EIA，IEC，CECC 及 EN 的要求，适用于−10℃～+60℃的环境温度。

用于 Light Crimp Plus 的工具也可以用于 Light Crimp Plus 接头。对使用 Light Crimp 和预先打磨接头的用户，安普提供工具升级，从而使 Light Crimp Plus 端接更简单，以及更具成本效益。

安普公司的压接光纤头技术正在受到用户的重视，能否成气候还需要市场来回答这个问题。

2．免磨压接工具和 SC 光纤连接器的部件

安普免磨压接型光纤连接器是一种非常方便光纤端接的连接器产品，使得光纤端成为一种快速、方便和简单的机械过程。操作人员只需经过很少的培训，并且使用的工具数量有限。使用这种连接器端接光纤，不需要使用胶水和加热炉，不需要等待胶水凝固的过程，也不需要使用砂纸进行研磨，只需经过 3 个简单的步骤——剥除光缆外皮、劈断光纤和压接，就可以完成全部端接过程。安普免磨压接型 SC 光纤连接器端接如图 7-43 所示。

（1）免磨压接工具。

端接安普免磨压接型 SC 光纤连接器需要以下工具：外皮剥离工具、光纤剥离工具、剪刀、光纤装配固定器、光纤切断工具、手工压接工具及清洁光纤用酒精棉，这些工具都包含在安普光纤连接器专用工具包中。

（2）免磨压接型 SC 光纤连接器的部件。

压接型 SC 光纤连接器的部件如图 7-44 所示。

图 7-43　安普免磨压接型 SC 光纤连接器端接　　　　图 7-44　压接型 SC 光纤连接器的部件

3．端接缓冲层直径为 900μm 光纤连接器的具体操作

（1）剥掉光纤的外套。

剥掉光纤的外套，具体操作有 4 步：

① 首先将 900μm 光纤用护套穿在光纤的缓冲层外，如图 7-45 所示。

② 取下连接器组件底端的防尘帽。

③ 将连接器的插芯朝外固定在模板上,并确认连接器已经放置平稳,平稳地将光纤放置刀刻有 "buffer" 字样的线槽中,确认光纤顶端与线槽末端完全接触(即线缆放入线槽并完全顶到头)。根据线槽的每一个十字缺口的位置在线缆上做标记,如图 7-46 所示。做完标记后将线缆从线槽中拿开。

图 7-45 将 900μm 光纤用护套穿在光纤的缓冲层外

图 7-46 线缆放入线槽做标记

④ 使用光纤剥离工具(黄色手柄),在第一个标记处进行剥离。根据建议的剥离角度,将光纤外皮剥开成 3 个部分,如图 7-47 所示。用酒精棉清洁光纤,除去残留的光纤外皮。

(2)使用光纤切断工具切断光纤。

使用光纤切断工具切断光纤,具体操作有 3 步。在使用光纤切断工具前请先确认工具的 "V" 形开口处是否清洁,不清洁容易使光纤断裂。若不清洁,可使用酒精棉清洁工具,用浸有酒精的纸/布擦拭 "V" 形开口。

① 将光纤放入工具前臂的沟槽中。

按住切断工具的后臂,使工具夹头张开,将光纤放入工具前臂的沟槽中,光纤顶端位于工具前臂标尺的 8mm 刻度处(±0.5mm),如图 7-48 所示。

图 7-47 光纤在第一个标记处进行剥离

图 7-48 将光纤放入工具前臂的沟槽中

② 在光纤上做出切断刻痕。

保持住光纤所在的位置不动,松开工具后臂使光纤被压住并且牢固,保持工具前臂平稳,轻轻地按压刀头在光纤上做出刻痕,再松开刀头,如图 7-49 所示。

为避免光纤受损,不要过于用力的按压刀头。刀刃部边缘只能接触到光纤。

③ 断开切断的光纤末端。

保持住光纤的位置不动,慢慢地弯曲工具前臂,使光纤在已经做出的刻痕部位断开。如图 7-50 所示,注意不要触摸切断的光纤末端,否则光纤会被污染,也不要清洁切断的光纤末端。为避免工具受损,不要弯曲工具前臂超过 45° 角。

图 7-49　在光纤上做出切断刻痕

图 7-50　断开切断的光纤末端

（3）做压接工作。

① 使被切断的光纤末端与光纤固定器的前端保持水平对齐。

首先张开光纤固定器的夹子，将光纤放到夹子里，拉动光纤，使被切断的光纤末端与光纤固定器的前端保持水平对齐，保持住光纤的位置，松开夹子，如图 7-51 所示。

② 将光纤插入连接器的尾部。

小心地将光纤插入连接器的尾部，直到光纤完全进入其中不能再深入为止。确认曾经在光纤缓冲层上留下的标记已经进入连接器中（如果标记没有进入其中，必须重新切断光纤）。因光纤弯曲而产生的张力将对插头内的光纤产生一个向前的推力，如图 7-52 所示。注意要保持光纤后部给予前部连接器内的光纤一个向前的推力是很重要的，要确保在任何时候光纤都不会从插头中滑出。

图 7-51　使被切断的光纤末端与光纤
固定器的前端保持水平对齐

图 7-52　将光纤插入连接器的尾部

③ 将光纤固定器中的连接器组件前端放在压接钳前端的金属小孔凹陷处，握住压接钳的手柄，直到钳子的棘轮变松，让手柄完全张开，慢慢地闭合钳子，直到听到了两声从棘轮处发出的"咔嗒"声；将光纤固定器中的连接器组件前端放在压接钳前端的金属小孔凹陷处的上面，如图 7-53 所示。为了避免光纤受损，必须保持位置的精确和遵从箭头的指示。

④ 压接。

轻轻地朝连接器方向推动光纤，确认光纤仍然在连接器底部的位置，然后慢慢握紧压接钳的手柄，直到棘轮变松，再让手柄完全张开，从压接钳上拿开连接器组件。

将连接器柱塞放置到压接钳前端第一个（最小）小孔里，柱塞的肩部顶在钳子沟槽的边缘，朝向箭头所指的方向，如图 7-54 和图 7-43 所示。慢慢握紧压接钳的手柄，直到钳子的棘轮变松，让手柄完全张开，再从钳子上拿开连接器组件。

图 7-53　将光纤固定器中的连接器组件前端
放在压接钳前端的金属小孔凹陷处

图 7-54　压接

（4）压接过程完成后安装防尘帽。

安装上防尘帽，平稳地向前推动护套使其前端顶住连接器，如图 7-55 所示。

（5）安装连接器外壳。

从线缆固定模板上拿开连接器组件。保持连接器外壳与连接器组件斜面的边缘水平，平稳地将外壳套在组件上直到听到发出"啪"的一声为止，如图 7-56 所示。不要用很大的力量将这些组件强行地连接在一起，它们是专门针对这一种安装方法而设计的。对于双口连接器，使用插入工具可以轻松地将外壳安装在连接器组件上。

图 7-55　压接过程完成后安装防尘帽

图 7-56　安装连接器外壳

端接缓冲层直径为 900μm 光纤连接器的具体压接过程即告完成。

4．端接外皮直径为 2.5～3mm 的单芯光缆连接器的具体操作

（1）剥掉光纤的外套。

剥掉光纤的外套，具体操作有 4 步。

① 套光纤护套。

护套（小口径的一端朝里面）套在光纤的外面，如图 7-57 所示。

② 在线缆上做标记。

取下连接器组件后部的防尘帽，留下顶端插芯上的防尘帽。

将连接器的插芯朝外固定在模板上，并确认连接器位置已经固定。将光缆放入到模板上标刻有"cable"字样的线槽中，光缆顶端与线槽末端完全接触（即光缆放入线槽并完全顶到头），如图 7-58 所示，根据线槽的每一个十字缺口在线缆上做标记，做完标记后将线缆从线槽中拿开。

图 7-57 套光纤护套

图 7-58 在线缆上做标记

③ 剪开线缆外皮。

使用外皮剥离工具（红色手柄），在标有"18"的缺口处将线缆上的每一个做标记的地方剪开，如图 7-59 所示。

④ 用剪刀剪断加强层纤维。

剥去线缆第一个被剪开部分的外皮，露出里面的加强层纤维层（Kevlar 层），用剪刀将加强层纤维剪断，然后再将第二个标记处的外皮去掉，露出加强层纤维层，如图 7-60 所示。

图 7-59 剪开线缆外皮

图 7-60 用剪刀剪断加强层纤维

（2）使用光纤切断工具切断光纤。

使用光纤切断工具切断光纤，具体操作有 7 步。

① 将加强层纤维收到套管里。

平稳地将压接套管套在光缆上，移动套管将加强层纤维收到套管里。继续移动套管，直到加强层纤维能从套管前端显露出来，如图 7-61 所示。

② 将内部套管平滑到加强层纤维的里面。

平稳地将内套管平滑的一端朝内套在缓冲层上，推动在加强层纤维下的内套管直到和压接套管前端对齐，如图 7-62 所示。

图 7-61 将加强层纤维收到套管里

图 7-62 将内部套管平滑插到加强层纤维的里面

③ 在十字缺口位置上做线缆标记。

将处理过的光缆放到模板上标刻有"buffer"字样的线槽中,确认缓冲层的顶端与线槽末端完全接触(即缓冲层放入线槽并完全顶到头),如图 7-63 所示。根据线槽的每一个十字缺口的位置在线缆上做标记,做完标记后将线缆从线槽中拿开。

④ 剥离光纤。

使用光纤剥离工具(黄色手柄),将光纤外皮剥开形成 3 个标记,在第一个标记处进行剥离。根据建议的剥离角度进行剥离,如图 7-64 所示。

图 7-63　在十字缺口位置上做线缆标记　　　　　　　　　图 7-64　剥离光纤

用酒精棉清洁光纤,除去残留的光纤外皮。

⑤ 将光纤放入工具前臂的沟槽中。

接下来进行切断光纤的工作。为避免光纤受损,请先确认工具刃部以及刃部周围区域是清洁的,可以使用酒精棉清洁工具。首先按住切断工具的后臂,使工具夹头张开,将光纤放入工具前臂的沟槽中,光纤顶端位于工具前臂标尺的 8mm 刻度处(±0.5mm),如图 7-48 所示。

⑥ 在光纤上做出切断。

保持住光纤所在的位置不动,松开工具后臂使光纤被压住并且牢固,保持工具前臂平稳,轻轻按压工具刀头在光纤上做出刻痕,松开工具刀头,如图 7-49 所示。为避免光纤受损,不要过于用力地按压工具刀头,工具刃部边缘只能接触到光纤。

⑦ 断开切断的光纤末端。

保持住光纤的位置不动,慢慢弯曲工具前臂,使光纤在做刻痕的部位断开,如图 7-60 所示。不要触摸切断的光纤末端,否则光纤会被污染,也不要清洁切断的光纤末端。

为避免工具舌部受损,不要弯曲舌部超过 45°角。

(3)做压接工作。

① 被切断的光纤末端与固定器的前端保持水平对齐。

张开光纤固定器的夹子,将处理好的光纤放到夹子里,移动光纤,使被切断的光纤末端与固定器的前端保持水平对齐,固定缓冲层的位置,松开夹子,如图 7-65 所示。

② 光纤末端插入连接器中。

小心地将光纤插入连接器的后部直到光纤完全进入到插头中不能再深入为止。确认曾经在缓冲层上留下的标记已经进入到连接器中(如果标记没有完全进入,必须重新进行切断光纤的工作)。因光纤弯曲而产生的张力将对连接器内的光纤产生一个向前的推力,如图 7-66 所示。需要注意的是保持光纤后部给予前部插头内的光纤一个向前的推力是很重要的，要确保在任何时候光纤都不会从插头中滑出。

图 7-65　被切断的光纤末端与固定器的前端保持水平对齐　　　图 7-66　光纤末端在连接器中

握紧压接钳的手柄，直到钳子的棘轮变松，让手柄完全张开，慢慢闭合钳子，直到听到了两声从棘轮处发出的"咔嗒"声。

③ 将光纤固定器中的连接器组件前端放在压接钳前端的金属小孔凹陷处。

将光纤固定器中的连接器组件前端放在压接钳前端的金属小孔凹陷处的上面，如图 7-67 所示。为了避免光纤受损，必须保持位置的精确和遵从箭头的指示。

④ 柱塞放置到压接钳前端第一个（最小）的小孔里。

轻轻朝连接器方向推动光纤，确认光纤仍然在连接器底部的位置，然后慢慢握紧压接钳的手柄直到棘轮变松，再让手柄完全张开，从钳子上拿开连接器组件。将连接器的柱塞放置到压接钳前端的第一个（最小）小孔里，柱塞的肩部顶在钳子沟槽的边缘，朝向箭头所指的方向，如图 7-68 所示。

图 7-67　将光纤固定器中的连接器组件前端　　　图 7-68　柱塞放置到压接钳前端的第一个（最小）小孔里
　　　　　放在压接钳前端的金属小孔凹陷处

慢慢握紧压接钳的手柄，直到钳子的棘轮变松，让手柄完全张开，再从钳子上拿开连接器组件。

⑤ 加强层纤维的末端和压接套管的底部顶住连接器。

向后移动压接套管，直到将加强层纤维完全释放开，然后向连接器方向移动压接套管，直到加强层纤维的末端和压接套管的底部顶住连接器，如图 7-69 所示。

⑥ 压接套管顶到压接钳前端小孔凹陷的地方。

压接套管顶到压接钳前端小孔凹陷的地方，并确认连接器已经被顶住了。移动压接套管当压接钳闭合时使其进入小孔中，如图 7-70 所示。慢慢握紧压接钳的手柄直到钳子的棘轮变松，让手柄完全张开。

将压接套管顶在压接钳前端凹槽的位置（箭头所示位置处）

连接器顶在钳子上

图 7-69　加强层纤维的末端和压接套管的底部顶住连接器　　图 7-70　压接套管顶到压接钳前端小孔凹陷的地方

⑦ 装上防尘帽。

装上防尘帽，平稳地向前推动应力释放护套使其粗的一端顶到连接器，如图 7-71 所示。从线缆固定模板上拿开连接器组件。

⑧ 将外壳套在组件上。

保持连接器外壳与连接器组件斜面的边缘水平，平稳地将外壳套在组件上直到听到发出啪的一声为止，如图 7-72 所示。不要用很大的力量强行地将这些组件连接在一起，它们是针对这一种安装方法而特别设计的。至此 2.5～3mm 外皮单芯光缆的端接就完成了。

套管向前推顶到连接器底部

装上防尘帽

保持连接器外壳与连接器组件斜面的边缘水平对齐

轻轻地将外壳套在组件上

图 7-71　装上防尘帽　　　　　　　　　　　图 7-72　将外壳套在组件上

7.2.5　光纤熔接技术

1. 光纤熔接概述

光纤熔接（光纤接续）是一种相当成熟的技术，已被广泛应用，但熔接的基本技术未曾改变。只是在其他方面已经取得了极大进展，使其变得更简单、更快速、更经济。熔接机的功能就是把两根光纤准确地对准光芯，然后把它们熔接在一起，形成一根无缝的长光纤。

光纤熔接机的外观如图 7-73 所示。

光纤熔接工作不仅需要专业的光纤熔接机，还需要熔接工具。熔接工具箱如图 7-74 所示。

图 7-73　熔接机

图 7-74　光纤熔接工具箱

2．光纤熔接工作的环节

光纤熔接工作需要三个环节。

（1）光纤熔接前的预备。

光纤熔接前，首先要预备好光纤熔接机、光纤熔接工具箱、熔接的光纤等必需材料。

（2）光纤熔接。

光纤放置在光纤熔接器中熔接。

（3）放置固定。

对熔接后的光纤，通过光纤箱来固定。

3．光纤熔接机熔接光纤的具体操作

（1）光纤熔接的准备工作。

光纤熔接的准备工作需要重点注意如下 5 点内容：

① 预备好光纤熔接机、光纤熔接工具箱、熔接的光纤等必需材料。

② 开剥光缆去皮，分离光纤。

开剥光缆去皮，长度取 1m 左右，如图 7-75 所示。对开剥去皮的光缆用卫生纸将油膏擦拭干净，将光缆穿入接续盒内，固定时一定要压紧，不能有松动。

分离光纤，接着使用去保护层光纤工具将光纤内的保护套去掉。

③ 光纤护套的剥除。

剥除光纤护套，操作时要 "平、稳、快"。

图 7-75　光缆开剥

"平"，要求持纤要平。左手拇指和食指捏紧光纤，使之成水平状，所露长度以 5cm 为准，余纤在无名指、小拇指之间自然打弯，以增加力度，防止打滑。

"稳"，要求剥纤钳要握得稳，不能打颤、晃动。

"快"，要求剥纤要快，剥纤钳应与光纤垂直，上方向内倾斜一定角度，然后用钳口轻轻卡住光纤右手，随之用力，顺光纤轴向平向外推出去，尽量一次剥覆彻底，如图 7-76 所示。

观察光纤剥除部分的护套是否全部剥除，若有残留，应重新剥除。如有极少量不易剥除的护套，可用绵球沾适量酒精，一边浸渍，一边逐步擦除。然后用纸巾沾上酒精，擦拭清洁每一根光纤，如图 7-77 所示。

图 7-76　剥除光纤的护套

图 7-77　擦拭清洁每一根光纤

④ 对光纤套热缩管。

清洁完毕后，要给需要熔接的两根光纤各自套上光纤热缩管。

⑤ 打开熔接机电源，选择合适的熔接方式，熔接机系统待机。

打开熔接机电源后，出现的"Install　Program"画面提示安装程序，如图 7-78 所示。

操作：

　　a. 在熔接程序中按△或▽来显示画面。

　　b. 按+或–将熔接程序切换到加热程序。然后按△或▽切换到加热程序。

　　c. 按▷或√来确认选择。

　　d. 机器重置到初始状态，准备开始操作。

　　e. 一旦 S176 型光纤熔接机开机，电弧检查程序结束后，就会出现系统待机画面。重置操作完成后，机器发出嘟嘟声，同时 LCD 监视器上显示"READY"，如图 7-79 所示。

图 7-78　熔接机出现的"Install　Program"画面提示安装程序

```
READY
01 SM        00001    21:04:49

Operate Arc Check. Load fibers
and press ✓ key twice.

¥1300 ✕  60MM:NORM  Y    Aⅹ
Place fiber and lower
windshield.
```

图 7-79　待机画面

快捷键：█键是标记一项功能的快捷键，按一下就可以跳到此功能。✕键也是快捷键，可以直接从当前屏幕返回系统待机画面。对一项功能做了标记后，在系统待机画面上就会出现标志。在标记一项新的功能之前要删除此功能。

删除一项功能：按住█键直到在系统待机画面上出现，这需要 6s。

标记一项功能：用△键，▽键找到希望标记的功能。如果当前功能可以被标记，▽标志就会出现在屏幕的右下脚。按△键，如果听到蜂鸣声表示此功能已经被标记成功。

（2）光纤熔接工作。

光纤熔接工作需要重点注意如下 3 点内容：

① 裸纤的切割。

裸纤的切割是光纤端面制备中最为重要的环节，切刀有手动和电动两种。熟练的操作者在常温下进行快速光缆接续或抢险，宜采用手动切刀。手动切刀的操作简单，操作人员在清洁光纤后，用切割刀切割光纤。注意：

　　a. 用切割刀切割 0.25 mm 的光纤：切割长度为 7～16mm；

　　b. 用切割刀切割 0.9 mm 的光纤：切割长度为 16mm；

    c. 切割后绝不能清洁光纤。

电动切刀切割质量较高，适宜在野外严寒条件下作业，但操作较复杂，要求裸纤较长，初学者或在野外较严寒条件下作业时，宜采用电动切刀。裸纤切割时，首先清洁切刀和调整切刀位置，切刀的摆放要平稳，切割时，动作要自然、平稳、勿重、勿轻。避免断纤、斜角、毛刺及裂痕等不良端面产生。

    ② 放置光纤。

将切割后的光纤光纤放在熔接机的 V 形槽中，放置时光纤端面应处于 V 形槽（V–groove）端面和电极之间。注意：

    a. 不要使用光纤的尖端穿过 V 形凹槽。

    b. 确保光纤尖端被放置在电极的中央，V 形凹槽的末端。

    c. 只在使用 900μm 厚度覆层的光纤时使用端面板。250μm 厚度覆层的光纤不使用端面板。

    d. 熔接两种不同类型的光纤时，不需要考虑光纤的摆放方向，也就是说每种光纤都可以摆放在 S176 熔接机的左边或者右边。

    e. 轻轻地盖上光纤压板，然后合上光纤压脚。

    f. 盖上防风罩。

    ③ 按 ▷ 键开始熔接。

（3）取出熔接的光纤。

    ① 取出光纤前先抬起加热器的两个夹具。

    ② 抬起防风罩。对光纤进行张力测试（200 g）。测试过程中，屏幕上会出现"张力测试"。

    ③ 等到张力测试结束后，在移除已接合光纤之前会显示出"取出光纤"字样。2s 后"取出光纤"会变为"放置光纤"。同时，S176 熔接机会自动为下一次接合重设发动机。

    ④ 取出已接合光纤，轻轻牵引光纤，将其拉紧。

注意：小心处理已接合光纤，不要将光纤扭曲。

熔接光纤要随时观察熔接中有无纤芯轴向错位、纤芯角度错误、V 形槽或者光纤压脚有灰尘、光纤端面质量差、纤芯台阶、纤芯弯曲光纤端面质量差、预放电强度低或者预放电时间短、气泡、过粗、过细、虚熔、分离等不良现象。注意 OTDR 测试仪表跟踪监测结果，及时分析产生上述不良现象的原因，建议重新熔接。

产生不良现象的原因大体可分为光纤因素和非光纤因素。

光纤因素是指光纤自身因素，主要有 4 点：

    ① 光纤模场直径不一致。

    ② 两根光纤芯径失配。

    ③ 纤芯截面不圆。

    ④ 纤芯与包层同心度不佳。

其中光纤模场直径不一致影响最大，单模光纤的容限标准如下。

    ① 模场直径：（9～10μm）±10%，即容限约±1μm。

    ② 包层直径：125±3μm。

    ③ 模场同心度误差<6%，包层不圆度≤2%。

非光纤因素即接续技术非光纤因素，主要有 6 点。

    ① 轴心错位：单模光纤纤芯很细，两根对接光纤轴心错位会影响接续损耗。当错位 1.2μm 时，接续损耗达 0.5dB。

    ② 轴心倾斜：当光纤断面倾斜 1°时，约产生 0.6dB 的接续损耗，如果要求接续损耗≤0.1dB，则单模光纤的倾角应为小于等于 0.3°。

③ 端面分离：活动连接器的连接不好，很容易产生端面分离，造成连接损耗较大。当熔接机放电电压较低时，也容易产生端面分离，此情况一般在有拉力测试功能的熔接机中可以发现。

④ 端面质量：光纤端面的平整度差时也会产生损耗，甚至气泡。

⑤ 接续点附近光纤物理变形：光缆在架设过程中的拉伸变形，接续盒中夹固光缆压力太大等，都会对接续损耗有影响，甚至熔接几次都不能改善。

⑥ 其他因素的影响：接续人员操作水平、操作步骤、盘纤工艺水平、熔接机中电极清洁程度、熔接参数设置、工作环境清洁程度等均会产生影响。

不良现象原因和解决办法如表 7-4 所示。

表 7-4　不良现象原因和解决办法

不良现象原因	解决办法
纤芯轴向错位	V 形槽或者光纤压脚有灰尘，清洁 V 形槽和光纤压脚
纤芯角度错误	V 形槽或者光纤压脚有灰尘，清洁 V 形槽和光纤压脚
光纤端面质量差	检查光纤切割刀是否工作良好
纤芯台阶	V 形槽或者光纤压脚有灰尘，清洁 V 形槽和光纤压脚
纤芯弯曲光纤端面质量差	检查光纤切割刀是否工作良好
预放电强度低或者预放电时间短	增大[预放电强度] 及/或增大 [预放电时间]
模场直径失配放电强度太低	增大[放电强度] 及/或 [放电时间]
灰尘燃烧光纤端面质量差	检查切割刀的工作情况
在清洁光纤或者清洁放电之后灰尘依然存在	彻底地清洁光纤或者增加 [清洁放电时间]
气泡	光纤端面质量差，检查光纤切割刀是否工作良好
预放电强度低或者预放电时间短	增大[预放电强度] 及/或增大 [预放电时间]
光纤分离	光纤推进量太小，做 [马达校准]实验
预放电强度太高或者预放电时间短太长	降低[预放电强度] 及/或减少 [预放电时间]
过粗	光纤推进量太大，降低 [重叠量] 并做 [马达校准]实验
过细	放电强度不合适做 [放电校正]
放电参数不合适	调整 [预放电强度]、[预放电时间] 或者 [光纤推进量]

（4）套热缩管。

在确保光纤熔接质量无问题后，套热缩管。

① 将热缩管中心移至光纤熔接点，然后放入加热器中。检查：

　　a．要确保熔接点和热缩管都在加热器中心。

　　b．要确保金属加强件处于下方。

　　c．要确保光纤没有扭曲。

② 用右手拉紧光纤，压下接合后的光纤以使右边的加热器夹具可以压下去。

③ 关闭加热器盖子。

④ 加热。

　　a．按 〰 按钮激活加热器。
　　　LCD 监视器在加热程序中会显示出加热的过程，其显示如图 7-80 所示。当加热和冷却操作结束后就会听到"嘟嘟"声。

　　b．停止加热操作（加热指示灯是亮着的）可以按〰按钮，加热过程就会停止，冷却过程立刻开始。再次按按钮，冷风扇也会停止。当环境温度低于–5℃时，加热时间就会自动延长 30s。

　　c．从加热器中移开光纤，检查热缩管以查看加热结果。

　　加热时，热缩管一定要放在正中间，加一定张力，防止加热过程出现气泡，固定不充分等现象，这里强调的是加热过程和光纤的熔接过程可以同时进行，加热后拿出时，不要接触加热后的部位，因为温度很高。

Heating up ⟶ Heating time count down ⟶ Cooling down

图 7-80　热缩管加热过程

　　（5）整理碎光纤头。

　　（6）放置固定。

　　将套好光纤热缩管的光纤放置固定在光纤箱中。

　　目前，市场上最快的熔接机能在 9～10s 内完成纤芯熔接，加热收缩保护层大约需要 30～35s，熔接的总时间减少到 40～45s。而 4～5 年前的上一代设备每次熔接需要 12～15s，加热保护层通常要用 1min 以上。

7.3　光纤连接安装技术

7.3.1　光纤布线元件——线路管理件

　　光纤布线元件中的线路管理件主要包括：交连硬件、光纤交连场、光纤交连部件管理标记、推荐的跨接线长度、光纤互连场、其他机柜附件。

　　现分别叙述如下。

1．交连硬件

　　光纤互连装置（LIU）硬件是 SYSTIMAX PDS 中的标准光纤交连设备，该设备除支持连接器，还直接支持束状光缆和跨接线光缆设计。

　　LIU 硬件包括以下部件：

　　（1）100A 光纤互连装置（LIU）——可完成 12 个光纤端接。该装置宽为 190.5mm（7.5in），长为 222.2mm（8.75in），深为 76.2mm（3.0in）。

　　（2）10A 光纤连接器面板——可安装 6 个 ST 耦合器。10A 光纤连接器面板安装在 100A LIU 上开挖的窗口上。

　　（3）200A 光纤互连装置——可完成 24 个光纤端接。该装置宽为 190.5mm（7.5in），长为 222.2mm（8.75in），深为 100mm（4in）。

　　（4）400A 光纤互连装置——可容纳 48 根光纤或 24 个绞接和 24 个端接。该装置利用 ST 连接器面板来提供 STII 连接器所需的端接能力。其门锁增加了安全性。该装置高 280mm（11in），宽 430mm（17in），深 150mm（6in）。

　　为了便于使用，将 LIU 硬件归纳于表 7-5。

表 7-5　LIU 硬件表

光纤互连部件类型	连接器		连接器		交连		物理尺寸		
	面板	数量	类型	数量	每面板垂填过线槽	每面水平过线槽	宽/cm(in)	高/cm(in)	深/cm(in)
100A	10A	(2)	STII	(6)	1A4 或 1A8	1A6 或 1A8	19.05(7.5)	22.22(8.75)	7.6(3.0)
	10SC1	(2)	SG(SGL)	(6)	1A4 或 1A8	1A6 或 1A8			
	10SC2	(2)	SC(Duplex)	(3)	1A4 或 1A8	1A6 或 1A8			
	ESCON	(2)	ESCON	(3)	A4F	A6F			
	FDDI	(2)	FDDI	(3)	A4F	A6F			
200A	10A	(4)	STII	(12)	2A4 或 2A8	2A6	19.05(7.5)	22.22(8.75)	4.0(10)
	10SC1	(4)	SG(SGL)	(12)	2A4 或 2A8	2A6			
	10SC2	(4)	SC(Duplex)	(6)	2A4 或 2A8	2A6			
	ESCON	(4)	ESCON	(6)	A4F	A6F			
	FDDI	(4)	FDDI	(6)	A4F	A6F			
200B	1000ST	(4)	STII	(12)			43.18(17)	32(12.6)	13.34(5.25)
	1000SC	(4)	SC	(12)					
	2000ESCON	(4)	ESCON	(6)					
	2000FDDI	(4)	FDDI	(6)					
400A	1000ST	(8)	STII	(48)			28(11)	43(17)	15(6)
	1000SC	(8)	SC	(48)					
	2000ESCON	(8)	ESCON	(24)					
	2000FDDI	(8)	FDDI	(24)					

100A LIU 光纤互连装置如图 7-81 所示。

图 7-81　100A LIU 光纤互连装置

2. 光纤交连场

光纤交连场可以使每一个根输入的光纤通过两端均有套箍的跨接线光缆连接到输出光纤，光纤交连由若干个模块组成，每个模块端接 12 根光纤。

图 7-82 所示的光纤交连场模块包括一个 100A LIU、两个 10A 连接器面板和一个 1A2 跨接线过线槽（如果光纤交连模块不只 1 例，则还需配备 1A6 捷径过线槽）。

一个光纤交连场可以将 6 个模块堆积在一起［从地板算起的 LIU 顶部的最大高度为 127.2mm（68in）］。如果需要附加的端接，则要用 1A6 捷径过线槽将各列 LIU 互连在一起。

图 7-82　光纤交连场模块

1A6 捷径过线槽（水平过线槽）宽 292.1mm，高 101.6mm（宽 11.5in，高 4in），如图 7-84 所示。

一个光纤交连场最多可扩充到 12 列，每列 6 个 100A LIU。

每列可端接 72 根光纤，因而一个全配置的交连场可容纳 864 根光纤，占用的墙面为 3.51m×1.42m（11.6ft×4.8ft）。

与光纤互连方法相比，光纤交连方法较为灵活，但它的连接器损耗会增加一倍。

1A4 光纤的过线槽（跨接线过线槽）和 1A6 光纤过线槽（捷径过线槽）均用于建立光纤交连场，其主要功能是保持光纤跨接线。

1A4 跨接线过线槽（垂直过线槽）宽 101.6mm，高 222.2mm（宽 4in，高 8.75in），如图 7-83 所示。

图 7-83　1A4 光纤过线槽

图 7-84　1A6 光纤过线槽

1A8 是垂直铝制过线槽，配有可拆卸盖板以加强对光纤跨接线的机械保护。该面板的深度与 100A 面板相同，不同于 200A 面板。

在光纤交连的 100A 或 200A 中，还有一个成品扇出件。

扇出件专门与 100 或 200A 品 OIU/OCU 配用，使带阵列连接器的光缆容易在端接面板处变换成 12 根单独的光纤。

标准扇出件是一个带阵列连接器的带状光缆，它的另一端分成 12 根带连接器的光纤。每根光纤都有特别结实的缓冲层，以便在操作时得到更好的保护。

标准扇出件的长度为 1828.8mm（72in），其中 1219.2mm（48in）是带状光缆，609.6mm（24in）为彼此分开的单独光纤。

所有 AT&T 光纤和连接器类型均有相应的扇出件，如图 7-85 所示。

图 7-85　扇出件所在的位置

3. 光纤交连部件管理/标记

光纤端接场按功能管理，它的标记分为两级，即 Level 1 和 Level 2。

Level 1 互连场允许一个直接的金属箍把一根输入光纤与另一根输出光纤连接。这是一种典型的点到点的光纤连接，通常用于简单的发送器到接收器之间的连接。

Level 2 交连场允许每一条输入光纤通过单光纤跨接线连接到输出光纤。

4. 推荐的跨接线长度

AT&T 公司对跨接线有要求，用于光纤交连模块跨接线的 1860A 单光纤（62.5μm/125μm）互连光缆的推荐长度如表 7-6 所示。

这种长度的光缆有预先接好 STII 连接器的，也有在现场安装连接器的。

表 7-6　推荐的跨接线长度

交连模块数	交连列数	1860A 光缆长度/mm(in)
1	1	600（2）
2	1	1200（4）
4	1	1200（4）
6	1	1200（4）
8	2	1200（8）
12	2	3000（10）
12	3	3000（10）
16	4	450（15）
18	3	4500（15）
24	4	6000（20）
30	5	7500（25）
36	6	9000（30）

5. 光纤互连场

光纤互连场使得每根输入光纤可以通过套箍直接连至输出光纤上。

光纤互连场包括若干个模块，每个模块允许 12 根输入光纤与 12 根输出光纤连接起来。

如图 7-86 所示，一个光纤互连模块包括两个 100A LIU 和两个 10A 连接器面板。

图 7-86　光纤互连模块

6. 其他机框附件

在光纤安装过程中，机框部件如下（见图 7-87）：

图 7-87　缆夹、固定器和适配器

（1）12A1 缆夹。

12A1 缆夹是为了保证安全，把出厂时已端接的带状光缆连至一列 100A LIU 上方的底板处接地。安装架、塑料夹和接地连接器均预先装配好。12A2 缆夹类似于 12A1，但不含接合与接地材料。

（2）1A1 固定器。

1A1 固定器提供了在 10A LIU 内部安装扇出件所需的空间。它包括两个阵列连接器处套和一个扇出件安装螺丝。

（3）1A1 适配器。

1A1 适配器引导和保护光纤从缆夹延伸到相邻的两列 100A LIU。1A1 适配器包括一个管道、一个 T 形接头、一个 90°弯头、两个导片和安装螺钉。

7.3.2　光纤交叉连接（LCGX）系统

LCGX 光纤交叉连接系统由 LCGX 光纤交叉接线架及有关的设备组成，用于连接各控制点。LCGX 光纤交叉接线架的特点如下：

（1）可提供编制方式和统一方式的交叉接线架。

（2）可提供 20 条光缆的端子和接地点。

（3）设计紧凑（57.5cm 壁挂式），节省墙壁的有效面积。

（4）产品按框架进行模块化设计，用户可根据需要以框架进行扩充。

（5）大容量——576 条/每个接线板，11 520 线/每组排列接线板。

图 7-88　光纤交叉连接框架

（6）可以适应各种各样的连接器和接头。

（7）连接器周围有足够的空间便于接线操作。

OSP 光缆与 LGBC 光缆接线方法如下：

在建筑物缆线入口区安装一个光缆进行设备（LCEF）箱，在此箱内完成 OSP 光缆与 LGBC 光缆的接续，然后将 LGBC 光缆连到设备间的 LCGX 接线框架，再敷设到整个大楼中，以满足防火防雷击的规定，如图 7-88 所示。

光纤交叉连接框架利用大小不同的凸缘网络架来组成框架结构。光纤交叉连接架安装了靠螺栓固定的夹子，以便引导和保护光缆，各种模块化的搁板可以容纳所有的光缆、连接器和接合装置，同时也用作接合和端接单元。装上了模块化搁板的光纤交叉连接框架可以成排装在一起，或者逐步增加而连成一排。

7.3.3　光纤连接架

光纤端接架（盒）是光纤线路的端接和交连的地方。它的模块化设计允许灵活地把一个线路直接连到一个设备线路或利用短的互连光缆把两条线路交连起来。可用于光缆端接，带状光缆、单根光纤的接合以及存放光纤的跨接线。它还很容易满足"只接合"和"捷径过线"的需求。

所有的光纤架均可安装在 19in 或 23in 的标准框架上，也可直接挂在设备间或配线间的墙壁上。设计时，可根据功能和容量选择连接器。

1. 光纤端接架

AT&T 光纤端接架的型号编码方法如图 7-89 所示。

图 7-89 光纤端口接架编写方法

LGBC 光缆或 OSP 光缆均可直接连到此类架子上。OSP 光缆最多连 4 根（每个侧面两根），该架还能存放光纤的松弛部分，并保持 3.8cm 的最小弯曲半径。架子上可安装标准的（支持 6 组件）嵌板 12 个，故可提供 72 根光纤的端接容量。在正面（前面）通道中可装上塑料保持环（一行）以引导光纤跳线，减小跳线的张力强度，在正面的前面板处提供有格式化标签的纸用来记录光纤端接位置。这些架子还可用于光纤的接续，参见图 7-90。

图 7-90 LST1U—072/7 光纤端接架

2. 光纤组合柜

光纤组合柜采用支架安装，拉出式抽盘设计，可作为多至 24 条 ST、24 条 SC 或 12 双工式 SC 接头终端。当用作拼接盘时，其多功能设计可容纳多至 24 个拼接、32 个独立融合拼接或 12 个大量融合拼接。组合柜本身含有一个滑动式抽盘，其中包含两个 76mm 的储存轴及两个防水电缆扣锁开口，它可以保证足够的光纤弯曲半径。用户亦可自行加上拼接组织器件，光纤组合柜亦有两个纤维制造的、可自动上锁的滑架，可把组合柜从架框上拉开，方便存取；组合柜本身则以两个钢制的托架装在支架上。

7.3.4 光纤交连场的设计

1. 单列交连场

安装一列交连场，可把第一个 LIU 放在规定空间的左上角。其他扩充模块放在第一个模块的下方，直到一列交连场总共有 6 个模块。在这一列的最后一个模块下方应增加一个 1A6 光纤过线槽。如果需要增加列数，每个新增加列都应先增加一个 1A6 过线槽，并与第 1 列下方已有的过线槽对齐。

2. 多列交连场

安装的交连场不只一列，应把第 1 个 LIU 放在规定空间的最下方，而且先给每 12 行配上一个 1A6 光纤过线槽。把它放在最下方 LIU 的底部时至少应比楼板高出 30.5mm。6 列 216 根光纤交连场的扩展次序如图 7-91 所示。

图 7-91　光纤交连场的扩展次序

在安装时，同一水平面上的所有模块应当对齐，避免出现偏差。

7.3.5　光纤连接管理

按照光纤端接功能进行管理，可将管理分成两级，分别标为第 1 级和第 2 级。

第 1 级互连场允许利用金属箍，把一根输入光纤直接连到一根输出光纤。这是典型的点对点的光纤链路，通常用作简单的发送端到接收端的连接。

第 2 级交连场允许每根输入光纤可通过一根光纤跨接线连到一根输出光纤。

交连场的每根光纤上都有两种标记：一种是非综合布线系统标记，它标明该光纤所连接的具体终端设备；另一种是综合布线系统标记，它标明该光纤的识别码，如图 7-92 所示。

每根光纤标记应包括以下两大类信息：

（1）光纤远端的位置。

① 设备位置；

② 交连场；

③ 墙或楼层连接器。

（2）光纤本身的说明。

① 光纤类型；

② 该光纤所在的光缆的区间号；

③ 离此连接点最近处的光纤颜色。

每根光纤标记编制方式如图 7-93 所示。

图 7-92　交连场光纤管理标记

图 7-93　光纤标记编制方式

除了各个光纤标记提供的信息外，每条光缆上还有标记以提供如下信息：

（1）远端的位置。

（2）该光缆的特殊信息。

光缆的特殊信息包括光缆编号、使用的光纤数、备用的光纤数以及长度。

每条光缆标记方式如图 7-94 所示。

第 1 行表示此光缆的远端在音乐厅 A77 房间。

第 2 行表示启用光纤数为 6 根，备用光纤数为 2 根，光缆长度为 357m。

图 7-94　光缆标记方式

7.4　数据点与语音点互换技术

综合布线系统要求新建的信息点同时带上一个电话语音点，其模型如图 7-95 所示。

图 7-95　数据点与语音点连接模型

现对图 7-95 做一简述。

（1）管理间：管理间有一机柜，机柜内分为 3 部分。

① 集线器区：放置集线器；

② 数据点区：数据点区有一配线面板（12 口、24 口、48 口等）。该管理间所管理的所有用户的信息点均连接到此处。

③ 语音点区：语音点区有一个 S110 配线面板，该配线区分两部分：一部分是来自语音用户的双绞线缆；另一部分是 25 对大对数线，经语音点与 25 对大对数线跳线后，25 对大对数线的另一端交付电话班使用。

（2）用户点：用户点安装两个信息模块，一个是数据点，一个是语音点。

（3）中间线路：用户点与管理间的连线，目前已要求采用同一类型的双绞线缆，便于将来数据与语音互换使用。

其中 S110 配线面板上的每一条双绞线缆的 4 对线均压接在 S110 上，但向 25 对大对数线跳接时，只跳接蓝色的 1 对线，其他线不跳接。

7.4.1　数据点改变为语音点的操作方法

数据点改变为语音点时，操作如下：

（1）将用户点的数据点到计算机的跳线拆除，安装一条电话机接口线。

（2）将管理间的数据点区与集线器跳线的 RJ-45-RJ-45 线拆除。

（3）重新压一条一端带有 RJ-45 头，另一端只留有蓝色的一对线头（绿、橙、棕的线对剪除）。

（4）将（3）中带有 RJ-45 头的一端插向要改为语音点的用户，只留蓝色的一对线与 25 对大对数线配线板跳接，交电话管理部门。

7.4.2　语音点改变为数据点的操作方法

语音是改变为数据点时，操作如下：

（1）将用户的语音点到电话的跳线拆除，安装一条 RJ-45-RJ-45 的跳线与计算机相连。

（2）将管理间的语音点区与 25 对大对数线的跳线拆除。

（3）重新压一条一端带有 RJ-45 头的跳线。

（4）将带有 RJ-45 的一端插入集线器，另一端将双绞线的 4 对线压接在要改变数据点用户的线缆上。

（5）通知网络系统管理员，给用户分配 IP 地址，为用户端安装网络管理软件。

语音点改为数据点时跳线制作还可采用扁插头做跳线，即跳线的一端是 RJ-45，另一端是 8 针的扁插头（FT2-255 高频接线模块）。

7.4.3　1 个数据（语音）点改变为 4 个语音用户的操作方法

一个数据（语音）点拥有 4 对线，可以考虑 4 个电话用户，它的具体操作如下：

（1）用户端。

① 将一个数据（语音）点与计算机（电话）跳线拆除。

② 将该数据（语音）点的模块，通过 RJ-45-RJ-45 跳线与 F320 转换插座。

③ 将 4 部电话分别通过 RJ-11-RJ-11 跳线插入蓝、橙、绿、棕圆点对应的插口上。

（2）管理间端。

① 如果是数据点，建议通过 RJ-45-RJ-45 的跳线端接一个 F320 转换插座，然后用 4 条一头安装 RJ-11 的线缆分别与 F320 转换插座相连接，4 条的另一端分别跳向 45 对大对数线，并通知电话管理部门分配用户使用号码。

② 如果是语音点，操作便很简便，按蓝、橙、绿、棕 4 对线分别跳向 25 对大对数线，并通知电话管理部门。

7.5　综合布线系统的标识管理

在综合布线系统设计规范中强调了管理。要求对设备间、管理间和工作区的配线设备、线缆、信息插座等设施，按照一定的模式进行标识和记录。TIA/EIA—606 标准对布线系统各个组成部分的标识管理做了具体的要求。

布线系统中有 5 个部分需要标识：线缆（电信介质）、通道（走线槽/管）、空间（设备间）、端接硬件（电信介质终端）和接地。五者的标识相互联系，互为补充，而每种标识的方法及使用的材料又各有各的特点。

线缆的标识，要求在线缆的两端都进行标识，严格的话，每隔一段距离都要进行标识，而且要在维修口、接合处、牵引盒处的电缆位置进行标识。空间的标识和接地的标识要求清晰、醒目，让人一眼就能注意到。配线架和面板的标识除应清晰、简洁、易懂外，还要美观。从材料上和应用的角度讲，线缆的标识，尤其是跳线的标识要求使用带有透明保护膜（带白色打印区域和透明尾部）的耐磨损、抗拉的标签材料，像乙烯基这种适合于包裹和伸展性的材料最好。这样的话，线缆的弯曲变形以及经常的磨损才不会使标签脱落和字迹模糊不清。另外，套管和热缩套管也是线缆标签的很好选择。面板和配线架的标签要使用连续的标签，材料以聚酯的为好，可以满足外露的要求。由于各厂家的配线规格不同，有 6 口的、4 口的，所留标识的宽度也不同，标所以选择标签时，宽度和高度都要多加注意。

在做标识管理时要注意，电缆和光缆的两端均应标明相同的编号。

7.6 实 训

实训项目 7-1：110 配线架安装、语音大对数电缆端接实训

1．实训目的和要求

（1）掌握机柜内 110 配线架的安装方法和使用功能。
（2）熟练掌握大对数电缆打线技能。
（3）掌握大对数电缆与 110 配线架的端接方式，并识记语音大对数电缆端接顺序。
（4）掌握网络综合布线常用工具和操作技巧。

2．实训材料、设备和工具

（1）"华育®" GCT-C100 建筑物楼宇设备机架。
（2）"华育®" 壁挂式机柜 GCT-C50。
（3）110 配线架、25 对双绞线。
（4）剥线钳、压线钳、110 打线工具、5 对打线工具、110 连接模块（五对端子）。

3．110 配线架安装

将配线架固定到机柜的合适位置。

4．语音大对数电缆端接

第一步：把 25 对线从机柜进线处引进机柜，把 25 对线固定在机柜上，如图 7-96(a)所示。

第二步：从机柜进线处开始整理电缆，电缆沿机柜两侧整理至配线架处，并留出大约 25cm 的大对数电缆，用电工刀或剪刀把大对数电缆的外皮剥去，如图 7-96(b)所示。把线的外皮去掉，如图 7-96(c)所示。用剪刀把线撕裂绳剪掉，如图 7-96(d)所示。使用绑扎带固定好电缆，如图 7-96(e)所示。将电缆穿过 110 语音配线架左右两侧的进线孔，摆放至配线架打线处。

第三步：对 25 对线缆进行线序排列，先按主色排列如图 7-96(f)所示。按主色里的配色排列，如图 7-96(g)所示。排列后把线卡入相应位置，如图 7-96(h)所示。

(a) 把25对线固定在机柜上

(b) 用刀把大对数电缆的外皮剥去

(c) 把线的外皮剥去

(d) 用剪刀把线撕裂绳剪掉

(e) 使用绑扎带固定好电缆

(f) 按主色排列

(g) 按主色里的配色排列

(h) 排列后把线卡入相应位置

(i) 对应颜色的线对逐一压入槽内

(j) 用5对打线刀打线

(k) 25对打线后的效果图

(l) 5对打线刀，把110连接模块打入110配线架

(m) 110连接模块图

(n) 连接模块打入110配线架完成后的效果图

图 7-96　语音大对数电缆端接

标准分配原则如下。

通信电缆色谱排列如下。

● 线缆主色为：白、红、黑、黄、紫。

● 线缆配色为：蓝、橙、绿、棕、灰。

一组线缆为 25 对，以色带来分组，一共有 5 组，分别为：

a．（白蓝、白橙、白绿、白棕、白灰）；

b．（红蓝、红橙、红绿、红棕、红灰）；

c．（黑蓝、黑橙、黑绿、黑棕、黑灰）；

d．（黄蓝、黄橙、黄绿、黄棕、黄灰）；

e．（紫蓝、紫橙、紫绿、紫棕、紫灰）。

1～25 对线为第一小组，用白蓝相间的色带缠绕。

26～50 对线为第二小组，用白橙相间的色带缠绕。

51～75 对线为第三小组，用白绿相间的色带缠绕。

76～100 对线为第四小组，用白棕相间的色带缠绕。

此 100 对线为 1 大组，用白蓝相间的色带把 4 小组缠绕在一起。

200 对、300 对、400 对、…、2400 对以此类推。

第四步：根据电缆色谱排列顺序，将对应颜色的线对逐一压入槽内，如图 7-96(i)所示。然后使用 5 对打线刀打线，刀口向外，用力要垂直，听到"喀"的一声后，模块外多余的线会被剪断，如图 7-96(j)所示。25 对线打线后的效果图如图 7-96(k)所示。

用工具固定线对连接，同时将伸出槽位外多余的导线截断。

第五步：当线对逐一压入槽内后，再用五对打线刀，把 110 连接模块（连接端子）打入 110 配线架。插入 110 连接模块，注意色标为蓝色的一边在左边，然后用多对 110 型打线工具把连接模块打入 110 配线架。如图 7-96(l)所示。110 连接模块如图 7-96(m)所示。连接模块打入 110 配线架完成后的效果图如图 7-96(n)所示，并贴上编号标签。这时可以安装语音跳线。

5．实训报告

（1）写出 110 配线架在综合布线中的作用。

（2）写出语音大对数电缆端接线序。

（3）写出 110 配线架端接注意事项。

（4）实训体会和操作技巧。

实训项目 7-2：信息插座安装实训

信息模块安装分打线安装和免打线安装。本实训为打线安装。

1．实训目的

（1）让学生学会按照 568A 与 568B 的色标线序压接 RJ-45 信息模块，培养正确进行 RJ-45 模块压接的能力。

（2）熟练掌握信息插座明装、暗装、地插安装的方法。

2．实训要求

（1）认识 RJ-45 信息模块、信息面板、信息插座底盒；学会按照 568A 与 568B 的色标排线序。

（2）认识学习单对打线工具的使用方法和安全注意事项，掌握双绞线与 RJ-45 信息模块的压接方法，培养正确进行 RJ-45 模块压接的能力。

（3）掌握信息插座明装、暗装、地插安装的方法。

3．实训设备、材料和工具

（1）"华育®" GCST 钢结构模拟工程实训楼 1 套。

（2）86 系列明装塑料底盒若干，M6 螺钉。

（3）单口面板、双口面板若干，RJ-45 网络模块、RJ11 电话模块。

（4）超 5 类双绞线若干。

（5）十字螺丝刀、压线钳、剥线钳、标签。

4．实训步骤

（1）明装信息插座安装实训，如图 7-97 所示。

① 穿线。底盒安装好后，穿线如图 7-97(a)所示。

② 双绞线从布线底盒中拉出，用剥线钳剥除双绞线的绝缘层包皮，剪至合适的长度。

③ 用剪刀把线撕裂绳剪掉，如图 7-97(b)所示。

④ 分开 4 个线对，但线对之间不要拆开，按照信息模块上所指示的线序，稍稍用力将导线一一置入相应的线槽内，如图 7-97(c)所示。

(a) 穿线　　　　　　(b) 用剪刀把线撕裂绳剪掉　　　　(c) 分开 4 个线对置入信息模块上

(d) 打线　　　　　　　　　　(e) 端接模块和安装面板

图 7-97　明装信息插座安装示意图

⑤ 将打线工具的刀口对准信息模块上的线槽和导线，垂直向下用力，听到"喀"的一声，模块外多余的线被剪断。重复该操作，将 8 条导线一一打入相应颜色的线槽中。如图 7-97(d)所示。如果多余的线不能被剪断，可调节打线工具上的旋钮，调整冲击压力。

⑥ 模块压接完成后，将模块卡接在面板中。

⑦ 安装面板。将信息面板安装在底盒上，拧好螺钉，扣好外扣盖，信息插座安装完成。

⑧ 标记。

根据设计给面板做上标号。

（2）暗装信息插座安装实训安装。

暗装信息插座如图 7-97(e)所示。

暗装信息插座实训步骤同明装信息插座安装实训。

（3）地装信息插座安装实训。

地装信息插座实训步骤同明装信息插座安装实训。

5．实训报告

明装信息插座、暗装信息插座、地装信息插座安装实训的实训体会和操作技巧。

实训项目 7-3：用户信息跳线制作实训

1．实训目的

让学生掌握 RJ-45 水晶头即双绞线接头的制作工艺及操作规程，认识 RJ-45 水晶头。熟悉 EIA/TIA 布线标准中规定的两种双绞线线序 568A 与 568B，熟练制作跳线。

2．实训内容和要求

（1）按照 568B 的线序制作一条用户信息跳线（跳线的两端是 568B，BB 线）。

（2）制作一条交换机端口到交换机端口的跳线（跳线的一端是 568B，另一端是 568A，AB 线）。

（3）使用测试仪对双绞线跳线进行通断及线序测试。

（4）在测 BB 线时，将 BB 线的两端与测试器的 RJ-45 口连接，指示灯应按 1～8 的顺序依次闪亮，如有不亮，则不通，如果远端灯亮顺序不对，则说明线序不对。

（5）保证端接正确，掌握操作技巧。

3．双绞线跳线制作过程

（1）首先利用压线钳的剪线刀口剪裁出计划需要使用到的双绞线长度。

（2）利用剥线刀将双绞线一端剥去外绝缘层 2cm，在剥离外绝缘层过程中防止损伤线芯绝缘层，更要防止线芯损伤或割断。把双绞线的保护层剥掉，可以利用到压线钳的剪线刀口将线头剪齐。

（3）为绝缘导线解扭，使其按正确的顺序平行排列，导线 6 跨过导线 4、5，在套管里不应有未扭绞的导线。

（4）导线修整。

（5）将裸露出的双绞线用剪刀或斜口钳剪下，只剩约 12mm 的长度。

（6）水晶头的方向是金属引脚朝上、弹片朝下。另一只手捏住双绞线，用力缓缓将双绞线 8 条导线依序插入水晶头，并一直插到 8 个凹槽顶端，将双绞线放入 RJ-45 接头的引脚内，从水晶头的顶部检查，看看是否每一组线缆都紧紧地顶在水晶头的末端。

（7）用压线钳压实。

（8）重复步骤（1）～（7），再制作双绞线跳线另一端的 RJ-45 接头。

请参见本章 7.1.3 节用户信息跳线制作的内容和图。

4．实训报告

制作用户信息跳线和交换机端口到交换机端口的跳线的实训体会和操作技巧。

实训项目 7-4：网络配线架双绞线打线实训

1．实训目的

掌握机柜内网络配线架打线技能。

2．实训要求

在机柜内用网络配线架打线。

3．实训内容

请参见本章 7.1.5 节配线架压线的内容和图。

实训项目 7-5：电信间（或设备间）电话跳线打线实训

电信间（或设备间）电话跳线打线实训中一般应注意的要点：

（1）按楼层顺序分配电话 25 对大对数双绞线配线场端口，便于安装和管理，如图 7-98 所示。

图 7-98　对双绞线配线场向 25 对大对数双绞线配线场电话跳线示意图

（2）以表格形式写清楚电话点分布编号和大对数线 S110 配线架端口号。

S110配线架端口号	1	2	3	4	5	6	7	8	9	10	11	12	13	14	15	16	17	18	19	20	21	22	23	24	25
电话信息点编号	101-1	101-2	101-3	101-4	102-1	102-2	102-3	102-4	103-1	103-2	103-3	103-4	104-1	104-2	104-3	104-4	104-5	104-6	105-1	105-2	105-3	105-4	105-5	105-6	105-6

（3）用电话跳线连接。

用电话跳线连接压紧压实。

实训项目 7-6：网络交换机安装与跳线连接

1．实训目的

（1）认识网络交换机，并了解其在综合布线中的作用。

（2）掌握网络交换机在建筑物楼宇设备机架中的安装方法。

（3）掌握配线架与网络交换机的连接方式。

2．实训要求

（1）在设备机架上，完成网络交换机的安装，并使交换机连接电源。

（2）在设备机架上，完成配线架上线缆到网络交换机的连接工作。

3．实训设备、材料和工具

（1）"华育®" GCT-C100 建筑物楼宇设备机架 1 套，已安装 RJ-45 网络配线架。

（2）网络交换机 1 台。

（3）双绞线、水晶头、扎带若干。

（4）配套螺丝、螺母。

（5）配套十字螺丝刀。

4．实训内容和步骤

（1）安装网络交换机。

第一步：清点备件并检查外观。

打开网络交换机包装箱，根据箱内《设备清单》仔细清点说明书、电源线、固定螺栓等是否齐全；仔细检查网络交换机外观是否有划痕等。购买回来的二层交换机以太接口从 8 个到 16 个到 24 个到 48 个不等。另外在交换机正面板上还会有一个 Console 口，方便我们管理和设置交换机。所以我们还需要检查交换机面板每个接口有无裂痕，Console 口是否存在。检查交换机后面板是否正常，交换机的后面板都有一个电源输入接口，用于连接 100～240V 的交流电源，另外，为便于交换机接地特别在后面设置了一个接地柱，标有一个接地的符号，使整个交换机与大地直接连起来，起到保护作用，减少因静电和漏电带来的损失，因此应该检查这些部件是否完好无损。在交换机的侧面还有不少散热通风孔，这些通风孔是帮助交换机散热的，可以改善系统的温度，保证交换机正常工作，所以应该检查这些孔，保证它们没有被堵塞。网络交换机如图 7-99 所示。

图 7-99　网络交换机

提示：

在安装交换机时一定要保证交换机两侧有一定的空间，这样才能便于空气流通，保持通风散热，否则有可能由于交换机内部的部件过热，造成系统不稳定。

第二步：安装网络交换机。

① 开箱检查完交换机外表后下面要进行的就是安装交换机的工作了。首先将相应的安装部件整理齐备，其中包括交换机本身，一套机架安装配件（2 个支架、4 个橡皮脚垫和 4 个螺钉），1 根电源线，1 个 Console 管理电缆。所有部件齐备后才可以安装交换机。

② 从包装箱内取出设备。

③ 使用安装附件中的螺钉先将支架安装到设备的两侧，安装时要注意支架的正确方向。

④ 将交换机放到机柜中，确保交换机四周有足够的空间用于空气流通。

⑤ 用螺钉将支架的另一面固定到机柜上。要确保设备安装稳固，并与底面保持水平不倾斜。

提示：

拧紧这些螺钉时不要过紧，否则会让交换机倾斜；也不能过松，否则交换机在运行时不会稳定，工作状态下设备会抖动。

第三步：连接电源与接地。

将电源线拿出来插在交换机后面的电源接口，找一个接地线绑在交换机后面的接地口上，保证交换机正常接地。

完成上面几步操作后就可以打开交换机电源了，开启状态下查看交换机是否出现抖动现象，如果出现请检查脚垫高低或机柜上的固定螺钉松紧情况。

第四步：配置交换机。

参照随机携带的操作手册和用户手册，根据实际需求对交换机进行配置。

第五步：RJ-45 网络配线架与网络交换机连接。

RJ-45 配线架与网络交换机采用网络跳线相连接，首先制作好多根标准网络跳线（1m 左右），使一端插入 RJ-45 配线架接口，另一端插入到网络交换机接口。

第六步：理线。

使用尼龙扎带把跳线就近扎到理线架上，需遵循美观大方的原则。

第七步：打标签。

根据 RJ-45 网络配线架端口标签，分别给网络跳线和网络交换机端口贴上相对应的标签。

注意事项：

要想保证交换设备良好的工作，如下事项不能忽略：

① 电源方面。

请务必确认电源是否接地，防止烧坏交换机设备。在拆装和移动交换机之前必须先断开电源线，防止移动过程造成内部部件的损坏，毕竟在加电情况下出问题的概率大大增加。在放置交换机时电源插座尽量不要离交换机过远，否则当出现问题时切断交换机电源会非常不方面。

② 防静电要求。

超过一定容限的静电会对电路乃至整机产生严重的破坏作用。因此，应确保设备良好接地以防止静电的破坏。人体的静电也会导致设备内部元器件和印制电路损坏，所以当拿电路板或扩展模块时，请拿电路板或扩展模块的边缘，不要用手直接接触元器件和印制电路，以防因人体的静电而导致元器件和印制电路的损坏。如果有条件最好能够佩戴防静电手腕。

③ 通风良好。

为了冷却内部电路务必确保空气流通，在交换机的两侧和后面至少保留 100mm 的空间。不要让空气的入口和出口被阻塞，且不要将重物放置在交换机上。

④ 接地良好。

因为设备的单板都是接到设备的结构上，因此设备安装和工作时请务必使用一条低阻抗的接地导线通过设备接地柱将设备的外壳接地，与大地相连以保证安全。

⑤ 环境良好。

交换机放置的地方应该保持一定的温度与湿度，所以说空调等设备是必需的。良好的环境可以让交换机寿命更长，性能更稳定。

（2）安装网络跳线。

交换机跳线有 BB 线和 AB 线。网络交换机与网络配线架通过 BB 线跳线，交换机与交换机通过 AB 线跳线，如图 7-100 所示。

图 7-100　交换机与配线架通过跳线连接

5. 实训报告

（1）总结网络交换机安装流程和要点。

（2）总结网络交换机跳线连接方式。

（3）实训体会和操作技巧。

实训项目 7-7：光纤配线架的安装

1. 实训目的

掌握机柜内光纤配线架的安装方法和使用功能。

2. 实训要求

完成光纤配线架的安装，掌握光纤配线架的安装方法，如图 7-101 所示。

3. 安装光纤配线架实训步骤

第一步：打开并移走光纤配线架的外壳，在配线架内安装耦合器面板，如图 7-101(a)所示。

第二步：用螺钉将光纤配线架固定在机架合适的位置上，如图 7-101(b)所示。

第三步：在距光缆末端 1.2m 处打上标志，剥除光缆的外皮并清洁干净。

第四步：将光缆穿放到机架式光纤配线架并对光缆进行固定，如图 7-101(c)所示。

第五步：将光缆各尾纤 ST 连接器头在光缆配线架内盘绕安装并接插到配线架的耦合器内，如图 7-101(d)所示。

第六步：在配线架上的标签区域写下光缆标记，如图 7-101(e)所示。

第七步：将光纤配线架的外壳盖上，在配线架上的标签区域写下光缆标记。

(a) 移走外壳并安装耦合器面板　　(b) 将光纤配线架固定在机架上　　(c) 光缆穿放在配线架上并进行固定

(d) 将光纤跳线插入耦合器内

(e) 在配线架的标签区域写下光缆标记

图 7-101　光纤配线架安装图示

4．实训注意事项

（1）光源、光跳线的插头属易损件，应轻拿轻放，使用时切忌用力过大。

（2）测量光纤弯曲损耗时，光纤在扰模器上的缠绕不可拉得过紧。

（3）不可带电拔插光电器件，要拔插光电器件时，必须在关闭电源后进行。

实训项目 7-8：光纤连接器端接磨光技术实训

1．实训目的

要熟练掌握光纤连接器端接磨光技术。

2．实训要求

完成光纤连接器磨光连接的具体操作。

3．光纤连接器端接磨光实训步骤

请参见 7.2.3 节光纤连接器端接磨光技术的内容和图。

4．实训注意事项

（1）光源、光跳线的插头属易损件，应轻拿轻放，使用时切忌用力过大。

（2）测量光纤弯曲损耗时，光纤在扰模器上的缠绕不可拉得过紧。

（3）不可带电拔插光电器件，要拔插光电器件时，必须在关闭电源后进行。

实训项目 7-9：光纤连接器端接压接技术实训

1．实训目的

要熟练掌握光纤连接器端接压接技术。

2．实训要求

完成光纤连接器压接连接的具体操作。

3．光纤连接器端接压接实训步骤

请参见本章 7.2.4 节光纤连接器端接压接式技术的内容和图。

4．实验注意事项

（1）光源、光跳线的插头属易损件，应轻拿轻放，使用时切忌用力过大。

（2）测量光纤弯曲损耗时，光纤在扰模器上的缠绕不可拉得过紧。

（3）不可带电拔插光电器件，要拔插光电器件，必须在关闭电源后进行。

实训项目 7-10：光纤连接熔接技术实训

1．实训目的

要熟练掌握光纤连接的熔接技术。

2．实训要求

完成光纤连接熔接的具体操作。

3．光纤熔接实训步骤

请参见本章 7.2.5 节光纤熔接技术的内容和图。

实训项目 7-11：ST 连接器互连实训

1．实训目的

对光纤 ST 连接器进行互连。

2．实训步骤

如图 7-102 所示。

（1）清洁 ST 连接器。

拿下 ST 连接器头上的黑色保护帽，用沾有酒精的医用棉花轻轻擦拭连接器头。

（2）清洁耦合器。

摘下耦合器两端的红色保护帽，用沾有酒精的杆状清洁器穿过耦合孔擦拭耦合器内部以除去其中的碎片，如图 7-102(a)所示。

（3）使用罐装气，吹去耦合器内部的灰尘，如图 7-102(b)所示。

（4）将 ST 连接器插到一个耦合器中。

将连接器的头插入耦合器一端，耦合器上的凸起对准连接器槽口，插入后扭转连接器以使其锁定，如经测试发现光能量损耗较高，则需摘下连接器并用罐装气重新净化耦合器，然后再插入 ST

连接器。在耦合器端插入 S T 连接器,要确保两个连接器的端面与耦合器中的端面接触上,如图 7-102(c) 所示。

注意:每次重新安装时要用罐装气吹去耦合器的灰尘,并用沾有酒精的棉花擦净 ST 连接器。

(5)重复以上步骤,直到所有的 ST 连接器都插入耦合器为止。

应注意,若一次来不及装上所有的 ST 连接器,则连接器头上要盖上黑色(或红色)保护帽,而耦合器空白端或一端(有一端已插上连接器头的情况)要盖上保护帽。

(a)清除碎片   (b)除去灰尘

(c) ST连接器插到一个耦合器

图 7-102 ST 连接器互连图示

实训项目 7-12:数据点与语音点互换实训

1.实训目的

模拟真实应用环境,将已竣工的综合布线工程的数据点与语音点互换。

2.实训内容

(1)数据点改变为语音点的操作方法。
(2)语音点改变为数据点的操作方法。
(3)1 个数据(语音)点改变为 4 个语音用户的操作方法。

3.实训步骤

请参见本章 7.4 节数据点与语音点互换技术的内容和图。

【本章小结】

本章阐述了布线压接技术,光缆光纤连接技术,光纤连接器端接磨光技术,光纤连接器端接压接式技术,光纤熔接技术,光纤连接安装技术,数据点与语音点互换技术,综合布线系统的标识管理,12 个实训项目。通过本章的学习,读者可动手做跳线,进行信息插座安装、光纤 ST 头连接器端接磨光和压接,以及光纤的熔接等操作,增加感性认识和动手能力。

第8章 测试和测试技术

为了提高布线工程的施工质量，确保系统的正常运行，布线工程的施工必须严格执行有关标准、规范的规定。

8.1 布线工程测试概述

布线工程测试内容主要包括：
① 工作间到电信间的连通状况测试；
② 主干线连通状况测试；
③ 双绞线测试；
④ 大对数电缆测试；
⑤ 跳线测试；
⑥ 光纤测试；
⑦ 信息传输速率、衰减、距离、接线图、近端串扰等。

8.1.1 测试有关标准

为了满足用户的需要，EIA（美国电子工业协会）制定了 EIA586 和 TSB—67 标准，它适用于已安装好的双绞线连接网络，并提供一个用于"认证"双绞线电缆是否达到电缆所要求的标准。由于确定了电缆布线满足新的标准，用户就可以确信他们现在的布线系统能否支持未来的高速网络。随着 TSB—67 的最后通过（1995 年 10 月已正式通过），它对电缆测试仪的生产商提出了更严格的要求。

对网络电缆和不同标准所要求的测试参数分别如表 8-1、表 8-2 和表 8-3 所示。

表 8-1 网络电缆类型及对应的标准

电缆类型	网络类型	标准
UTP	令牌环 4Mbps	IEEE 802.5 for 4Mbps
UTP	令牌环 16Mbps	IEEE 802.5 for 16Mbps
UTP	以太网	IEEE 802.3 for 10Base-T
RG58/RG58 Foam	以太网	IEEE 802.3 for 10Base2
RG58	以太网	IEEE 802.3 for 10Base5
UTP	快速以太网	IEEE 802.12
UTP	快速以太网	IEEE 802.3 for 10Base-T
UTP	快速以太网	IEEE 802.3 for 100Base-T4
UTP	3、4、5 类电缆现场认证	TIA 568,TSB-67

表 8-2 不同标准所要求的测试参数

测试标准	接线图	电阻	长度	特性阻抗	近端串扰	衰减
EIA/TIA568A,TSB-67	*		*		*	*
10base-T	*		*	*	*	*
10Base2		*	*	*	*	
10Base5		*	*	*	*	
IEEE 802.5 for 4Mbps	*		*	*	*	*
IEEE 802.5 for 16Mbps	*		*	*	*	*
100Base-T	*		*	*	*	*
IEEE 802.12 100Base-VG	*		*	*	*	*

表 8-3　电缆级别与应用的标准

级别	频率量程	应用
3	1～16MHz	IEEE 802.5 Mbps 令牌环
		IEEE 802.3 for 10Base-T
		IEEE 802.12 100Base-VG
		IEEE 802.3 for 10Base-T4 以太网
		ATM 51.84/25.92/12.96Mbps
4	1～20MHz	IEEE 802.5 16Mbps
5	1～100MHz	IEEE 802.3 100Base-T 快速以太网
	ATM 155Mbps	
6	250MHz	1000Base-T 以太网
7	600MHz	10000Base-T 以太网

8.1.2　TSB－67 测试的主要内容

TSB－67 包含了验证 TIA/568 标准定义的 UTP 布线中的电缆与连接硬件的规范。UTP 链路测试的主要内容如下。

（1）接线图（Wire Map）。

这一测试是确认链路的连接。这不仅是一个简单的逻辑连接测试，而是要确认链路一端的每一个针与另一端相应的针连接，而不是连在任何其他导体或屏幕上。此外，接线图测试要确认链路缆线的线对正确，而且不能产生任何串绕。保持线对正确绞接是非常重要的测试项目。

（2）链路长度。

每一个链路长度都应记录在管理系统中（参见 TIA/EIA 606 标准）。链路的长度可以用电子长度测量来估算，电子长度测量是基于链路的传输延迟和电缆的 NVP（额定传播速率 Nominal Velocity of Propagation）值而实现的。NVP 表示电信号在电缆中传输速度与光在真空中传输速度之比值。当测量了一个信号在链路往返一次的时间后，就可得知电缆的 NVP 值，从而计算出链路的电子长度。这里要进一步说明，处理 NVP 的不确定性时，实际上至少有 10% 的误差。为了正确解决这一问题，必须以一已知长度的典型电缆来校验 NVP 值。永久链路(永久链路替代基本链路 Basic Link)的最大长度是 90m，外加 4m 的测试仪专用电缆区 94m，信道的最长度是 100m。

计入电缆厂商所规定的 NVP 值的最大误差和长度测量的 TDR（Time Domain Reflectometry，时域反射）技术的误差，测量长度的误差极限如下：

$$信道　100m+15\%×100m=115m$$

$$永久链路　94m+15\%×94m=108.1m$$

如果长度超过指标，则信号损耗较大。

对线缆长度的测量方法有两种规格：永久链路和信道。信道也称为用户链路。

NVP 的计算公式如下：

$$NVP = (2L)/(Tc)$$

式中：L——电缆长度；

　　　T——信号传送与接收之间的时间差；

　　　c——真空状态下的光速（300 000 000m/s）。

一般 UTP 的 NVP 值为 72%，但不同厂家的产品会稍有差别。

（3）衰减。

衰减是一个的信号损失度量，是指信号在一定长度的线缆中的损耗。衰减与线缆的长度有关，随着长度增加，信号衰减也随之增加，衰减也是用"dB"作为单位，同时，衰减随频率而变化，所以应测量应用范围内全部频率上的衰减。比如，测量 5 类线缆的信道的衰减，要从 1～100MHz 以最大步长为 1MHz 来进行。对于 3 类线缆，测试频率范围是 1～16MHz，4 类线缆频率测试范围是 1～20MHz。

TSB－67 标准定义了一个链路衰减的公式。TSB－67 还附加了一个永久链路和信道的衰减允许值表。该标准定义了在 20℃时的允许值。随着温度的增加衰减也增加：对于 3 类线缆每增加 1℃，衰减增加 1.5%，对于 4 类和 5 类线缆每增加 1℃，衰减增加 0.4%，当电缆安装在金属管道内时链路的衰减增加 2%～3%。

现场测试设备应测量出安装的每一对线的衰减最严重情况，并且通过将衰减最大值与衰减允许值比较后，给出合格（Pass）或不合格（Fail）的结论。如果合格，则给出处于可用频宽内（5 类缆是）1～100MHz）的最大衰减值；如果不合格，则给出不合格时的衰减值、测试允许值及所在点的频率。早期的 TSB－67 版本所列的是最差情况的百分比限值。

如果测量结果接近测试极限，测试仪不能确定是合格还是不合格，则此结果用 Pass（合格）表示，若结果处于测试极限的错误侧，则只记上 Fail（不合格）。

Pass/Fail 的测试极限是按链路的最大允许长度（信道是 100m，永久链路是 94m）设定的，而不是按长度分摊。然而，若测量出的值大于链路实际长度的预定极限，则报告中前者往往带有星号，以作为对用户的警告。注意，分摊极限与被测量长度有关，由于 NVP 的不确定性，所以是很不精确的。

衰减步长一般最大为 1MHz。

（4）近端串扰 NEXT 损耗（Near–End Crosstalk Loss）。

NEXT 损耗是测量一条 UTP 链路中从一对线到另一对线的信号耦合，是对性能评估的最主要的标准，是传送信号与接收同时进行时产生干扰的信号。对于 UTP 链路，这是一个关键的性能指标，也是最难精确测量的一个指标，尤其是随着信号频率的增加其测量难度就更大。TSB－67 中定义对于 5 类线缆链路必须在 1～100MHz 的频宽内测试。同衰减测试一样，3 类链路是 1～16MHz，4 类是 1～20MHz。

NEXT 测量的最大频率步长如表 8-4 所示。

在一条 UTP 的链路上，NEXT 损耗的测试需要在每一对线之间进行。也就是说，对于典型的四对 UTP 来说要有 6 对线关系的组合，即测试 6 次。

表 8-4　NEXT 测量的最大频率步长

频率（MHz）	最大步长（kHz）
1～31.15	150
31.25～100	250

串扰分近端串扰和远端串扰（FEXT），测试仪主要是测量 NEXT。由于线路损耗，FEXT 的量值影响较小。

NEXT 并不表示在近端点所产生的串扰值，它只是表示在近端点所测量的串扰数值。该量值会随电缆长度的增长而变小。同时发送端的信号也衰减，对其他线对的串扰也相对变小。实验证明，只有在 40m 内测得的 NEXT 是较真实的，如果另一端是远于 40m 的信息插座，它会产生一定程度的串扰，但测试器可能没法测试到该串扰值。基于这个理由，对 NEXT 最好在两个端点都要进行测量。现在的测试仪都能在一端同时进行两端的 NEXT 的测量。

NEXT 测试的参照表如表 8-5 和表 8-6 所示。

表 8-5　20℃时各类线缆在各频率下的衰减极限

频率 (MHz)	20℃时的最大衰减									
	信道（100m）					永久链路（50m）				
1	3类	4类	5类	5e类	6类	3类	4类	5类	5e类	6类
	4.2	2.6	2.5	2.5	2.1	3.2	2.2	2.1	2.1	1.9
4	7.3	4.8	4.5	4.5	4.0	6.1	4.3	4.0	4.0	3.5
8	10.2	6.7	6.3	6.3	5.7	8.8	6	5.7	5.7	5.0
10	11.5	7.5	7.0	7.0	6.3	10	6.8	6.3	6.3	5.6
16	14.9	9.9	9.2	9.2	8.0	13.2	8.8	8.2	8.2	7.1
20		11	10.3	10.3	9.0		9.9	9.2	9.2	7.9
22			11.4	11.4	10.1			10.3	10.3	8.9
31.25			12.8	12.8	11.4			11.5	11.5	10.0
62.5			18.5	18.5	16.5			16.7	16.7	14.4
100			24.0	24.0	21.3			21.6	21.6	18.5
200					31.5					27.1
250					36.0					30.7

表 8-6　特定频率下的 NEXT 测试极限

频率 (MHz)	20℃时的最小NEXT									
	信道（100m）					永久链路（90m）				
1	3类	4类	5类	5e类	6类	3类	4类	5类	5e类	6类
	39.1	53.3	60.0	60.0	65.0	40.1	54.7	60.0	60.0	65.0
4	29.3	43.3	50.6	53.6	63	30.7	45.1	51.8	54.8	64.1
8	24.3	38.2	45.6	48.6	58.2	25.9	40.2	47.1	50.0	59.4
10	22.7	36.6	44.0	47.0	56.6	24.3	38.6	45.5	48.5	57.8
16	19.3	33.1	40.6	43.6	53.2	21.0	35.3	42.3	45.2	54.6
20		31.4	39.0	42.0	51.6		33.7	40.7	43.7	53.1
25.0			37.4	40.4	52.0			39.1	42.1	51.5
31.25			35.7	38.7	48.4			37.6	40.6	50.0
62.5			30.6	33.6	43.4			32.7	35.7	45.1
100.0			27.1	30.1	39.8			29.3	32.3	41.8
200					34.8					36.9
250					33.1					35.3

上面所述是测试的主要内容，但某些型号的测试仪还给出直流环路电阻、特性阻抗。

（1）直流环路电阻。

直流环路电阻会消耗一部分信号能量并转变成热量，它是指一对电线电阻的和，ISO11801 规定不得大于 19.2Ω。各对间的差异不能太大（小于 0.1Ω），否则表示接触不良，必须检查连接点。

（2）特性阻抗。

与环路直流电阻不同，特性阻抗包括电阻及频率 1～100MHz 间的电感抗及电容抗，它与一对电线之间的距离及绝缘体的电气特性有关。各种电缆有不同的特性阻抗，对双绞电缆而言，则有 100Ω、120Ω 及 150Ω 几种。

上述内容一般用于测试 3 类、4 类、5 类线的重要参数。

8.1.3　超 5 类、6 类线测试的有关标准

超 5 类线、6 类线的测试参数主要有以下内容：

（1）接线图。

该步骤检查电缆的接线方式是否符合规范。错误的接线方式有开路（或称断路）、短路、反向、交错、分岔线对及其他错误。

（2）连线长度。

局域网拓扑对连线的长度有一定的规定，因为如果长度超过了规定的指标，信号的衰减就会很大。连线长度的测量是依照 TDR（时间域反射测量学）原理来进行的，但测试仪所设定的 NVP（额定传播速率）值会影响所测长度的精确度，因此在测量连线长度之前，应该用不短于 15m 的电缆样本做一次 NVP 校验。

（3）衰减量。

信号在电缆上传输时，其强度会随传播距离的增加而逐渐变小。衰减量与长度及频率有着直接关系。

（4）近端串扰（NEXT）。

当信号在一个线对上传输时，会同时将一小部分信号感应到其他线对上，这种信号感应就是串扰。串扰分为 NEXT（近端串扰）与 FEXT（远端串扰），但 TSB－67 只要求进行 NEXT 的测量。NEXT 串扰信号并不仅仅在近端点才会产生，但是在近端点所测量的串扰信号会随着信号的衰减而变小，从而在远端处对其他线对的串扰也会相应变小。实验证明在 40m 内所测量到的 NEXT 值是比较准确的，而超过 40m 处链路中产生的串扰信号可能就无法测量到，因此，TSB－67 规范要求在链路两端都要进行 NEXT 值的测量。

（5）SRL（Structural Return Loss）。

SRL 是衡量线缆阻抗一致性的标准，阻抗的变化引起反射、噪声的形成是由于一部分信号的能量被反射到发送端，SRL 是测量能量变化的标准，由于线缆结构变化而导致阻抗变化，使得信号的能量发生变化，TIA/EIA568 A 要求在 100MHz 下 SRL 为 16dB。

（6）等效远端串扰。

等效远端串扰（ELFEXT）与衰减的差值以 dB 为单位，是信噪比的另一种表示方式，即两个以上的信号朝同一方向传输时的情况。

（7）综合远端串扰（Power Sum ELFEXT）。

（8）回波损耗。

回波损耗是某一频率范围内反射信号的功率，与特性组抗有关，具体表现为：

① 电缆制造过程中的结构变化；

② 连接器；

③ 安装。

这三种因素是影响回波损耗数值的主要因素。

（9）特性阻抗。

特性阻抗是线缆对通过的信号的阻碍能力，它受直流电阻、电容和电感的影响，要求在整条电缆中必须保持为一个常数。

（10）衰减串扰比（ACR）。

ACR（Attenuation-to-crosstalk Ratio）是同一频率下近端串扰 NEXT 和衰减的差值，用公式可表示为：

$$ACR=衰减的信号-近端串扰的噪声$$

它不属于 TIA/ETA－568A 标准的内容，但它对于表示信号和噪声串扰之间的关系有着重要的价值。实际上，ACR 是系统 SNR（信噪比）的唯一衡量标准，是决定网络正常运行的一个因素，ACR 包括衰减和串扰，它还是系统性能的标志。

ACR 有些什么要求呢？国际标准 ISO/IEC 11801 规定，在 100MHz 下 ACR 为 4dB，T568A 对于连接的 ACR 要求是在 100MHz 下为 7.7dB。在信道上，ACR 值越大，SNR 越好，从而对于减少误码率（BER）也是有好处的。SNR 越低，BER 就越高，使网络由于错误而重新传输，大大降低了网络的性能。

表 8-7 列出了 6 类布线系统的 100m 信道的参数极限值。

表 8-7　6 类系统性能参数极限值

频率 （MHz）	衰减 （dB）	NEXT （dB）	PS NEXT （dB）	ELFEXT （dB）	PS NEXT （dB）	回波损耗 （dB）	ACR （dB）	PS ACR （Db）
1.0	2.2	72.7	70.3	63.2	60.2	19.0	70.5	68.1
4.0	4.1	63.0	60.5	51.2	48.2	19.0	58.9	56.5
10.0	6.4	56.6	54.0	43.2	40.2	19.0	50.1	47.5
16.0	8.2	53.2	50.6	39.1	36.1	19.0	45.0	42.4
20.0	9.2	51.6	49.0	37.2	34.2	19.0	42.4	39.8
31.25	8.6	48.4	45.7	33.3	30.3	17.1	367.8	34.1
62.5	16.8	43.4	40.6	27.3	24.3	14.1	26.6	23.8
100.0	21.6	39.9	37.1	23.2	20.2	12.0	18.3	15.4
125.0	24.5	38.3	35.4	21.3	18.3	8.0	13.8	10.9
155.52	27.6	36.7	33.8	19.4	16.4	10.1	9.0	6.1
175.0	29.5	35.8	32.9	18.4	15.4	9.6	6.3	3.4
200.0	31.7	34.8	31.9	17.2	14.2	9.0	3.1	0.2
250.0	35.9	33.1	30.2	15.3	12.3	8.0	1.0	0.1

8.2　电缆的两种测试

局域网的安装是从电缆开始的，电缆是网络最基础的部分。据统计，大约 50% 的网络故障与电缆有关，所以电缆本身的质量以及电缆安装的质量都直接影响网络能否健康地运行。此外，很多布线系统是在建筑施工中进行的，电缆通过管道、地板或地毯铺设到各个房间。当网络运行时发现故障是电缆引起时，此时就很难或根本不可能再对电缆进行修复了。即使可以修复其代价也相当昂贵。所以最好的办法就是把电缆故障消灭在安装之中。目前使用最广泛的电缆是同轴电缆和非屏蔽双绞线（通常叫作 UTP）。根据所能传送信号的速度，UTP 又分为 3 类、4 类、5 类、5e 类、6 类。那么如何检测安装的电缆是否合格，它能否支持将来的高速网络，用户的投资是否能得到保护就成为关键问题。这也就是电缆测试的重要性，电缆测式一般可分为两部分：电缆的验证测试和电缆的认证测试。

1. 电缆的验证测试

电缆的验证测试是测试电缆的基本安装情况。例如，电缆有无开路或短路，UTP 电缆的两端按照有关要求正确连接，应测试同轴电缆的终端匹配电阻是否连接良好，电缆的走向如何等。这里要特别指出的一个特殊错误是串绕。所谓串绕就是将原来的两对线分别拆开而又重新组成新的绕对。因为这种故障的端与端连通性是好的，所以用万用表是查不出来的，只有用专线的电缆测试仪才能检查出来。串绕故障不易发现是因为当网络低速度运行或流量很低时其表现不明显，而当网络繁忙或高速运行时其影响极大。这是因为串绕会引起很大的近端串扰（NEXT）。电缆的验证测试要求测试仪器使用方便、快速。

2．电缆的认证测试

电缆的认证测试是指电缆除了正确的连接以外，还要满足有关标准，即安装好的电缆的电气参数（例如衰减、NEXT 等）是否达到有关规定所要求的指标。这类标准有 TIA、IEC 等。关于 UTP5 类线的现场测试指标已于 1995 年 10 月正式公布，这就是 TIA568A TSB67 标准。该标准对 UTP5 类线的现场连接和具体指标都做了规定，同时对现场使用的测试器也做了相应的规定。

认证测试是线缆可信度测试中最严格的。认证测试仪在预设的频率范围内进行许多种测试，并将结果同 TIA 或 ISO 标准中的极限值相比较。这些测试结果可以判断链路是否满足某类或某级（如超 5 类，6 类，7 级）的要求。网络用户和网络安装公司或电缆安装公司都应对安装的电缆进行测试，并出具可供认证的测试报告。

8.3　网络听证与故障诊断及测试要求

网络只要使用就会有故障，除了电缆、网卡、集线器、服务器、路由器以及其他网络设备可能出现故障以外，网络还要经常调整和变更，例如增减站点、增加设备、网络重新布局直至增加网段等。网络管理人员应对网络有清楚的了解，有各种备案的数据，一旦出现故障应能立即定位排除。

8.3.1　网络听证与故障诊断

网络听证就是对健康运行的网络进行测试和记录，建立一个基准，以便当网络发生异常时可以进行参数比较，也就是知道什么是正常或异常。这样做既可以防止某些重大故障的发生，又可以有助于迅速定位故障。网络听证包括对健康网络的备案和统计，例如，网络有多少站点、每个站点的物理地址（MAC）是什么、IP 地址是什么、站点的连接情况等。对于大型网络还包括网段的很多信息，如路由器和服务器的有关信息。这些资料都应有文件记录以供查询。网络的统计信息有网络使用率、碰撞的分布等。这些信息是对网络健康状况的基本了解。以上这些信息总是在变化之中，所以要经常不断地进行更新。

根据统计，大约 72%的网络故障发生在 OSI 七层协议的下三层。据有关资料统计，网络故障的具体分布为：

① 应用层　3%；
② 表示层　7%；
③ 会话层　8%；
④ 传输层　10%；
⑤ 网络层　12%；
⑥ 数据链路层　25%；
⑦ 物理层　35%。

引起故障的原因包括电缆问题、网卡问题、交换机问题、集线器问题、服务器以及路由器等。另外，3%左右的故障发生在应用层，应用层的故障主要是设置问题。网络故障造成的损失是相当大的，有些用户，例如银行、证券、交通管理、民航等，对网络健康运行的要求相当严格，当面对网络故障时，用户要求尽快找出问题所在。一些用户希望使用网管软件或网络协议分析仪解决故障，但事与愿违。这是因为，这些工具需要使用人员对网络协议有较深入的了解，仪器的使用难度大，需要设置协议过滤和进行解码分析等。此外，这些工具使用一般网卡，对某些故障不能不做出反应。Fluke 公司的网络测试仪采用专门设计的网卡，具有很多专用测试步骤，不需要编程解码，一般技术人员可迅速利用该仪器解决网络问题，并且其仪器为电池供电，用户可以携带到任何地方使用。网络测试仪还有电缆测试的选件，网络的常见故障都可用该仪器迅速诊断。

8.3.2 综合布线工程电气测试要求

1. 国家标准的规定

为了提高布线工程的施工质量，确保系统的正常运行，布线工程的施工必须严格执行有关的标准、规范的规定。

（1）综合布线工程电气测试包括电缆系统电气性能测试及光纤系统性能测试。

（2）电缆系统电气性能测试项目应根据布线信道或链路的设计等级和布线系统的类别要求制定。

（3）各项测试结果应有详细记录并作为竣工资料的一部分。测试记录内容和形式宜符合表 8-8 和表 8-9 的要求。

表 8-8 综合布线系统工程电缆（链路/信道）性能指标测试记录

工程项目名称										
序号	编号			内容						备注
				电缆系统						
	地址号	缆线号	设备号	长度	接线图	衰减	近端串音	…	电缆屏蔽层连通情况	其他项目	
测试日期、人员、测试仪表型号、测试仪表精度											
处理情况											

表 8-9 综合布线系统工程光纤（链路/信道）性能指标测试记录

工程项目名称										
序号	编号			光缆系统						备注
				多模				单模		
	地址号	缆线号	设备号	850nm		1300nm		1310nm	1550nm	
				衰减（插入损耗）	长度	衰减（插入损耗）	长度	衰减（插入损耗）	衰减（插入损耗）	长度	
测试日期、人员、测试仪表型号、测试仪表精度											
处理情况											

（4）对绞电缆和光纤布线系统的现场测试仪要求。

① 应能测试信道与链路的性能指标。

② 应具有针对不同布线系统等级的相应精度，应考虑测试仪的功能、电源、使用方法等因素。

③ 测试仪精度应定期检测，每次现场测试前仪表厂家应出示测试仪的精度有效期限证明。

（5）电缆布线系统测试。

① 3 类和 5 类布线系统按照水平链路和信道进行测试；

② 5e 类和 6 类布线系统按照永久链路和信道进行测试；

永久链路连接适用于测试固定链路（水平电缆及相关连接器件）性能。

2．国家标准制定的电气性能主要测试内容

（1）电气性能主要测试内容：

① 连接图；

② 长度；

③ 衰减；

④ 近端串音；

⑤ 近端串音功率和；

⑥ 衰减串音比；

⑦ 衰减串音比功率和；

⑧ 等电平远端串音；

⑨ 等电平远端串音功率和；

⑩ 回波损耗；

⑪ 传播时延；

⑫ 传播时延偏差；

⑬ 插入损耗；

⑭ 直流环路电阻；

⑮ 设计中特殊规定的测试内容；

⑯ 屏蔽层的导通。

（2）接线图的测试。

接线图主要测试水平电缆终接在工作区或电信间配线设备的 8 位模块式通用插座的安装连接正确或错误。正确的线对组合为：1/2、3/6、4/5、7/8；分为非屏蔽和屏蔽两类，对于非 RJ-45 的连接方式按相关规定要求列出结果。

（3）布线链路及信道缆线长度应在测试连接图所要求的极限长度范围之内。

（4）3 类和 5 类水平链路及信道测试项目及性能指标应符合表 8-10 和表 8-11 的要求（测试条件为环境温度 20℃）。

表 8-10　3 类水平链路及信道性能指标

频率（MHz）	基本链路性能指标		信道性能指标	
	近端串音（dB）	衰减（dB）	近端串音（dB）	衰减（dB）
1.00	40.1	3.2	39.1	4.2
4.00	30.7	6.1	29.3	7.3
8.00	25.9	8.8	24.3	10.2
10.00	24.3	10.0	22.7	11.5
16.00	21.0	13.2	19.3	14.9
长度（m）	94	100		

表 8-11　5 类水平链路及信道性能指标

频率（MHz）	基本链路性能指标		信道性能指标	
	近端串音（dB）	衰减（dB）	近端串音（dB）	衰减（dB）
1.00	60.0	2.1	60.0	2.5
4.00	51.8	4.0	50.6	4.5
8.00	47.1	5.7	45.6	6.3
10.00	45.5	6.3	44.0	7.0
16.00	42.3	8.2	40.6	9.2
20.00	40.7	9.2	39.0	10.3
25.00	39.1	10.3	37.4	11.4
31.25	37.6	11.5	35.7	12.8
62.50	32.7	16.7	30.6	18.5
100.00	29.3	21.6	27.0	24.0
长度（m）	94		100	

注：基本链路长度为 94m，包括 90m 水平缆线及 4m 测试仪表的测试电缆长度，在基本链路中不包括 CP 点。

（5）5e 类、6 类和 7 类信道测试项目。

① 回波损耗（RL）：只在布线系统中的 C、D、E、F 级采用，信道的每一线对和布线的两端均应符合回波损耗值的要求。

② 插入损耗（IL）：布线系统信道每一线对的插入损耗值均应符合插入要求。

③ 近端串音（NEXT）：在布线系统信道的两端，线对与线对之间的近端串音值均应符合近端串音的要求。

④ 近端串音功率和（PS NEXT）：只应用于布线系统的 D、E、F 级，信道的每一线对和布线的两端均应符合 PS NEXT 值要求。

⑤ 线对与线对之间的衰减串音比（ACR）：只应用于布线系统的 D、E、F 级，信道的每一线对和布线的两端均应符合 ACR 值要求。

⑥ ACR 功率和（PS ACR）：为近端串音功率和与插入损耗之间的差值，信道的每一线对和布线的两端均应符合要求。

⑦ 线对与线对之间等电平远端串音（ELFEXT）：为远端串音与插入损耗之间的差值，只应用于布线系统的 D、E、F 级。

⑧ 等电平远端串音功率和（PS ELFEXT）：布线系统信道每一线对的 PS ELFEXT 数值应符合规定。

⑨ 直流（DC）环路电阻：布线系统信道每一线对的直流环路电阻应符合表 8-12 的规定。

表 8-12　信道直流环路电阻

最大直流环路电阻（Ω）					
A级	B级	C级	D级	E级	F级
560	170	40	25	25	25

⑩ 传播时延：布线系统信道每一线对的传播时延应符合规定。

⑪ 传播时延偏差：布线系统信道所有线对间的传播时延偏差应符合规定。

（6）5e 类、6 类和 7 类永久链路或 CP 链路测试项目及性能指标应符合以下要求。

① 回波损耗（RL）：布线系统永久链路或 CP 链路每一线对和布线两端的回波损耗值应符合规定。

② 插入损耗（IL）：布线系统永久链路或 CP 链路每一线对的插入损耗值应符合规定。

③ 近端串音（NEXT）：布线系统永久链路或 CP 链路每一线对和布线两端的近端串音值应符合规定。

④ 近端串音功率和（PS NEXT）：只应用于布线系统的 D、E、F 级，布线系统永久链路或 CP 链路每一线对和布线两端的近端串音功率和值应符合规定。

⑤ 线对与线对之间的衰减串音比（ACR）：只应用于布线系统的 D、E、F 级，布线系统永久链路或 CP 链路每一线对和布线两端的 ACR 值。

⑥ ACR 功率和（PS ACR）：布线系统永久链路或 CP 链路每一线对和布线两端的 PS ACR 值。

⑦ 线对与线对之间等电平远端串音（ELFEXT）：只应用于布线系统的 D、E、F 级。布线系统永久链路或 CP 链路每一线对的等电平远端串音值应符合规定。

⑧ 等电平远端串音功率和（PS ELFEXT）：布线系统永久链路或 CP 链路每一线对的 PS ELFEXT 值应符合规定。

⑨ 直流（DC）环路电阻：布线系统永久链路或 CP 链路每一线对的直流环路电阻应符合规定。

⑩ 传播时延：布线系统永久链路或 CP 链路每一线对的传播时延应符合规定。

⑪ 传播时延偏差：布线系统永久链路或 CP 链路所有线对间的传播时延偏差应符合规定。

3．国家标准制定的光纤测试的主要测试内容

光纤测试主要内容：衰减和长度。测试前应对所有的光连接器件进行清洗，并将测试接收器校准至零位。

测试应包括以下内容：

（1）在施工前进行器材检验时，一般检查光纤的连通性，必要时宜采用光纤损耗测试仪（稳定光源和光功率计组合）对光纤链路的插入损耗和光纤长度进行测试。

（2）对光纤链路（包括光纤、连接器件和熔接点）的衰减进行测试，同时测试光跳线的衰减值，该值可作为设备连接电缆的衰减参考值，整个光纤信道的衰减值应符合设计要求。

（3）布线系统所采用光纤的性能指标及光纤信道指标应符合设计要求。不同类型的光缆在标称的波长每公里的最大衰减值应符合表 8-13 的规定。

（4）光缆布线信道在规定的传输窗口测量出的最大光衰减（介入损耗）应不超过表 8-14 的规定，该指标已包括接头与连接插座的衰减在内。

表 8-13 光缆衰减

最大光缆衰减（dB/km）			
项目	OM1、OM2、OM3多模		OS1单模
波长	850nm	1300nm	1310nm	1550nm
衰减	3.5	1.5	1.0	1.0

表 8-14 光缆信道衰减范围

级别	最大信道衰减（dB）			
	单模		多模	
	1310nm	1550nm	850nm	1300nm
OF-300	1.80	1.80	2.55	1.95
OF-500	2.00	2.00	3.25	2.25
OF-2000	3.50	3.50	8.50	4.50

注：每个连接处的衰减值最大为 1.5 dB。

光纤链路的插入损耗极限值可用以下公式计算：

光纤链路损耗=光纤损耗+连接器件损耗+光纤连接点损耗

光纤损耗=光纤损耗系数（dB/km）× 光纤长度（km）

连接器件损耗=连接器件损耗/个×连接器件个数

光纤连接点损耗=光纤连接点损耗/个×光纤连接点个数

光纤链路损耗参考值如表 8-15 所示。

表 8-15　光纤链路损耗参考值

种类	工作波长（nm）	衰减系数（dB/km）
多模光纤	850	3.5
多模光纤	1300	1.5
单模室外光纤	1310	0.5
单模室外光纤	1550	0.5
单模室内光纤	1310	1.0
单模室内光纤	1550	1.0
连接器件衰减	0.75dB	
光纤连接点衰减	0.3dB	

8.3.3　电缆认证测试的操作方法

电缆的认证测试分永久链路（基本链路）和信道两种测试方法。目前，北美地区主张基本链路测试的用户达 95%，而欧洲主张信道测试的用户也达到 95%，我国网络工程界倾向于北美的观点，基本上采用永久链路（基本链路）的测试方法。

永久链路测试如图 8-1 所示。

图 8-1　永久链路测试

信道测试如图 8-2 所示。

图 8-2　信道测试

进行电缆的认证测试需要测试仪，测试操作如图 8-3 所示。

图 8-3   电缆认证测试的操作

主机操作人员使用操作测试仪时要重点注意：

① 打开测试仪；

② 对测试校准，是测试 568A 还是 568B?

③ 测试仪连接到双绞线电缆的端口；

④ 测试仪双绞线电缆；

⑤ 储存测试结果。

远端机操作人员应将测试仪副件连接到双绞线电缆的端口中。

8.4 用 FLUKE DTX 电缆分析仪认证测试一条电缆

1．测试仪主机和远端机

FLUKE DTX 电缆分析仪分测试仪主机和远端机，如图 8-4 所示。

2．测试步骤

（1）连接被测永久链路。将测试仪主机和远端机连上被测链路。

（2）按绿键启动 DTX，如图 8-5(a)所示，并选择中文或中英文界面。

（3）选择双绞线、测试类型和标准。

① 将旋钮转至 SETUP，如图 8-5(b)所示；

② 选择 "Twisted Pair"；

③ 选择 "Cable Type"；

④ 选择 "UTP"；

⑤ 选择 "Cat 6 UTP"；

⑥ 选择 "Test Limit"；

⑦ 选择"TIA Cat 6 Perm. Link"，如图 8-5(c)所示。

（4）按 TEST 键，启动自动测试，最快 9s 完成一条正确链路的测试。

图 8-4   DTX 电缆分析仪分测试仪主机和远端机

图 8-5 测试步骤

（5）在 DTX 系列测试仪中为测试结果命名。测试结果名称可以是：

① 通过 LinkWare 预先下载；

② 手动输入；

③ 自动递增；

④ 自动序列，如图 8-6 所示。

图 8-6 测试结果命名

（6）保存测试结果。测试通过后，按"Save"键保存测试结果，结果可保存于内部存储器和 MMC 多媒体卡中。

（7）故障诊断。测试中出现"失败"时，要进行相应的故障诊断测试。按故障信息键（F1 键）直观显示故障信息并提示解决方法，再启动 HDTDR 和 HDTDX 功能，扫描定位故障。查找故障后，排除故障，重新进行自动测试，直至指标全部通过为止。

（8）结果送管理软件 LinkWare。

当所有要测的信息点测试完成后，将移动存储卡上的结果送到安装在计算机上的管理软件 LinkWare 进行管理分析。LinkWare 软件有几种形式提供用户测试报告，如图 8-7 所示为其中的一种。

图 8-7　测试结果报告

（9）打印输出。可从 LinkWare 打印输出，也可通过串口将测试主机直接连至打印机打印输出。

8.5　一条电缆（UTP）的认证测试报告

一条电缆（5 类、超 5 类、6 类线）经测试仪测试后，将向用户提供一份认证测试报告。5 类测试报告的内容如表 8-16 所示，6 类测试报告的内容如表 8-17 所示。

表 8-16　一条电缆（UTP 5）的认证测试报告

接线图	结果			RJ45 PLN: 1 2 3 4 5 6 7 8 S ｜｜｜｜｜｜｜｜ RJ45 PIN: 1 2 3 4 5 6 7 8	
线对	1, 2	3, 6	4, 5	7, 8	
特性阻抗（Ω）	107	109	110	110	
极限（Ω）	80～120	80～120	80～120	80～120	
结果	PASS	PASS	PASS	PASS	
电缆长度(m)	23.7	23.1	23.3	23.1	
极限（m）	100	100	100	100	
结果	PASS	PASS	PASS	PASS	
合适延迟（ns）	115	112	113	112	
阻抗（Ω）	5.1	6.3	7.7	6.4	
衰减（dB）	5.0	5.4	5.4	5.1	
极限（dB）	24.0	24.0	23.9	24.0	
安全系统（dB）	19.0	18.6	18.5	18.9	
安全系统（%）	79.2	77.5	77.4	78.8	
频率（MHz）	100.0	100.0	99.1	100.0	
结果	PASS	PASS	PASS	PASS	
线对组	1,2～3,6	1,2～4,5	1,2～7,8	3,6～4,5	3,6～7,8	4,5～7,8
近端串扰（dB）	45.0	43.5	50.7	39.1	55.1	46.5
极限（dB）	32.0	29.1	37.1	31.8	39.5	31.1
安全系数（dB）	13.0	14.4	13.6	7.3	15.6	15.4
频率（MHz）	52.5	76.7	26.2	53.8	18.8	58.4
结果	PASS	PASS	PASS	PASS	PASS	PASS
远端串扰（dB）	41.8	51.6	47.2	38.7	56.0	47.4
极限（dB）	27.4	35.9	30.8	31.8	40.7	31.2
安全系数（dB）	14.4	15.7	16.4	6.9	15.3	16.2
频率（MHz）	96.9	30.8	61.5	53.7	16.0	58.1
结果	PASS	PASS	PASS	PASS	PASS	PASS

从表 8-16 中可以看到下列几组重要的数据：

（1）接线图（Wire Map Pass）。

RJ45 PIN:1 2 3 4 5 6 7 8 S
｜｜｜｜｜｜｜｜
RJ45 PIN:1 2 3 4 5 6 7 8

表明接线正确。

（2）线对（Pair）：1，2，3，6，4，5，7，8。

- 特性阻抗（Ω）
- 电缆长度（m）
- 合适延迟（ns）
- 阻抗（Ω）
- 衰减（dB）

它们下面的 PASS 表示成功（在限定值范围内），如果超过限定值则 FALL，表示失败，不能通过测试。

（3）线对组（Pairs）。

● 近端串扰（NEXT（dB））

● 远端串扰（FEXT@ Remote（dB））

当它对应的结果为 PASS（成功）时，结果符合标准。当测试超 5 类、6 类线时应选择 DSP4000 测试仪。

表 8-17　一条电缆（6 类）的认证测试报告

```
电缆识别名：ELITE1000X-CHANNEL            测试总结果：通过
CAT 6 PATCH CORD                         余量：7.6 dB（近端近端串扰 36-78）
地点：4 POINT CONNECT                     日期 ／ 时间：12/17/2002 08:14:50pm
操作人员：LEE                             测试限：TIA Cat 6  Channel
测试限版本：5.11                          电缆类型：UTP 100 Ohm Cat 6
软件版本：3.902                           DSP-4000  S/N：7393076 LIA 013
NVP：68.3%    阻抗异常临界值：15%         DSP-4000SR S/N：7393076 LIA 012
屏蔽测试：不适用

接线图 通过                    结果     RJ45 PIN：   1 2 3 4 5 6 7 8 S
                                        RJ45 PIN：   1 2 3 4 5 6 7 8
          长度        传输       时延      电阻值    特性阻抗       衰减
                      时延      偏差                          异常点 结果   频率   极限值
线对  (ft)  极限值 ns 极限值 ns 极限值 欧姆 极限值 欧姆 极限值  (ft)  (dB)  MHz    (dB)
12    321   328   478  555   21  50                               6.8  250.0  36.0
36    309   328   460  555   3   50                               8.0  247.5  35.8
45    318   328   473  555   16  50                               7.5  249.5  36.0
78    307   328   457  555   0   50                               8.9  250.0  36.0
                        主机结果                              近端结果
          最差余量          最差值         最差余量           最差值
线对  结果  频率   极限值  结果   频率   极限值  结果  频率  极限值  结果   频率   极限值
     (dB) MHz    (dB)  (dB)  MHz    (dB)  (dB) MHz   (dB)  (dB)  MHz    (dB)
RL
12   6.6  13.8  18.3   9.6  141.5  10.5   5.5  3.3  19.0  10.9  234.0   8.3
36   7.5  3.4   19.0   10.0 249.5  8.0    6.0  3.4  19.0  9.0   233.5   8.3
45   7.2  3.3   19.0   10.1 242.0  8.2    6.6  3.3  19.0  10.9  241.5   8.2
78   8.8  6.6   19.0   13.6 247.5  8.1    6.0  3.3  19.0  13.3  189.5   9.2
PSNEXT
12   11.5 4.6   59.6   13.8 233.0  30.7   10.2 196.0 32.0  10.7  249.5  30.2
36   9.8  229.5 30.9   9.8  229.5  30.8   7.8  226.0 30.9  7.8   226.0  30.9
45   9.2  232.0 30.7   9.2  232.0  30.7   7.6  250.0 30.1  7.6   250.0  30.1
78   9.9  4.6   59.6   11.8 250.0  30.1   8.0  235.0 30.6  8.0   235.0  30.6
PSACR
12   12.0 4.6   55.4   20.8 238.0  -4.5   12.5 4.6   55.4  17.6  249.5  -5.8
36   11.0 12.0  45.8   17.9 229.5  -3.5   10.8 12.0  45.8  15.9  226.0  -3.0
45   11.6 2.8   58.7   16.4 232.5  -3.8   11.9 17.6  41.5  15.1  249.5  -5.8
78   10.6 4.6   55.4   20.6 250.0  -5.8   9.0  4.6   55.4  16.4  235.0  -4.1
NEXT
12-36 13.1 9.0   57.4  16.6 203.0  34.7   10.4 191.5 35.1  10.4  191.5  35.1
12-45 11.2 32.4  48.2  11.8 233.0  33.7   8.5  249.5 33.1  8.5   249.5  33.1
12-78 10.9 4.6   62.1  16.3 250.0  33.1   10.3 4.6   62.1  14.3  237.0  33.6
36-45 8.4  232.0 33.7  8.4  232.0  33.7   8.8  226.5 33.9  8.8   226.5  33.9
36-78 8.8  12.0  55.3  10.1 229.0  33.8   7.6  210.5 34.5  7.9   226.0  33.9
45-78 10.3 20.2  51.6  11.1 236.0  33.6   7.7  246.0 33.3  7.7   246.0  33.3
ACR
12-36 14.1 8.9   51.5  23.8 202.5  9.0    13.3 8.9   51.5  19.2  213.5  1.6
12-45 12.9 32.4  36.6  18.9 233.0  -0.9   12.9 32.2  36.7  15.9  249.5  -2.8
12-78 11.6 4.6   57.9  25.2 250.0  -2.9   11.0 4.6   57.9  23.0  237.0  -1.4
```

8.6　双绞线测试错误的解决方法

8.6.1　双绞线连线错误

对双绞线进行测试时，接线正确的连线图要求端到端相应的针连接是：1 对 1，2 对 2，3 对 3，4 对 4，5 对 5，6 对 6，7 对 7，8 对 8。

如果接错，便有开路、短路、反向、交错和串对等五种情况出现。可能产生的问题有：近端串扰未通过、衰减未通过、接线图未通过、长度未通过，现分别叙述如下。

1．近端串扰未通过（Fail）

原因可能有：

① 近端连接点有问题；

② 远端连接点短路；

③ 串对；

④ 外部噪声；

⑤ 链路线缆和接插件性能问题或不是同一类产品；

⑥ 线缆的端接质量问题。

2. 衰减未通过

原因可能有：

① 长度过长；

② 温度过高；

③ 连接点问题；

④ 链路线缆和接插件性能问题或不是同一类产品；

⑤ 线缆的端接质量问题。

3. 接线图未通过

原因可能有：

① 两端的接头有断路、短路、交叉、破裂开路；

② 跨接错误（某些网络需要发送端和接收端跨接，当为这些网络构筑测试链路时，由于设备线路的跨接，测试接线图会出现交叉）。

接线图正常如图 8-8 所示。

接线图开路如图 8-9 所示。

图 8-8　接线图正常

图 8-9　接线图开路

接线图交叉如图 8-10 所示。

接线图跨接错误如图 8-11 所示。

图 8-10　接线图交叉

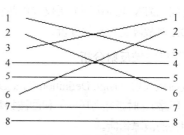

图 8-11　接线图跨接错误

接线图短路如图 8-12 所示。

接线图断路如图 8-13 所示。

图 8-12　接线图短路　　　　　　　　　　图 8-13　接线图断路

4．长度未通过

原因可能有：

① NVP 设置不正确，可用已知的好线确定并重新校准 NVP；

② 实际长度过长；

③ 开路或短路；

④ 设备连线及跨接线的总长度过长。

5．测试仪问题

① 测试仪不启动，可更换电池或充电；

② 测试仪不能工作或不能进行远端校准，应确保两台测试仪都能启动，并有足够的电池或更换测试线；

③ 测试仪设置为不正确的电缆类型，应重新设置测试仪的参数、类别、阻抗及标称的传插速度；

④ 测试仪设置为不正确的链路结构，按要求重新设置为基本链路或通路链路；

⑤ 测试仪不能储存自动测试结果，确认所选的测试结果名字是唯一的，或检查可用内存的容量；

⑥ 测试仪不能打印储存的自动测试结果，应确定打印机和测试仪的接口参灵敏，设置成一样，或确认测试结果已被选为打印输出。

8.6.2　DTX 的故障诊断

综合布线存在的故障包括接线图错误、电缆长度问题、衰减过大、近端串音过高和回波损耗过高等。超 5 类和 6 类标准对近端串音和回波损耗的链路性能要求非常严格，即使所有元件都达到规定的指标且施工工艺也可达到满意的水平，也很可能出现链路测试失败的情况。为了保证工程的合格，故障需要及时解决，因此对故障的定位技术和定位准确度提出了较高的要求，诊断能力可以节省大量的故障诊断时间。DTX 电缆认证分析仪采用两种先进的高精度时域反射分析 HDTDR 和高精度时域串扰分析 HDTDX 对故障进行定位分析。

1．高精度时域反射分析

高精度时域反射（High Definition Time Domain Reflectometry，HDTDR）分析主要用于测量长度、传输时延（环路）、时延差（环路）和回波损耗等参数，并针对有阻抗变化的故障进行精确的定位，用于与时间相关的故障诊断。

该技术通过在被测试线对中发送测试信号，同时监测信号在该线对的反射相位和强度来确定故障类型，通过信号发生反射的时间和信号在电缆中传输的速度可以精确地报告故障的具体位置。测试端发出测试脉冲信号，当信号在传输过程中遇到阻抗变化时就会产生反射，不同的物理状态所导致的阻抗变化是不同的，而不同的阻抗变化对信号的反射状态也不同。当远端开路时，信号反射并且相位未发生变化，而当远端为短路时，反射信号的相位发生了变化，如果远端有信号终结器，则没有信号反射。测试仪就是根据反射信号的相位变化和时延来判断故障类型和距离的。

2. 高精度时域串扰分析

高精度时域串扰（High Definition Time Domain Crosstalk，HDTDX）分析，通过在一个线对上发出信号的同时，在另一个线对上观测信号的情况来测量串扰相关的参数以及故障诊断，以往对近端串音的测试仅能提供串扰发生的频域结果，即只能知道串扰发生在哪个频点，并不能报告串扰发生的物理位置，这样的结果远远不能满足现场解决串扰故障的需求。由于是在时域进行测试，因此根据串扰发生的时间和信号的传输速度可以精确地定位串扰发生的物理位置。这是目前唯一能够对近端串音进行精确定位并且不存在测试死区的技术。

3. 故障诊断步骤

在布线系统中两个主要的"性能故障"分别是：近端串音（NEXT）和回波损耗（RL）。下面介绍这两类故障的分析方法。

（1）使用 HDTDX 诊断 NEXT。

① 当线缆测试不通过时，先按"故障信息键"（F1 键），如图 8-14 所示。此时将直观显示故障信息并提示解决方法。

② 评估 NEXT 的影响，按"EXIT"键返回摘要屏幕。

③ 选择"HDTDX Analyzer"，HDTDX 显示更多线缆和连接器的 NEXT 详细信息。如图 8-15 所示，左图故障是 58.4m 集合点端接不良导致 NEXT 不合格，右图故障是线缆质量差，或是使用了低级别的线缆造成整个链路 NEXT 不合格。

图 8-14　按"故障信息键"（F1 键）获取故障信息　　　图 8-15　HDTDX 分析 NEXT 故障结果

（2）使用 HDTDR 诊断 RL。

① 当线缆测试不通过时，先按"故障信息键"（F1 键），如图 8-14 所示，此时将直观显示故障信息并提示解决方法。

② 评估 RL 的影响，按"EXIT"键返回摘要屏幕。

③ 选择"HDTDR Analyzer"，HDTDR 显示更多线缆和连接器的 RL 详细信息，如图 8-16 所示，70.6m 处 RL 异常。

（3）手持式测试仪的使用。

手持式测试仪的主要功能是测试电缆的连通性，验证"线缆连接是否正确"，不能进行电缆的认证测试。

手持式测试仪如图 8-17 所示。

图 8-16　70.6m 处 RL 异常

图 8-17　手持式测试仪

将子母机分别连通线缆的二端，根据 LED 的顺序点亮可判断连线是否接通。

8.7　大对数电缆测试

大对数电缆多用于综合布线系统的语音主干线，它比 4 对线缆双绞线的使用要多得多。建议数据传输主干线不要采用 4 对线缆。语音主干线测试时，例如 25 对线缆，一般有两种测试方法，它们是：

（1）用 25 对线测试仪测试；

（2）分组用双绞线测试仪测试。

用 25 对线测试仪测试可在无源电缆上完成测试任务。它同时测 25 对线的连续性、短路、开路、交叉，有故障的终端，外来的电磁干扰和接地中出现的问题。

要测试的导线两端各接一个 25 对线测试仪的测试器。用这两个测试器共同完成测试工作，在它们之间形成一条通信链路。

1．EXT-ALL25 测试仪简介

TEXT-ALL25 可在无源电缆上完成测试任务，是一个自动化的测试系统。TEXT-ALL25 同时测试 25 对线的连续性、短路、开路、交叉，有故障的终端，外来的电磁干扰和接地中出现的问题。

要测试的导线两端各接一个 TEXT-ALL25 测试器。用这两个测试器共同完成测试工作，在它们之间形成一条通信链路，如图 8-18 所示。

2．操作说明

TEXT-ALL25 测试器使用了一个大屏幕的彩色液晶显示屏，如图 8-19 所示。

图 8-18　使用 TEXT-ALL25 两端测试

图 8-19　TEXT-ALL25 液晶显示屏

液晶显示屏从 1 到 25 计数指示电缆对，在每个数字的左边有一个绿色符号表示其正常，而在每个数字的右边有一个红色符号表示该缆对的坏路。

在该测试器面板上有 5 个控制按钮，在其右边板上有 5 个连接插座。控制按钮开关如图 8-20 所示。

POWER——在测试仪右上角有一个红色电源开关。当整个测试系统安装完毕后，打开测试器电源开关，该仪器就开始进行自动测试（为了进行自动测试总是先要连接电缆，然后打开测试器的电源，这样可以防止测试仪将测出的电缆故障作为测试设备内部故障来显示）。

PAIR——该绿色开关置于测试仪的右下角，使用户可以选择一次测试 25 对、…、4 对、3 对、2 对、1 对。测试仪一打开电源总是工作在 25 对方式，除非用户选择另一种方式。

图 8-20　控制按钮开关

TONE——该按钮使测试仪具有声波功能。当 TONE 按钮处于工作状态时，TONE 出现在显示屏上。一个光源照亮了线对的绿色或红色字符。在线对需要时 TONE 能使用推进式按钮。

TEST——该按钮开始顺序测试。在双端测试中，TEXT-ALL25 测试仪有一个可操作的测试（text）按钮，这是最基本的装置（控制器），而另一个装置作为远程装置需要重新调整。

ADVANCE——该按钮用于选择发出声音的缆对，或选择用户所希望查看的故障指示。当上述测试完成时，仪器同时显示所有发现的故障。当发现的故障在一个以上时，闪光显示的部分也许很难看懂。通过操作 ADVANCE 按钮，测试再次开始循环，并停在第一个故障情况的显示上，再次按下 ADVANCE 按钮，下一个故障情况出现（该特性可用于查错时重新测试的多故障情况）。

3. 测试连接插座

测试仪上的测试插座如图 8-21 所示。其中：

① Ground 插座提供接地插座和用于使设备接地正确，这样做的目的是保证测试结果正确。

② 25 Pair Connector 插座允许连接的电缆直接插入测试仪中进行测试。它也可应用 25 对测试软件和 25 对 110 硬件适配器，便于测试中访问 110 系统。

图 8-21　TEXT-ALL25 测试仪上的测试插座

③ RJ-45 插座允许带有 RJ-45 插头的测试软线直接插入测试仪中进行测试。

④ RJ-45 插座允许 RJ-14 和 FJ-11 插头直接插入 TEXT-AA25 进行测试。

4．自动测试程序

（1）自检。

把要测试的大对数电缆连接到测试仪插座上，打开 TEXT-ALL25 测试仪电源开关。测试仪自动完成自检程序，以保证整个系统测试精确。下面是操作者在显示屏上能观察到的信息：

① 当测试仪检查它的内部电路时，在彩色屏幕上显示文字、数字和符号，大约 1s；

② 接着，如果测试仪整个系统正常，屏幕先变黑，然后明显地显示 TEXT OK，大约 1s；

③ 然后，MASTER 闪光和在屏幕右边显示数字，表示该测试器已经准备好，可以使用。

（2）通信。

一旦自检程序完成之后，保证该测试仪已经连到一个电路上，并着手进行与远端通信。通信链路总是被测电缆中的第一个电缆对。当通信链路已经成功建立后，MASTER 在第一个测试仪的显示窗口上亮显，而 REMOTE 在远端的第二个测试仪上亮显。

在使用另一个测试仪不能正常通信的情况下，MASTER 闪烁，指示不能通信，要进行再次尝试，TEST 按钮必须被再次按下。

（3）测试。

① 电源故障测试。

TEXT-ALL25 照亮 POWER FAULT 完成电源故障测试时，能检查通交流或直流电的所有 50 根导线。如果所测电压（交流或直流）等于或高于 15V，该电压在两端测试仪的显示屏上高亮显示出来，并终止测试程序（当指出有电源故障而且确实存在电源故障时，常常需要重新测试。因为有时电缆上的静电会造成电源故障指示错误）。

请注意，接地导体良好，可以防止测试时因静电产生电压指示差错。

② 接地故障测试。

屏幕显示 GROUND FAULT，表示正在进行接地测试。该测试表示在两端的测试仪上连接一根外部接地导线。

首先测试地线的连续性，包括地线是否已连到两个测试仪上，电缆的两端及其地电位。不同电平的电压常常在于大楼地线上形成噪声，从而影响传输质量，该地线连续性测试是为了检查地线连接的正确性。

已接地的导线用 TEXT-ALL25 测试和完成端到端的地线性能测试时，可能造成噪声或电缆故障（测试参考值为 75 000Ω或小于地线与导线之间的阻值，均被认为是存在接地故障）。

③ 连续性测试。

下面的测试是完成端到端线对的测试。

Shorts（短路）——所测试的导线与其他导体短路（6000Ω或小于导线之间的电阻，称为短路）。

Open（开路）——所测试的导线为开路的导线（测试仪之间端到端大于 2600Ω，称为开路导线）。

Reversed（反接）——为了测试端到端线对的正确性，当进行连续性测试时，要保证每一个被测导线连到其他测试仪。

Crossed（交叉）——为了测试所有的导线是否被端到端正确地连接，还应检查所测电缆组中是否有与其他导线交叉连接的情况（这就是常说的易位）。

若所有测试令人满意地完成，而且测试过程中没有发现任何故障，这时屏幕上出现高亮显示的 TEST OK。

大对数线的测试也可以用测试双绞线的测试仪来分组测试，每 4 对一组，当测到第 25 对时，向前错位 3 对线。这种测试方法是较为常用的。

8.8 光缆测试技术

8.8.1 光纤测试技术综述

1. 简述

由于在光缆系统的实施过程中涉及光缆的铺设，光缆的弯曲半径，光纤的熔接、跳线，更由于设计方法及物理布线结构的不同，导致两网络设备间的光纤路径上光信号的传输衰减有很大不同。为了确保通信畅通，需要对光纤进行测试。无论是布线施工人员，还是网络维护人员，都有必要掌握光纤链路测试的技能。

在光纤的应用中，光纤本身的种类很多，但光纤及其系统的基本测试方法大体上都是一样的，所使用的设备也基本相同。对光纤或光纤系统，其基本的测试内容有：连续性和衰减/损耗，测量光纤输入功率和输出功率，分析光纤的衰减/损耗，确定光纤连续性和发生光损耗的部位等。

光信号沿光纤传输时光功率的损失即为光纤的衰减，衰减 A 以分贝（dB）为单位。

$$A=10\lg P_1/P_2(\text{dB})$$

式中，P_1 和 P_2 分别是注入端和输出端的光功率。

光纤衰减常数的标准为：在 1310mm 波长上，衰减平均值应小于等于 0.36dB/km，衰减最大值应小于等于 0.4dB/km；在 1550mm 波长上，衰减平均值应小于等于 0.22dB/km，衰减最大值应小于等于 0.25dB/km；光纤接续时，其双向平均接头损耗不得大于 0.08dB。

进行光纤的各种参数测量之前，必须做好光纤与测试仪器之间的连接。目前，有各种各样的接头可用，但如果选用的接头不合适，就会造成损耗，或者造成光学反射。例如，在接头处，光纤不能太长，即使长出接头端面 1μm，也会因压缩接头而使之损坏。反过来，若光纤太短，则又会产生气隙，影响光纤之间的耦合。因此，应该在进行光纤连接之间，仔细地平整及清洁端面，并使之适配。

目前，绝大多数光纤系统都采用标准类型的光纤、发射器和接收器，如纤芯为 62.5μm 的多模光纤和标准发光二级管 LED 光源工作在 850nm 的光波上。这样就可以大大地减少测量中的不确定性。而且，即使采用不同厂家的设备，也可以很容易地将光纤与仪器进行连接，可靠性和重复性也很好。

2. 测试仪器精确度

光纤测试仪由两个装置组成：一个是光源，它接到光纤的一端发送测试信号；另一个是光功率计，它接到光纤的另一端，测量发来的测试信号。测试仪器的动态范围是指仪器能够检测的最大和最小信号之间的差值，通常为 60dB。高性能仪器的动态范围可达 100dB 甚至更高。在这一动态范围内功率测量的精确度通常被称为动态精确度或线性精度。

功率测量设备有一些共同的缺陷：高功率电平时，光检测器呈现饱和状态，因而增加输入功率并不能改变所显示的功率值；低功率电平时，只有在信号达到最小阈值电平时，光检测器才能检测到信号。

在高功率和低功率之间，功率计内的放大电路会产生三个问题。常见的问题是偏移误差，它使仪器恒定地读出一个稍高或稍低的功率值。大多数情况下，最值得注意的问题是量程的不连续，当放大器切换增益量程时，它使功率显示值发生跳变。无论是在手动状态下，还是在更经常遇到的自动（自动量程）状态下，典型的切换增量为 10dB。一个较少见的误差是斜率误差，它导致仪器在某种输入电平上读数值偏高，而在另一些点上却偏低。

3. 测量仪器校准

为了使测量的结果更准确，首先应该对功率计进行校准。但是，即使是经过了校准的功率计也有大约±5%（0.2dB）的不确定性。这就是说，用两台同样的功率计去测量系统中同一点的功率，也可能会相差10%。

其次，为确保光纤中的光有效地耦合到功率计中去，最好是在测试中采用发射电缆和接收电缆。但必须使每一种电缆的损耗低于 0.5dB，这时，还必须使全部光都照射到检测器的接收面上，又不使检测器过载。光纤表面应充分地平整清洁，使散射和吸收降到最低。

值得注意的是，如果进行功率测量时所使用的光源与校准时所用的光谱不相同，也会产生测量误差。

4. 光纤的连续性

光纤的连续性是对光纤的基本要求，因此对光纤的连续性进行测试是基本的测量之一。

进行连续性测量时，通常是把红色激光、发光二极管（LED）或者其他可见光注入光纤，并在光纤的末端监视光的输出。如果在光纤中有断裂或其他的不连续点，在光纤输出端的光功率就会下降或者根本没有光输出。

通常在购买电缆时，人们用四节电池的电筒从光纤一端照射，从光纤的另一端察看是否有光源，如有，则说明该光纤是连续的，中间没有断裂，当光线弱时，则要用测试仪来测试。

光通过光纤传输后，功率的衰减大小也能表示出光纤的传导性能。如果光纤的衰减太大，则系统也不能正常工作。光功率计和光源是进行光纤传输特性测量的一般设备。

5. 光缆布线系统测试

光缆布线系统的测试是工程验收的必要步骤，也是工程承包者向业主兑现合同的最后工序，只有通过了系统测试，才能表示布线系统的完成。

布线系统测试可以从多个方面考虑，设备的连通性是最基本的要求，跳线系统是否有效可以很方便地测试出来。通信线路的指标数据测试相对比较困难，一般都借助于专业工具，1995年9月通过的TSB-76中对双绞线的测试做了明确的规定，2004年2月颁布的 TIA/ TSB-140 测试标准，旨在说明正确的光纤测试步骤。该标准建议了两级测试，分别为：

- Tier 1（一级），使用光缆损耗测试设备（OLTS）来测试光缆的损耗和长度，并依靠 OLTS 或者可视故障定位仪（VFL）验证极性；
- Tier 2（二级），包括一级的测试参数，还包括对已安装的光缆链路的 OTDR 追踪。布线系统测试应参照此标准进行。

光缆布线系统测试要重点注意如下内容。

（1）光纤测试方法。

通常我们在具体的工程中对光缆的测试方法有：连通性测试、端-端测试、反射损耗测试等，现简述如下。

① 连通性测试。

光纤系统的连通性表示光纤系统传输光功率的能力。连通性是对光纤系统的基本要求，因此对光纤系统的连通性测试是基本的测试之一。

连通性测试是最简单的测试方法，只需在光纤一端导入光线（如手电光），在光纤的另外一端看看是否有光闪即可。连通性测试的目的是为了确定光纤中是否存在断点。在购买光缆时都采用这种方法进行。

② 端-端测试（收发功率测试）。

端-端测试方法是使用功率测量仪和光源，图 8-22 所示为端-端测试示意图。

图 8-22　端-端损耗测试示意图

收发功率测试 EIA 的 FOTP-95 标准中定义的光功率测试确定了通过光纤传输的信号强度，是光纤损失测试的基础。测试时把光功率计放在光纤的一端，把光源放在光纤的另一端，如图 8-23 所示。

收发功率测试是测定布线系统光纤链路的有效方法，使用的设备主要是光纤功率测试仪。在实际应用情况中，链路的两端可能相距很远，但只要测得发送端和接收端的光功率，即可判定光纤链路的状况。具体操作过程如下：

在发送端将测试光纤取下，用测试跳接线接光源发送器；另一端用测试跳接线接光功率测试仪，使光源发送器工作，即可在光功率测试仪上测得发送端的光功率值。

光功率值代表了光纤通信链路的衰减。衰减是光纤通信链路的一个重要的传输参数，它的单位是分贝（dB）。

端-端测试实际上就是衰减的测试，它测试的是信号在通过光纤后的减弱。测试过程首先应设置一个测试参照基准，对照它来度量信号在安装的光纤路径上的损失。设置一个测试参照基准如图 8-23 所示。

图 8-23　设置一个测试参照基准图

光功率损失代表光纤链路的衰减。光功率损失测试实际上就是衰减的测试。

测试过程首先应将光源和光功率计分别连接到参照测试光纤的两端，以参照测试光纤作为一个基准，对照它来度量信号在安装的光纤路径上的损失。

③ 反射损耗测试。

反射损耗测试是光纤线路检修非常有效的手段，它使用光纤时间区域反射仪（OTDR，Optical Time Domain Reflectometer Reflectometer ）来完成测试工作，基本原理就是利用导入光与反射光的时间差来测定距离，如此可以准确判定故障的位置。

光时域反射仪（即 OTDR）简称光时域计，它是通过被测光纤中产生的背向散射信号来工作的，所以又称背向散射仪。主要用来测量光纤长度、光纤故障点、光纤衰耗及光纤接头损耗等。

（2）光纤连接、链路损耗估算。

连接损耗是采用光纤传输媒体时必须考虑的问题，连接光纤的任何设备都可能使光波功率产生不同程度的损耗，光波在光纤中传播时自身也会产生一定的损耗。光纤连接要求任意两个端节点间总的连接损耗应控制在一定范围内，如多模光纤的连接损耗应不超过11dB。因此，有效地计算光纤的连接损耗是网络布线时面临的一个非常重要的课题。

一般情况下，端-端之间的连接损耗包括下列几方面的内容：

① 节点至配线架之间的连接损耗，如各种连接器；

② 光纤自身的衰减；

③ 光纤与光纤互连所产生的损耗，如光纤熔接或机械连接部分；

④ 为将来预留的损耗富裕量，包括检修连接、热偏差、安全性方面的考虑以及发送装置的老化所带来的影响等。

各主要连接部件所生产的光波损耗值，如表 8-18 所示。

表 8-18　光纤连接部件损耗值

连接部件	说明	损耗	单位
多模光纤	导入波长：850nm	3.5～4.0	dB/km
多模光纤	导入波长：1300nm	1.0～1.5	dB/km
单模光纤	导入波长：1310nm	1.0～2.0	dB/km
连接器		>1.0	dB/个
光旁路开关	在未加电的情况下	2.5	dB/个
拼接点	熔接或机械连接	0.3（近似值）	dB/个

不同尺寸的光纤耦合器件组合在一起也会产生损耗，而这种损耗随着发送功率的不同而异。表 8-19 给出了 FDDI 标准中定义的各种发送功率下不同尺寸光纤的耦合所产生的损耗指标。从表中可以看出，相同尺寸光纤的耦合不会产生损耗。

表 8-19　光纤耦合损耗

接收光纤	发送光纤				
	50μm	51μm	62.5μm	85μm	100μm
	NA=0.20	NA=0.22	NA=0.275	NA=0.26	NA=0.29
50μm，NA=0.20	0.0	0.4	2.2	3.8	5.7
51μm，NA=0.22	0.0	0.0	1.6	3.2	4.9
62.5μm，NA=0.275	0.0	0.0	0.0	1.0	2.3
85μm，NA=0.26	0.0	0.0	0.1	0.0	0.8
100μm，NA=0.29	0.0	0.0	0.0	0.0	0.0

表中的 NA（Numerical Aperture）表示数值孔径，是光纤对光的接收程度的度量单位，是衡量光纤集光能力的参数。准确定义为：

$$NA = n \cdot \sin\theta$$

计算连接损耗的公式为：

$$M = G - L$$

其中，M 是剩余功率的临界值（Margin），在光纤通信工程中表示损耗的余量，称作富裕度或边际，必须保证 $M>0$，才能使系统正常运行。

公式中的 G 表示信号增益值（Gain），其计算公式为：

$$G=P_t-P_r$$

其中，Pt 是由 PMD 指定的发送功率，Pr 是接收装置的灵敏度，PMD 中都给出了具体的定义。表 8-20 给出光纤 PMD 标准中 Pt 和 Pr 的指标。由于单模光纤分为 I 级和 II 级，相互连接时产生的损耗各不相同，表 8-21 给出了单模光纤的光功率损耗值。光纤链路损耗的原因如图 8-24 所示。

表 8-20 光纤 PMD 中定义的收发功率

PMD 标准	发送方输出功率(dBm)	接收方输入功率(dBm)
多模光纤	−10～−16	−10～−27
单模光纤，I 级	−14～−20	−14～−31
单模光纤，II 级	0～−4	−15～−37

表 8-21 单模光纤的光功率损耗值

发送方输出	接收方输入	光功率损耗	
		最小（dBm）	最大（dBm）
I级	I级	0	11
II级	II级	1	17
II级	II级	14	27
II级	II级	15	33

图 8-24 光纤链路损耗的原因

关于光纤链路有两个基本参数：带宽和功率损耗。光纤 PMD 标准规定：光纤的距离为 2km，模态带宽至少为 500MHz/1300μm。在规划和施工时要选择合适的符合标准的光纤。链路损耗是指端口到端口之间光功率的衰减，包括链路上所有器件的损耗。光纤链路由光信号发送器、接收器、光旁路开关、接头、终端处及光纤上都产生损耗。光纤 PMD 标准给出两节点间允许的最大损耗值。多模光纤的最大损耗值为 11dB，而单模光纤分为两类收发器，类型 I 收发器允许最大损耗值为 11dB，类型 II 收发器允许损耗值小于 33dB，大于 14dB，链路损耗值是两节点间所有部件损耗值之和，包括下列主要因素：

① 光纤节点到光纤的连接（如 ST、MIC 连接器）；

② 光纤损耗；

③ 无源部件，如光旁路开关；

④ 安全、温度变化、收发器老化、计划整修的接头等。

在光纤网络的设计和规划中，要估算链路的损耗值，检查是否符合光纤 PMD 标准。如果不符合光纤 PMD 的规定标准，就要重新考虑布线方案，如使用单模光纤类型 II 收发器，在连接处增加有源部件，移去光旁路开关，甚至改变网络的物理拓扑结构，然后重新计算链路的损耗值直到满足标准为止。在计算链路损耗值时，并不需要计算每条链路的损耗值，只要计算出最坏情况下的链路损耗即可。最坏情况链路就是光纤最长、连接器和接头的个数最多以及光旁路开关的个数最多等造成光功率损耗值最大的链路。当然，计算并记录所有链路的损耗值，对于将来的故障诊断和故障排除是非常有用的。在网络设计中计算链路损耗值是必要的，如果在安装完成后才发现有错误，代价可能很大，需要增加或替换器件，甚至需要重新设计和安装。由于计算时都采用估计值，且影响网络工作的因素又很多，即使链路损耗计算值满足要求，也不能完全保证安装后的网络一定是成功的。

链路损耗值（L）的基本计算公式为：

$$L=I_c\times L_c+N_{con}\times L_{con}+(N_s+N_r)\times L_s+N_{pc}\times L_{pc}+N_m\times L_m+P_d+M_a+M_s+M_t$$

其中：

I_c——光纤的长度（单位为 km）；

L_c——单位长度的损耗（1.5～2.5dB/km）；

N_{con}——连接器的数目；

L_{con}——每个连接器的损耗（约 0.5dB）；

N_s——安装接头的数目；

N_r——计划整修接头的数目；

L_s——每个接头的损耗（约 0.5dB）；

N_{pc}——无源部件的数目（如光旁路开关）；

L_{pc}——每个无源部件的损耗（约 2.5dB）；

N_m——不匹配耦合的数目；

L_m——每个不匹配耦合的损耗；

P_d——色散损耗（厂家说明）；

M_a——信号源老化损耗（1～3dB）；

M_s——安全损耗（1～3dB）；

M_t——温度变化损耗（1dB）。

例 8-1　假设设计一幢大楼内的光纤网络，要求两站之间最大光纤（MMF 1300μm）长度是 1.5km（损耗为 1.2dB/km），连接三个机械接头（损耗为 0.5dB/接头）和六个连接器（损耗为 0.5dB/连接器），其他的链路长度为 14km，且包含有一个熔接接头（损耗为 0.3dB/接头）。假设没有不匹配耦合，安全边界损耗值为 1dB，信号源老化损耗值为 1dB，两个机械接头计划将来整修。根据链路损耗值计算公式计算如下：

① 光纤长度=1.5km，单位长度损耗（dB/km）=1.2，总损耗=1.5×1.2=1.8dB。

② 连接器数目=6，损耗/连接器=0.5dB，总损耗=6×0.5=3dB。

③ 安装接头数目=3，计划整修接头数目=2，损耗/接头=0.5dB，总损耗=(3+2)×0.5=2.5dB。

④ 旁路开关个数=0，总损耗=0。

⑤ 不匹配耦合数目=0，总损耗=0。

⑥ 色散损耗=0。

⑦ 信号源老化损耗=1dB。

⑧ 安全临界损耗=1dB。

⑨ 温差损耗=1dB。

所以，整个链路的损耗值为：

$$L=1.8+3+2.5+0+0+1+1+1=10.3(dB)$$

这个值小于 MMF 的最大损耗值 11dB，说明从链路损耗这个角度考虑，此设计方案可以接受。

一个光旁路开关的功率损耗是 2.5dB。光纤标准建议：在带有光旁路开关的链路上，任意相邻两通信站点之间的光纤长度不要超过 400m(2.5dB/km)。在这个限定值内，即使有 4 个连续的站点处于旁路状态，这 4 个站点两边的节点仍可以通信，因为任意两个节点间的连接损耗仍能满足损耗不大于 11dB(4×2.5+0.4×2.5=11dB)的边界条件。当然，这样的计算是假定在没有其他损耗源的情况下进行的。

在大楼布线系统中，采用 62.5/125μm 的光纤时，它的工作波长为 850nm、1300nm 双波长窗口，在长距离时要注意下面的情况。

在 850nm 下满足工作带宽 160MHz/km；

在 1300nm 下满足工作带宽 550MHz/km；

在保证工作带宽下传输衰减是光纤链路最重要的技术参数。

$$A_光=a\,L=10\log10(P_1/P_2)$$

其中：

a—衰减系数。

L—光纤长度。

P_1—光信号发生器在光纤链路始端注入光纤光功率。

P_2—光信号接收器在光纤链路末端接收到的光功率经光纤链路衰减后的光信号量。

$$A_总=L_c+L_s+L_f+L_m$$

其中，各环节衰减如下：

L_c（连接器衰减）：≤0.5dB×2。

L_s（连接器衰减）：≤0.3dB×2。

L_f（光纤衰减）：850nm≤3.5dB/km，1300nm≤1.2dB/km。

L_m（余量）：由用户选定。

楼宇内光纤长度不超过 500m 时，工作波长为 850nm，应有 $A_总$≤3.5dB；工作波长为 1300nm；应有 $A_总$≤2.2dB。

（3）光缆链路的关键物理参数。

① 衰减。

　a. 衰减是光在沿光纤传输过程中光功率的减少。

　b. 对光纤网络总衰减的计算：光纤损耗是指光纤输出端的功率与发射到光纤时的功率的比值。

　c. 损耗是同光纤的长度成正比的，所以总衰减不仅表明了光纤损耗本身，还反映了光纤的长度。

　d. 光缆损耗因子（α）：反映光纤衰减的特性。

② 回波损耗。

反射损耗又称为回波损耗，它是指在光纤连接处后向反射光相对输入光的比率的分贝数，回波损耗越大越好，以减少反射光对光源和系统的影响。

③ 插入损耗。

　a. 插入损耗是指光纤中的光信号通过活动连接器之后，其输出光功率相对输入光功率的比率的分贝数。

　b. 插入损耗越小越好。

考虑衰减时还要注意以下事项：

　a. 对于不同的光纤链路（单模或多模）相应地要选用单模或多模仪表。

　b. 测试时所选择的光源和波长最好要与实际使用中的光源和波长一致，否则测试结果就会失去参考价值。

　c. 设置好参考值后，千万注意不要在仪表光源的输出口断开，一旦断开，要求重新设置基准，否则测试结果可能不准确，甚至出现负值。

d. 光源需要预热十分钟左右才能稳定，设置参考值要在光源稳定后才能进行。如果环境变化较大，如从室内到室外，由于温度变化大，要重新设置参考值。

8.8.2 光纤测试仪的组成

目前，测试综合布线系统中光纤传输系统的性能常采用 AT&T 公司生产的 938 系列光纤测试仪。下面我们侧重介绍怎样使用该测试仪来测试光缆传输系统。

图 8-25　938A 光损耗测试仪

938A 光纤测试仪由下列部分组成，如图 8-25 所示。

（1）主机。

主机包含一个检波器、光源模块（OSM）接口、发送和接收电路及供电电源。主机可独立地作为功率计使用，不要求光源模块。

（2）光源模块。

光源模块包含有发光二极管（LED），在 660nm、780nm、820nm、850nm、870nm、1300nm、1550nm 波长上作为测量光衰减/损耗的光源，每个模块在其相应的波长上发出能量。

（3）光连接器的适配器。

适配器允许连接一个 Biconic、ST、SC 或其他光缆连接器至 938 主机，对每一个端口（输入和输出）要求安装一个适配器，安装连接器的适配器时不需要工具。

（4）AC 电源适配器。

当由 AC 电源给主机供电时，AC 适配器不对主机中的可充电电池进行充电。如果使用的是可充电电池，则必须由外部 AC 电源对充电电池进行充电。

8.8.3 938 系列测试仪的技术参数

目前，工程中使用的光纤测试仪主要是 938 系列测试仪，它的技术参数如下。

1. 发送器

发送器的技术参数如表 8-22 所示。

表 8-22　发送器的技术参数

发送器	标准模块最大标称波长	频宽	输出功率	输出稳定性（常温下超过 8h）
9G	660nm±10nm	≤20nm	≥-20dBm	≤±0.5dB
9H	780nm±10nm	≤30nm	≥-20dBm	≤±0.5dB
9B	820nm±10nm	≤50nm	≥-25dBm	≤±0.5dB
9C	850nm±10nm	≤50nm	≥-25dBm	≤±0.5dB
9D	875nm±10nm	≤50nm	≥-25dBm	≤±0.5dB
9E	1300nm±20nm	≤150nm	≥-30dBm	≤±0.5dB
9F	1550nm±20nm	≤150nm	≥-30dBm	≤±0.5dB

2. 接收器

接收器的技术参数如表 8-23 所示。

表 8-23　接收器的技术参数

接收器类型	938A 砷镓铟	938C 硅
标准校准波长	850nm、875nm、1300nm、1550nm	660nm、780nm、820nm、850nm
测量范围	+3dBm 到−60dBm，2mW 到 1nW	
精确度	+5%	
分辨率	0.01dBm/0.01dBm	
线性	4 位十进制比特	

3．电源供电

交流电源适配器：120V/AC，220V/AC。

8.8.4　光纤测试仪操作使用说明

938A 系列 OLTS/OPM 能用来作为一个光能量功率仪，用来测试一个光信号的能级。该系列也可用来测试一个部件（组成部分）或一条光纤通路的损耗/衰减。操作步骤如下。

1．初始的校准（调整）

为了获得准确的测试结果，保持光界面的清洁，可用一个沾有酒精（乙醇）的棉花球来轻拭界面，并用罐气将界面吹干，然后按下列步骤操作。

（1）将电源开关 POWER 置于 ON 的位置，并等待如图 8-26 所示的两个 LCK（液晶显示）画面出现。

（2）波长，通过重复地按"SELECT"按钮，以使指示器移到所选的波长上，如图 8-27 所示。

第一屏显示　　第二屏显示

图 8-26　初始调零

波长选择

图 8-27　波长选择

为了方便起见，插入的光源是颜色编码的，与 938A 主机面板上"波长终点颜色"相匹配。

（3）检波器偏差调零，将防尘盖加到输入端口上并拧紧，这时按下"ZERO EST"按钮，调零的顺序由−9 开始，到−0 结尾。

（4）当调零序列（−9 到−0）完成后，将输入端口上的防尘盖取下，再将合适的连接器适配器加上，如图 8-28 所示。

2．光源模块的安装与卸下

图 8-28　连接器适配器

（1）安装。

将要安装的光源模块上的键与主要 938A 中对应的槽对准，然后将模块压进 938A 主机直到完全吻合，并且掩没在主机体内，如图 8-29 所示。

（2）卸下。

用拇指向下拉位于设备北面的排出锁闩，以卸下光源模块。这时，一定要确认防尘盖是否去掉了，如图 8-30 所示。

图 8-29　光源模块的安装

图 8-30　光源模块的卸下

3．能级测试

能级测试见图 8-31。按下列步骤完成：

图 8-31　能级及光纤损耗（衰减）测试

在初始调整完成后，用一条测试跳线将 OPM 的输入端口与被测的光能源连接起来，根据所选择的 W/dBm 按钮不同，检测到的能级将以 W 或 dBm 显示出来。

请注意：所用的测试跳线类型（单模还是多模，50/125μm 还是 62.5/125μm）将影响测试，因此要选择合适的跳线类型。

4．损耗/衰减测试

OLTS/OPM 可用来测试光纤及其元件/部件（衰减器、分离器、跳线等）或光纤路径的衰减/损耗。

（1）通常用输入功率与输出功率的比值来定义损耗。

计算公式如下：

$$损耗（dB）=10\lg\frac{输入功率（W）}{输出功率（W）} \tag{8-1}$$

如果能级在 dBm 中测试，则：

$$dBm=10\lg[功率电平(W)/1(mW)]$$

则损耗/衰减计算可简化如下：

$$损耗（dB）=输入功率(dBm)－输出功率(dBm) \tag{8-2}$$

假设 10mW（+10dBm）光功率被输进光纤的一端，而在此光纤的输出端测出的是 10μW（–20dBm），那么利用式（8-1）和式（8-2）可计算出路径的损耗如下 ：

$$损耗（dB）=－20dBm－（+10)dBm＝－30dB$$

（2）光衰减测试依赖于所用光源（发送器）的特性。因此，当测试一条光纤路径时，光源的类型（Center/Peak 波长、频谱的宽度等）要与系统运行时所用的光源类型相近。

（3）OLTS 使用的光源模块具有宽频谱的 LEDS，使用这些光源模块所获得的损耗测试值对于使用相近 LEDS 发送器的系统是有效的。

（4）总的来说，单模光波系统使用基于激光的发送器（从而要求使用激光源模块来进行损耗/衰减测试，而多模光波系统通常设计成由 LED 光源来运行）。

（5）所使用的测试跳线的类型将影响衰减测试结果。因此，要保证所用的测试跳线（对于参考测试或到一个外部源连接的测试）与被测光纤路径具有同一种光纤类型。

测试单模和多模光纤的损耗/衰减测试，使用外部光源。

（6）任一稳定的光源输出波长若在 OLTS/OPM 接收器的检波范围之内（938C：400nm 到 1100nm；938A：800nm 到 16 000nm），都可用来测试光纤链路的损耗/衰减。测试一条光纤链路的步骤如下：

① 完成测试仪初始调整工作；

② 用测试跳线将 938 的输入端口与光能源连接起来；

③ 如果用的是一变化的输出源，则将输出能级调到其最大值；

④ 如果用两个变化的输出源，调整其输出能级，直到它们等同（如−10dBm/100μW 等）为止；

⑤ 通过按下 REL（dB）铵钮，选择 REL（dB）方式，显示读数为 0.00dB；

⑥ 断开（从 OPM/OLTS 输入端口上）测试跳线，并将它连接到光纤路径上，如图 8-32 所示。

注意：

① 不要从光源上断开测试跳线，这将影响测试结果。另外，不要关 OPM/PLTS 的电源，否则会在按 REL(dB)按钮时将存于存储器中的值清除掉。

② 在光纤路径相反的一端，连接另一条测试跳线（跳线应是同一类型的 10/125μm，50/125μm）到 OLTS/OPM 的输入端口，且此跳线的另一端连到被测的光纤路径，该光纤跳线的损耗将以 dB 显示。

③ 为了消除测试中产生的方向偏差，要求在两个方向上测试光纤路径，然后取损耗的平均值作为结果，如图 8-33 所示。

图 8-32　光源连到光纤路径上　　　　图 8-33　光纤路径测试

④ 如果使用的是两个固定的输出光源，则在两个方向上测出的损耗可能不同，该偏差将正比于发射功率的偏差（从光源耦合到测试跳线的功率），所引起的差异及连接器/光纤偏差将引起一个光源耦合到特定光纤的功率多于或少于另一个光源的，从而取两个方向上的平均值来消除这个偏差。多模损耗/衰减测试通常使用内部光源。

⑤ 938 OLTS/OPM 可以用来测试一条多模光纤路径的损耗。建立过程如下：

a. 使用 938 OLTS/OPM 时源开关置于 OFF 位置，在要求的波长上安装一个光源模块，光源模块是按颜色编码的，并与 OLTS/OPM 面板上的波长标签相对应。

b. 将源开关置于 LED ON 位置，完成初始调整。

c. 通过使用 inter-set（相互设定）或 inter-set（内部设定）两种方法中的一种来获得一个参考能级。

d. 当两个 OLTS/OPM 物理上在同一位置时，可使用"相互设置参考"过程，这是一种比较好的方法，利用这种技术可以消除测试期间的偏差。

e. 按下列步骤完成"相互设置参考（inter set reference）"，如图 8-34 所示。

图 8-34　相互设置参考

将 OLTS/OPM "A" 输出端口与 OLTS "B" 的输入端口之间用一条测试跳线连接起来，类似用同一类型的另一条跳线将 OLTS/OPM "B" 的输出端口与 OLTS/OPM "A" 的输入端口连接起来，按每个设备上的 REL（dB）按钮，两设备上的显示将指示 0.00dB。

（7）内部设置参考。

对于某些应用来说，不可能将两个测试设备放在一起来获取一个参考能级，"内部设置参考"可独立地在两个分开的位置上进行，下列步骤便完成"内部设置参考"，参考图 8-35，其操作步骤如下：

图 8-35　内部参考设置

① 在每一个 OLTS/OPM 的输入端口和输出端口之间连上一条测试跳线，按下 W/dBm 按钮，于是以 dBm 显示能级（例如：-23.4dBm）记录下来这个能级。

② 按 REL（dB）显示将指示 0.00dB 进行损耗测试。

③ 一旦建立了一个参考能级（使用介绍的两种方法："相互设置参考"和"内部设置参考"之一），则将 OLTS/OPM 输入端口处的测试跳线断开。

需要注意的是不要从设备的输出端口上断开测试跳线，这将影响测试结果。另外，不要将 OLTS/OPM 的电源关掉，否则会在按 REL（dB）按钮时将存于存储器中的值清除掉。

④ 在 OLTS/OPM 的每一输入端口连接上另外的两条同一类型的测试跳线，并在两个方向上测试光纤路径的损耗。

首先，从设备"A"输出发送通过光纤到设备"B"的输入，然后，从设备"B"的输出发送通过光纤到设备"A"的输入，在接收的设备上以 dB 为单位显示出每个方向的损耗，参见图 8-36。

图 8-36　光纤路径测试

a. 如果使用的是"内部设置参考"的方法，则要从接收测试设备上记录的参考能级中减去在发送设备（在光纤路径另一端的 OLTS/OPM）上记录的参考能级。

例如，如果发送的 OLTS/OPM 在 REL（dB）按钮按下之后显示的是-25.6，且接收的 OLTS/OPM 显示的是-31.8dBm，那么差值如下：

$$-31.8-(-25.6\text{dBm})=-6.2\text{dBm}$$

将这个数值加到在接收测试设备上测出的所有的损耗值中。

从光纤路径相反一端的 OLTS/OPM 测出的所有损耗值中减去这个数值，这将消去任何由测试设置产生的方向性的测试偏差。

请注意：如果使用的是"相互设置参考"方法，则不要求进行这种计算。

b. 为了消除测试仪中的任何方向性的偏差，按下列公式计算平均损耗：

$$平均损耗 =（一个方向的损耗 + 相反方向的损耗）/2$$

8.8.5　光纤测试步骤

测试光纤的目的是要知道光纤信号在光纤路径上的传输损耗。

光信号是由光纤路径一端的 LED 光源所产生的（对于 LGBC 多模光缆，或室外单模光缆是由激光光源产生的），这个光信号在从光纤路径的一端传输到另一端时要经历一定量的损耗。这个损耗来自光纤本身的长度和传导性能，来自连接器的数目和接续的多少。当光纤损耗超过某个限度值后，表明此条光纤路径是有缺陷的。对光纤路径进行测试有助于找出问题。下面给出如何用 938 系列光纤测试仪来进行光纤路径测试。

1．测试光纤路径所需的硬件

（1）两个 938A 光纤损耗测试仪（OLTS），用来测试光纤传输损耗；

（2）为了使在两个地点进行测试的操作员之间进行通话，需要有无线对讲机（至少要有电话）；

（3）4 条光纤跳线，用来建立 938A 测试仪与光纤路径之间的连接；

（4）红外线显示器，用来确定光能量是否存在；

（5）墨镜，测试人员必须戴上墨镜。

2．光纤路径损耗的测试步骤

当执行下列过程时，测试人员决不能去观看一个光源的输出（在一条光纤的末端，或在连接到 OLTS-938A 的一条光纤路径的末端，或到一个光源），以免损伤视力。

为了确定光能量是否存在，应使用能量/功率计或红外线显示器，测试步骤如下：

（1）设置测试设备。按 938A 光纤损耗测试仪的指令进行设置。

（2）OLTS（938A）调零（用来消除能级偏移量，当测试非常低的光能级时，不调零则会引起很大的误差，调零还能消除跳线的损耗）。为了调零，在位置 A 用一跳线连接 938A 的光源（输出端口）和检波器插座（输入端口），在光纤路径的另一端（位置 B）完成同样的工作，测试人员必须在两个位置（A 和 B）上对两台 938A 调零，如图 8-37 所示。

（3）连续按住 ZERO SET 按钮 1s 以上，等待 20s 的时间来完成自校准，如图 8-38 所示。

图 8-37　对两台 938A 进行调零　　　　　　　　　图 8-38　938A 调零

（4）测试光纤路径中的损耗（位置 A 到位置 B 方向上的损耗），参见图 8-39。

图 8-39　在位置 B 测试的损耗

① 在位置 A 的 938A 上从检波器插座（IN 端口）处断开跳线 S1，并把 SI 连接到被测的光纤路径上；

② 在位置 B 的 938A 上从检波器插座（IN 端口）处断开跳线 S2；

③ 在位置 B 的 938 检波器插座（输入端口）与被测光纤通路的位置 B 末端之间用另一条光纤跳线连接；

④ 在位置 B 处的 938A 测试 A 到 B 方向上的损耗；

（5）测试光纤路径中的损耗（位置 B 到位置 A 方向上的损耗），参见图 8-40。

图 8-40　在位置 A 测试的损耗

① 在位置 B 的光纤路径处将跳线 D2 断开；

② 将跳线 S2（位置 B 处的）连接到光纤路径上；

③ 从位置 A 处将跳线 S1 从纤路径上断开；

④ 用另一条跳线 D1 将位置 A 处 938 检波器插座（IN 端口）与位置 A 处的光纤路径连接起来；

⑤ 在位置 A 处的 938A 上测试出 B 到 A 方向上的损耗。

（6）计算光纤路径上的传输损耗。

计算时采用下列公式：

$$平均损耗 = \frac{损耗（A到B方向）+ 损耗（B到A方向）}{2} \tag{8-3}$$

（7）记录所有的数据。

当一条光纤路径建立好后，测试的是光纤路径的初始损耗，要认真地将安装系统时所测试的初始损耗记录在案。

以后在某条光纤路径工作不正常时要进行测试，这时的测试值要与最初测试的损耗值比较。若高于最初测试损耗值，则表明存在问题，可能是测试设备的问题，也可能是光纤路径的问题。

（8）重新测试。

如果测出的数据高于最初记录的损耗值，则要对所有的光纤连接器进行清洗。另外，测试人员还要检查对设备的操作是否正确、检查测试跳线连接条件，测试连接示意图如图 8-41 所示。

图 8-41　光纤测试连接

如果重复出现较高的损耗值，那么就要检查光纤路径上有没有不合适的接续、损坏的连接器、被压住/挟住的光纤等。

测试数据记录单如表 8-24 所示。

表 8-24　光纤损耗测试数据记录单

光纤号 NO.	波长（nm）	在 X 位置的损耗读数 L_x(dB)	在 Y 位置的损耗读数 L_y(dB)	总损耗为$(L_x+L_y)/2$(dB)
1				
2				
⋮				
N				

光纤测试过程中可能遇到下列问题：

① 用手电对一端光纤头照光时，另一端的光纤头光线微弱。

说明光纤头制作过程中有操作问题。用测试仪测量其值（dB），如超标，则应重新制作该头。

② 跳线连接时出现指示灯不亮或指示灯发红的情况。

a. 检查一下跳线接口是否接反了，正确的端接是 O—I，I—O，交叉跳接。

b. ST 是否与耦合器扣牢，防止光纤头间出现不对接现象。

③ 使用光纤测试仪测试时，测量值大于 4.0dB。

a. 检查光纤头是否符合制作要求；

b. 检查光纤头是否与耦合器正确连接；

c. 检查光纤头部是否有灰尘（用酒精纸试擦光纤头，待酒精挥发干后再测）。

视情况分别处理（重新制作或不需要重新制作）。

8.9　实　　训

实训项目 8-1：永久链路超 5 类双绞线认证测试实训

1．实训项目

（1）使用 Fluke 测试仪测试超 5 类双绞线电缆；

（2）掌握 5E 类布线系统的测试标准；

（3）掌握网络永久链路测试使用方法；

（4）掌握超 5 类双绞线认证测试报告的内容。

2．实训材料、设备和工具

5E 类布线系统，测试仪。

3．测试注意事项

（1）认真阅读测试仪使用操作说明书，正确使用仪表。

（2）测试前要完成对测试仪主机、辅机的充电工作并观察充电是否达到 80%以上。不要在电压过低的情况下测试，中途充电可能造成已测试的数据丢失。

4．测试步骤

（1）连接被测链路。

将测试仪主机和远端机连上超 5 类双绞线永久链路。

（2）按 Fluke 测试仪的绿键启动 DTX ，并选择中文或中英文界面。

（3）选择超 5 类双绞线、测试类型和标准。

① 将旋钮转至 SETUP；

② 选择 "Twisted Pair"；

③ 选择 "Cable Type"；

④ 选择 "UTP"；

⑤ 选择 "Cat 5e UTP"；

⑥ 选择 "Test Limit"；

⑦ 选择 "TIA Cat 5e Perm. Link"。

（4）按 "TEST" 键，启动自动测试，最快 9s 完成一条正确链路的测试。

（5）在 DTX 系列测试仪中为测试结果命名。

（6）保存测试结果。测试通过后，按"SAVE"键保存测试结果，结果可保存于内部存储器和 MMC 多媒体卡。

（7）打印测试报告。

实训项目 8-2：信道链路超 5 类双绞线认证测试实训

1．实训项目

（1）使用 Fluke 测试仪测试超 5 类双绞线电缆；

（2）掌握 5E 类布线系统的测试标准；

（3）掌握网络信道链路测试使用方法；

（4）掌握超 5 类双绞线认证测试报告的内容。

2．实训材料、设备和工具

5E 类布线系统，测试仪。

3．测试注意事项

（1）认真阅读测试仪使用说明书，正确使用仪表。

（2）测试前要完成对测试仪主机、辅机的充电工作并观察充电是否达到 80%以上。不要在电压过低的情况下测试，中途充电可能造成已测试的数据丢失。

4．测试步骤

（1）连接被测链路。

将测试仪主机和远端机连上超 5 类双绞线信道链路。

（2）按 Fluke 测试仪绿键启动 DTX，并选择中文或中英文界面。

（3）选择超 5 类双绞线、测试类型和标准。

① 将旋钮转至 SETUP；

② 选择"Twisted Pair"；

③ 选择"Cable Type"；

④ 选择"UTP"；

⑤ 选择"Cat 5e UTP"；

⑥ 选择"Test Limit"；

⑦ 选择"TIA Cat 5e Perm. Link"。

（4）按"TEST"键，启动自动测试，最快 9s 完成一条正确链路的测试。

（5）在 DTX 系列测试仪中为测试结果命名。

（6）保存测试结果。测试通过后，按"SAVE"键保存测试结果，结果可保存于内部存储器和 MMC 多媒体卡。

（7）打印测试报告。

实训项目 8-3：永久链路 6 类双绞线认证测试实训

1．实训项目

（1）使用 Fluke 测试仪测试 6 类双绞线电缆；

（2）掌握 6 类布线系统的测试标准；

（3）掌握网络永久链路测试使用方法；

（4）掌握 6 类双绞线认证测试报告的内容。

2．实训材料、设备和工具

6 类布线系统，测试仪。

3．测试注意事项

（1）认真阅读测试仪使用操作说明书，正确使用仪表。

（2）测试前要完成对测试仪主机、辅机的充电工作并观察充电是否达到 80%以上。不要在电压过低的情况下测试，中途充电可能造成已测试的数据丢失。

4．测试步骤

（1）连接被测链路。

将测试仪主机和远端机连上 6 类双绞线永久链路。

（2）按 Fluke 测试仪绿键启动 DTX，并选择中文或中英文界面。

（3）选择 6 类双绞线、测试类型和标准。

① 将旋钮转至 SETUP；

② 选择"Twisted Pair"；

③ 选择"Cable Type"；

④ 选择"UTP"；

⑤ 选择"Cat 6　UTP"；

⑥ 选择"Test Limit"；

⑦ 选择"TIA Cat 6 Perm. Link"。

（4）按"TEST"键，启动自动测试，最快 9s 完成一条正确链路的测试。

（5）在 DTX 系列测试仪中为测试结果命名。

（6）保存测试结果。测试通过后，按"SAVE"键保存测试结果，结果可保存于内部存储器和 MMC 多媒体卡。

（7）打印测试报告。

实训项目 8-4：信道链路 6 类双绞线认证测试实训

1．实训项目

（1）使用 Fluke 测试仪测试 6 类双绞线电缆；

（2）掌握 6 类布线系统的测试标准；

（3）掌握网络永久链路测试使用方法；

（4）掌握 6 类双绞线认证测试报告的内容。

2．实训材料、设备和工具

6 类布线系统，测试仪。

3．测试注意事项

（1）认真阅读测试仪使用操作说明书，正确使用仪表。

（2）测试前要完成对测试仪主机、辅机的充电工作并观察充电是否达到 80%以上。不要在电压过低的情况下测试，中途充电可能造成已测试的数据丢失。

4．测试步骤

（1）连接被测链路。

将测试仪主机和远端机连上 6 类双绞线信道链路。

（2）按 Fluke 测试仪绿键启动 DTX，并选择中文或中英文界面。

（3）选择 6 类双绞线、测试类型和标准。

① 将旋钮转至 SETUP；

② 选择 "Twisted Pair"；

③ 选择 "Cable Type"；

④ 选择 "UTP"；

⑤ 选择 "Cat 6 UTP"；

⑥ 选择 "Test Limit"；

⑦ 选择 "TIA Cat 6 Perm. Link"。

（4）按 "TEST" 键，启动自动测试，最快 9s 完成一条正确链路的测试。

（5）在 DTX 系列测试仪中为测试结果命名。

（6）保存测试结果。测试通过后，按 "SAVE" 键保存测试结果，结果可保存于内部存储器和 MMC 多媒体卡。

（7）打印测试报告。

实训项目 8-5：性能故障诊断实训

1．实训项目

（1）当双绞线电缆测试出现的各种故障时，进行性能故障诊断。

（2）性能故障诊断主要是近端串音（NEXT）和回波损耗（RL）。

2．性能故障诊断实训步骤

（1）使用 HDTDX 诊断近端串音（NEXT）。

① 当线缆测试不通过时，先按 "故障信息键"（F1 键），此时将直观显示故障信息并提示解决方法。

② 评估 NEXT 的影响，按 "EXIT" 键返回摘要屏幕。

③ 选择 "HDTDX Analyzer"，HDTDX 将显示更多线缆和连接器的 NEXT 详细信息。

（2）使用 HDTDR 诊断回波损耗（RL）。

① 当线缆测试不通过时，先按 "故障信息键"（F1 键），此时将直观显示故障信息并提示解决方法。

② 评估 RL 的影响，按 "EXIT" 键返回摘要屏幕。

③ 选择 "HDTDR Analyzer"，HDTDR 显示更多线缆和连接器的 RL 详细信息。

实训项目 8-6：大对数电缆布线测试实训

1．实训项目

大对数电缆多用于综合布线系统的语音主干线，本实训为测试大对数电缆布线。

2．实训设备和工具

大对数电缆布线系统，EXT-ALL25 测试仪。

没有 EXT-ALL25 测试仪时，使用双绞线测试仪分组测试大对数电缆。分组测试，每 4 对一组，当测到第 25 对时，向前错位 3 对线。

3．测试步骤

（1）EXT-ALL25 测试仪测试大对数电缆的步骤。

使用 TEXT-ALL25 测试仪进行大对数电缆测试过程中，主要有下列测试程序：

① 自检。

② 通信。

③ 电源故障测试。

④ 接地故障测试。

⑤ 连续性测试。

  a．Shorts（短路）

  b．Open（开路）

  c．Reversed（反接）

  d．Crossed（交叉）

（2）使用双绞线测试仪分组测试大对数电缆的步骤。

① 对大对数电缆分组。

大对数电缆每 4 对一组，分 7 组。第 7 组（第 25 对和向前错位 3 对线）如图 8-42 所示：

25对大对数电缆配线场

图 8-42　对大对数电缆分组

② 双绞线测试仪使用鸭嘴-RJ45 跳线。

鸭嘴-RJ45 跳线如图 8-43 所示。

RJ45　　鸭嘴

图 8-43　鸭嘴-RJ45 跳线

没有 EXT-ALL25 测试仪时，使用双绞线测试仪分组测试大对数电缆，如图 8-44 所示，分组测试，每 4 对一组，当测到第 25 对时，向前错位 3 对线。

③ 测试方法同双绞线测试。

图 8-44 用双绞线测试仪分组测试大对数电缆

实训项目 8-7：光纤测试实训

1．实训项目

测试光纤的目的是要知道光信号在光纤链路上的传输损耗。光信号从光纤链路的一端传输到另一端的损耗来自光纤本身的长度和传导性能，来自连接器的数目和接续的多少。

2．实训设备和工具

光纤测试仪。

3．实训步骤

（1）938A 测试仪测试光纤。

使用 938A 测试仪测试光纤请参见 8.8.5 节光纤测试步骤的内容和图进行测试。

（2）Fluke DSP-4000 测试仪测试光纤。

① 使用 Fluke DSP-4000 系列的线缆测试仪，要安装相应的光纤选配件。

② 完成"相互设置参考"。

③ 测试步骤。

　　a．连接被测链路。

　　　　将测试仪主机和远端机连上光纤链路，如图 8-45 所示。

　　b．按 Fluke 测试仪绿键启动 DTX，并选择中文或中英文界面。

c. 选择光纤、测试类型和标准，见图 8-46；

● 将旋钮转至 SETUP；

● 设置光纤测试。

图 8-45　光纤路径测试

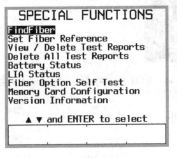

图 8-46　选择界面

d. 按"TEST"键，启动自动测试。

e. 在测试仪中为测试结果命名。

f. 保存测试结果。测试通过后，按"SAVE"键保存测试结果，结果可保存于内部存储器和 MMC 多媒体卡。

g. 打印测试报告。

【本章小结】

本章阐述了综合布线系统测试的相关基础知识、常用测试仪使用方法、双绞线测试技术、大对数电缆测试技术、光纤测试技术等内容。

要求学员掌握本章的内容和 7 个实训项目的操作方法，增加感性认识和动手能力。为网络运行提供可靠的传输平台。

第9章 综合布线系统工程的验收

对布线工程的验收是施工方向用户方移交的正式手续，也是用户对工程施工工作的认可，检查工程施工是否符合设计要求和符合有关施工规范。用户要确认工程是否达到了原来的设计目标，质量是否符合要求，有没有不符合原设计的有关施工规范的地方。

验收是分两部分进行的，第一部分是物理验收，第二部分是文档验收。

本章从 4 个方面叙述网络综合布线系统工程验收的具体要求和使用的主要表据。

- 综合布线系统验收要点。
- 现场（物理）验收。
- 文档与系统测试验收。
- 实训。

9.1 综合布线系统验收要点

9.1.1 环境检查

对进线间、电信间、设备间、工作区的建筑和环境条件进行检查，检查内容如下：

（1）进线间、电信间、设备间、工作区土建工程已全部竣工。房屋地面平整、光洁，门的高度和宽度应不妨碍设备和器材的搬运，门锁和钥匙齐全。

（2）房屋预埋地槽、暗管及孔洞和竖井的位置、数量、尺寸均应符合设计要求。

（3）铺设活动地板的场所，活动地板防静电措施的接地应符合设计要求。

（4）电信间、设备间应提供 220V 单相带地电源插座。

（5）电信间、设备间应提供可靠的接地装置，设置接地体时，检查接地电阻值及接地装置应符合设计要求。

（6）电信间、设备间的面积、通风及环境温、湿度应符合设计要求。

（7）建筑物进线间及入口设施的检查。建筑物进线间及入口设施的检查应包括下列内容：

① 引入管道与其他设施（如电气、水、煤气、下水道等）的位置间距应符合设计要求；

② 引入缆线采用的敷设方法应符合设计要求；

③ 管线入口部位的处理应符合设计要求，并应检查采取排水及防止气、水、虫等进入的措施；

④ 进线间的位置、面积、高度、照明、电源、接地、防火、防水等应符合设计要求；

⑤ 有关设施的安装方式应符合设计文件规定的抗震要求。

9.1.2 器材验收

1. 器材验收一般要求

施工器材抵达施工现场后应及时验收。器材验收要注意如下 4 点：

（1）工程所用缆线器材型式、规格、数量、质量在施工前应进行检查，无出厂检验证明材料或与设计不符者不得在工程中使用。

（2）经检验的器材应做好记录，对不合格的器件应单独存放，以备核查与处理。

（3）工程中使用的缆线、器材应与订货合同或封存的产品在规格、型号、等级上相符。

（4）备品、备件及各类资料应齐全。

2. 器材、管材与铁件的验收要求

器材、管材与铁件的验收要注意如下内容：

（1）各种器材的材质、规格、型号应符合设计文件的规定，表面应光滑、平整、不得变形、断裂。预埋金属线槽、过线盒、接线盒及桥架表面涂覆或镀层均匀、完整，不得变形、损坏；

（2）管材采用钢管、硬质聚氯乙烯管时，其管身应光滑、无伤痕，管孔无变形，孔径、壁厚应符合设计要求；

（3）管道采用水泥管块时，应接通信管道工程施工及验收中相关规定进行检验；

（4）各种铁件的材质、规格均应符合质量标准，不得有歪斜、扭曲、飞刺、断裂或破损；

（5）金属管槽应根据工程环境要求做镀锌或其他防腐处理。塑料管槽必须采用阻燃管槽，外壁应具有阻燃标记；

（6）室外管道应按通信管道工程验收的相关规定进行检验；

（7）铁件的表面处理和镀层应均匀、完整，表面光滑，无脱落、气泡等缺陷；

（8）工程所用缆线和器材的品牌、型号、规格、数量、质量应在施工前进行检查，应符合设计要求并具备相应的质量文件或证书，出厂检验证明材料、质量文件或与设计不符者不得在工程中使用；

（9）进口设备和材料应具有产地证明和商检证明；

（10）经检验的器材应做好记录，对不合格的器件应单独存放，以备核查与处理；

（11）工程中使用的缆线、器材应与订货合同或封存的产品在规格、型号、等级上相符。

3. 缆线的验收要求

缆线的验收要注意如下内容：

（1）工程使用的对绞电缆和光缆型式、规格应符合设计的规定和合同要求；

（2）电缆所附标志、标签内容应齐全、清晰；

（3）电缆外护套要完整无损，电缆应附有出厂质量检验合格证。如用户要求，应附有本批量电缆的技术指标。

（4）电缆的电气性能抽验应从本批量电缆中的任意三盘中各截出 100m，加上工程中所选用的接插件进行抽样测试，并做测试记录。

（5）光缆开盘后应先检查光缆外表有无损伤，光缆端头封装是否良好。

（6）综合布线系统工程采用光缆时，应检查光缆合格证及检验测试数据，必要时可测试光纤衰减和光纤长度，测试要求如下。

① 衰减测试：宜采用光纤测试仪进行测试。测试结果如超出标准或与出厂测试数值相差太大，应用光功率计测试并加以比较，断定是测试误差还是光纤本身衰减过大。

② 长度测试：要求对每根光纤进行测试，测试结果应一致。如果在同一盘光缆中光纤长度差异较大，则应从另一端进行测试或做通光检查以判定是否有断纤现象存在。

（7）光纤接插软线（光跳线）检验应符合下列规定：

① 光纤接插软线，两端的活动连接器（活接头）端面应装配有合适的保护盖帽。

② 每根光纤接插软线中光纤的类型应有明显的标记，选用时应符合设计要求。

4．接插件的验收

接插件的验收要注意如下内容：

（1）配线模块和信息插座及其他接插件的部件应完整，检查塑料材质是否满足设计要求。

（2）保安单元过压、过流保护各项指标应符合有关规定。

（3）光纤插座的连接器使用型式和数量、位置应与设计相符。

5．配线设备的验收

配线设备的验收要注意如下内容：

（1）光、电缆交接设备的型式、规格应符合设计要求。

（2）光、电缆交接设备的编排及标志名称与设计相符。各类标志名称应统一，标志位置应正确、清晰。

（3）对绞电缆电气性能、机械特性、光缆传输性能及接插件的具体技术指标和要求应符合设计要求。

9.1.3　设备安装验收

1．机柜、机架安装验收要求

（1）机柜、机架安装完毕后，垂直偏差应不大于 3mm。机柜、机架安装位置应符合设计要求；

（2）机柜、机架上的各种零件不得脱落和碰坏，漆面如有脱落应予以补漆，各种标志应完整、清晰；

（3）机柜、机架的安装应牢固，如有抗震要求时，应按施工图的抗震设计进行加固。

2．各类配线部件安装验收要求

（1）各部件应完整，安装就位，标志齐全；

（2）安装螺丝必须拧紧，面板应保持在一个平面上。

3．8 位模块式通用插座安装验收要求

（1）安装在活动地板或地面上，应固定在接线盒内，插座面板采用直立和水平等形式；接线盒盖可开启，并应具有防水、防尘、抗压功能。接线盒盖面应与地面平齐；

（2）8 位模块式通用插座、多用户信息插座或集合点配线模块，安装位置应符合设计要求；

（3）8 位模块式通用插座底座盒的固定方法按施工现场条件而定，宜采用预置扩张螺钉固定等方式；

（4）固定螺丝需拧紧，不应产生松动现象；

（5）各种插座面板应有标识，以颜色、图形、文字表示所接终端设备类型。

4．电缆桥架及线槽安装验收要求

（1）桥架及线槽的安装位置应符合施工图的规定，左右偏差不应超过 50mm；

（2）桥架及线槽水平度每米偏差不应超过 2mm；

（3）垂直桥架及线槽应与地面保持垂直，并无倾斜现象，垂直度偏差不应超过 2mm；

（4）线槽截断处及两线槽拼接处应平滑、无毛刺；

（5）吊架和支架安装应保持垂直，整齐牢固，无歪斜现象；

（6）金属桥架及线槽节与节间应接触良好，安装牢固。

（7）安装机柜、机架、配线设备屏蔽层及金属钢管、线槽使用的接地体应符合设计要求，就近接地，并应保持良好的电气连接。

5. 文档验收

文档验收主要是检查乙方是否按协议或合同规定的要求交付所需要的文档。

（1）记录应包括管道、缆线、连接器件及连接位置、接地等内容，各部分记录中应包括相应的标识符、类型、状态、位置等信息；

（2）报告应包括管道、安装场地、缆线、接地系统等内容，各部分报告中应包括相应的记录；

（3）图纸

综合布线系统工程检验项目及内容见表9-1。

表9-1　综合布线系统工程检验项目及内容

阶段	验收项目	验收内容	验收方式
一、施工前检查	1. 环境要求	（1）土建施工情况：地面、墙面、门、电源插座及接地装置 （2）土建工艺：机房面积、预留孔洞 （3）施工电源 （4）地板铺设 （5）建筑物入口设施检查	施工前检查
	2. 设备材料检验	（1）外观检查 （2）型式、规格、数量 （3）电缆电气性能测试 （4）光纤特性测试 （5）测试仪表和工具的检验	施工前检查
	3. 安全、防火要求	（1）消防器材 （2）危险物的堆放 （3）预留孔洞防火措施	施工前检查
二、设备安装	1. 电信间、设备间、设备机柜、机架	（1）规格、外观 （2）安装垂直、水平度 （3）油漆不得脱落，标志完整齐全 （4）各种螺丝必须紧固 （5）抗震加固措施 （6）接地措施	随工检验
	2. 配线部件及8位模块式通用插座	（1）规格、位置、质量 （2）各种螺丝必须拧紧 （3）标志齐全 （4）安装符合工艺要求 （5）屏蔽层可靠连接	随工检验
三、电、光缆布放（楼内）	1. 电缆桥架及线槽布放	（1）安装位置正确 （2）安装符合工艺要求 （3）符合布放缆线工艺要求 （4）接地	随工检验
	2. 缆线暗敷（包括暗管、线槽、地板等方式）	（1）缆线规格、路由、位置 （2）符合布放线缆工艺要求 （3）接地	随工检验
四、电、光缆布放（楼间）	1. 架空缆线	（1）吊线规格、架设位置、装设规格 （2）吊线垂度 （3）缆线规格 （4）卡、挂间隔 （5）缆线的引入符合工艺要求	随工检验

续表

阶段	验收项目	验收内容	验收方式
	2. 管道缆线	（1）使用管孔孔位 （2）缆线规格 （3）缆线走向 （4）缆线防护设施的设置质量	隐蔽工程签证
	3. 埋式缆线	（1）缆线规格 （2）敷设位置、深度 （3）缆线防护设施的设置质量 （4）回土夯实质量	隐蔽工程签证
	4. 隧道缆线	（1）缆线规格 （2）安装位置、路由 （3）土建设计符合工艺要求	隐蔽工程签证
	5. 其他	（1）通信线路与其他设施的间距 （2）进线室安装、施工质量	随工检验或隐蔽工程签证
五、缆线终接	1. 8 位模块式通用插座	符合工艺要求	随工检验
	2. 配线部件	符合工艺要求	
	3. 光纤插座	符合工艺要求	
	4. 各类跳线	符合工艺要求	
六、系统测试	1. 工程电气性能测试	（1）连接图 （2）长度 （3）衰减 （4）近端串音（两端都应测试） （5）近端串音功率和 （6）衰减串音比 （7）衰减串音比功率和 （8）等电平远端串音 （9）等电平远端串音功率和 （10）回波损耗 （11）传播时延 （12）传播时延偏差 （13）插入损耗 （14）直流环路电阻 （15）设计中特殊规定的测试内容 （16）屏蔽层的导通	竣工检验
	2. 光纤特性测试	（1）衰减 （2）长度	竣工检验
七、管理系统	1.管理系统级别	符合设计要求	竣工检验
	2.标识符与标签设置	（1）专用标识符类型及组成 （2）标签设置 （3）标签材质及色标	
	3.记录和报告	（1）记录信息 （2）报告 （3）工程图纸	
八、工程总验收	1.竣工技术文件	清点、交接技术文件	竣工检验
	2.工程验收评价	考核工程质量，确定验收结果	

9.2　现场（物理）验收

甲方、乙方共同组成一个验收小组，对已竣工的工程进行验收，作为网络综合布线系统，在物理上主要验收的点是：

（1）工作区子系统验收。

对于众多的工作区不可能逐一验收，而是由甲方抽样挑选工作间。

验收的重点：

① 线槽走向、布线是否美观大方，符合规范。

② 信息座是否按规范进行安装。

③ 信息座安装是否做到一样高、平、牢固。

④ 信息面板是否都固定牢靠。

⑤ 标志是否齐全。

（2）水平干线子系统验收。

水平干线验收的主要验收点有：

① 槽安装是否符合规范。

② 槽与槽、槽与槽盖是否接合良好。

③ 托架、吊杆是否安装牢靠。

④ 水平干线与垂直干线、工作区交接处是否出现裸线，有没有按规范去做。

⑤ 水平干线槽内的线缆有没有固定。

⑥ 接地是否正确。

（3）垂直干线子系统验收。

垂直干线子系统的验收除了类似于水平干线子系统的验收内容外，还要检查楼层与楼层之间的洞口是否封闭，以防火灾出现时成为一个隐患点。线缆是否按间隔要求固定？拐弯线缆是否留有孤度？

（4）电信间、设备间子系统验收时，主要检查设备安装是否规范整洁。

验收不一定要等工程结束时才进行，往往有的内容是随时验收的，作者把网络布线系统的物理验收归纳如下。

1．施工过程中甲方需要检查的事项

（1）环境要求。

① 地面、墙面、天花板内、电源插座、信息模块座、接地装置等要素的设计与要求。

② 设备间、电信间的设计。

③ 竖井、线槽、打洞位置的要求。

④ 施工队伍以及施工设备。

⑤ 活动地板的铺设。

（2）施工材料的检查。

① 双绞线、光缆是否按方案规定的要求购买。

② 塑料槽管、金属槽是否按方案规定的要求购买。

③ 机房设备如机柜、集线器、接线面板是否按方案规定的要求购买。

④ 信息模块、座、盖是否按方案规定的要求购买。

（3）安全、防火要求。

① 器材是否靠近火源。

② 器材堆放是否安全防盗。

③ 发生火情时能否及时提供消防设施。

2．检查设备安装

（1）机柜与配线面板的安装。

① 在机柜安装时要检查机柜安装的位置是否正确；规定、型号、外观是否符合要求。

② 跳线制作是否规范，配线面板的接线是否美观整洁。

（2）信息模块的安装。

① 信息插座安装的位置是否规范。

② 信息插座、盖安装是否平、直、正。

③ 信息插座、盖是否用螺丝拧紧。

④ 标志是否齐全。

3．双绞线电缆和光缆安装

（1）桥架和线槽安装。

① 位置是否正确。

② 安装是否符合要求。

③ 接地是否正确。

（2）线缆布放。

① 线缆规格、路由是否正确。

② 线缆的标号是否正确。

③ 线缆拐弯处是否符合规范。

④ 竖井的线槽、线固定是否牢靠。

⑤ 是否存在裸线。

⑥ 竖井层与楼层之间是否采取了防火措施。

4．室外光缆的布线

（1）架空布线。

① 架设竖杆位置是否正确。

② 吊线规格、垂度、高度是否符合要求。

③ 卡挂钩的间隔是否符合要求。

（2）管道布线。

① 使用管孔、管孔位置是否合适。

② 线缆规格。

③ 线缆走向路由。

④ 防护设施。

（3）挖沟布线（直埋）。

① 光缆规格。

② 铺设位置、深度。

③ 是否加了防护铁管。

④ 回填土复原是否夯实。

（4）隧道线缆布线。

① 线缆规格。

② 安装位置、路由。

③ 设计是否符合规范。

5．线缆终端安装

① 信息插座安装是否符合规范。

② 配线架压线是否符合规范。

③ 光纤头制作是否符合要求。

④ 光纤插座是否符合规范。

⑤ 各类路线是否符合规范。

上述 5 点均应在施工过程中由甲方和督导人员随工检查。发现不合格的地方，做到随时返工，待完工后再检查时，出现问题不好处理。

9.3　文档与系统测试验收

文档验收主要是检查乙方是否按协议或合同规定的要求交付所需要的文档。系统测试验收就是由甲方组织的专家组，对信息点进行有选择的测试并检验测试结果。

测试的主要内容如下。

（1）电缆的性能测试。

① 5 类线要求：接线图、长度、衰减、近端串扰要符合规范。

② 超 5 类线要求：接线图、长度、衰减、近端串扰、时延、时延差要符合规范。

③ 6 类线要求：接线图、长度、衰减、近端串扰、时延、时延差、综合近端串扰、回波损耗、等效远端串扰、综合远端串扰要符合规范。

（2）光纤的性能测试。

① 类型（单模/多模、根数等）是否正确。

② 衰减。

③ 反射。

布线工程竣工技术资料的主要内容如下。

（1）安装工程量。

（2）工程说明。

（3）设备、器材明细表。

（4）竣工图纸。

（5）测试记录和布线工程使用的主要表据。

（6）工程变更、检查记录及施工过程中需更改设计或采取相关措施，建设、设计、施工等单位之间的双方洽商记录。

（7）随工验收记录。

（8）隐蔽工程签证。

（9）工程决算。

竣工技术文件要保证质量，做到内容齐全，数据准确。

布线工程图纸技术资料的主要内容如下。

（1）网络拓扑图。

（2）综合布线逻辑图。

（3）信息点分布图。

（4）配线架与信息点对照表。

（5）配线架与交换机端口对照表。

（6）交换机与设备间的连接表。

（7）大对数电缆与 110 配线架对照表。

（8）光纤配线表等文档。

9.4　实　　训

实训项目 9-1：综合布线系统现场验收

1. 目的与要求

通过现场验收的训练，掌握现场验收的内容和过程。

2. 现场验收的方法

由老师带领监理员、项目经理、布线工程师对工程施工质量进行现场验收。

3. 现场验收的步骤

（1）工作区子系统验收。

① 线槽走向、布线是否美观大方，符合规范。

② 信息座是否按规范进行安装。

③ 信息座安装是否做到一样高、平、牢固。

④ 信息面板是否都固定牢靠。

⑤ 标志是否齐全。

（2）水平干线子系统（配线子系统）验收。

① 桥架及线槽的安装位置应符合施工图规定，左右偏差不应超过 50mm。

② 桥架及线槽水平度每米偏差不应超过 2mm。

③ 垂直桥架及线槽应与地面保持垂直，并无倾斜现象，垂直度偏差不应超过 3mm。

④ 线槽截断处及两线槽拼接处应平滑、无毛刺。

⑤ 吊架和支架安装应保持垂直，整齐牢固，无歪斜现象。

⑥ 金属桥架及线槽节与节间应接触良好，安装牢固。

⑦ 槽与槽、槽与槽盖是否接合良好。

⑧ 水平干线与垂直干线、工作区交接处是否出现裸线，有没有按规范去做。

⑨ 水平干线槽内的线缆有没有固定。

⑩ 接地是否正确。

（3）垂直干线子系统验收。

垂直干线子系统的验收除了类似于水平干线子系统的验收内容外，还要检查楼层与楼层之间的洞口是否封闭，以防火灾出现时成为一个隐患点。此外还应检查线缆是否按间隔要求固定，拐弯线缆是否留有弧度。

（4）电信间、设备间子系统验收。

电信间、设备间子系统验收，主要检查设备安装是否规范整洁。

① 竖井、线槽、打洞位置是否符合要求。

② 进线处线缆是否出现裸线。

③ 检查机柜安装的位置是否正确，规定、型号、外观是否符合要求。

④ 跳线制作是否规范，配线面板的接线是否美观整洁。

⑤ 机柜内线缆的标志是否齐全。

（5）进线间子系统验收。

① 主干电缆、光缆，公用网和专用网电缆、光缆及天线馈线等室外缆线进入进线间时，应在进线间成端转换成室内电缆、光缆，在缆线的终端处应设置入口设施，并在外线侧配置必要的防雷电保护装置。

② 进线间应设置管道入口。

③ 进线间应防止渗水，宜设有抽排水装置。

④ 进线间应与布线系统垂直竖井沟通。

⑤ 进线间应采用相应防火级别的防火门，门向外开，宽度不小于1000mm。

⑥ 进线间应设置防有害气体措施和通风装置。

⑦ 与进线间无关的管道不宜通过。

⑧ 进线间入口管道口所有布放缆线和空闲的管孔应采取防火材料封堵，做好防水处理。

（6）管道布线验收

① 使用管孔，检查管孔位置是否合适。

② 线缆规格。

③ 线缆走向路由。

④ 防护设施。

（7）架空布线验收

① 架设竖杆位置是否正确。

② 吊线规格、垂度、高度是否符合要求。

③ 卡挂钩的间隔是否符合要求。

实训项目 9-2：综合布线系统文档验收

1．目的与要求

通过文档验收的训练，要求掌握文档验收的内容和过程；熟悉网络综合布线工程中需要提交的技术文档的要求，学会书写和绘制网络拓扑图、综合布线逻辑图、信息点分布图、配线架与信息点对照表、配线架与交换机端口对照表、交换机与设备间的连接表和光纤配线表等文档。

2．文档验收的方法

由老师带领监理员、项目经理、布线工程师对工程施工技术文档进行审核验收。

3. 现场验收的步骤

对于测试文档进行审核的内容主要有：

（1）电缆的性能认证测试报告（电子文档即可）。

① 5 类线要求：接线图、长度、衰减、近端串扰要符合规范。

② 超 5 类线要求：接线图、长度、衰减、近端串扰、时延、时延差要符合规范。

③ 6 类线要求：接线图、长度、衰减、近端串扰、时延、时延差、综合近端串扰、回波损耗、等效远端串扰、综合远端串扰要符合规范。

（2）光纤的性能认证测试报告（电子文档即可）。

① 类型（单模/多模、根数等）是否正确。

② 衰减。

③ 反射。

对于布线工程竣工技术资料进行审核的内容主要有：

（1）安装工程量。

（2）工程说明。

（3）设备、器材明细表。

（4）竣工图纸。

（5）测试记录和布线工程使用的主要表据。

（6）工程变更、检查记录、双方商洽记录。

（7）随工验收记录。

（8）隐蔽工程签证。

（9）工程决算。

竣工技术文件要保证质量，做到内容齐全，数据准确。

对于布线工程图表进行审核的内容主要有：

（1）网络拓扑图。

（2）综合布线逻辑图。

（3）信息点分布图。

（4）配线架与信息点对照表。

（5）配线架与交换机端口对照表。

（6）交换机与设备间的连接表。

（7）大对数电缆与 110 配线架对照表。

（8）光纤配线表等文档。

【本章小结】

本章阐述了综合布线系统验收要点，现场（物理）验收，文档与系统测试验收，网络综合布线系统工程验收使用的主要表据，乙方要为鉴定会准备的材料，鉴定会材料样例，鉴定会后资料归档等内容。

要求学员掌握本章的内容和两个实训项目的操作方法，增加感性认识。

第 10 章　网络工程设计方案写作基础

前面的内容奠定了网络工程设计方案的基础，本章通过一个设计方案把这些内容串连起来，使读者掌握写作网络工程方案的方法与技巧，达到一个网络工程师应具备的基本要求。

写出一个网络工程设计方案，可以说完成了一个网络工程 30%～40% 的工作量，剩下的只是付之实现的问题。

10.1　一个完整的设计方案结构

一个局域网络由网络互连设备、传输介质加上连线系统构成，具体如图 10-1 所示。

图 10-1　一个完整的设计方案结构图

图 10-1 中包括：

（1）工作区子系统；

（2）配线（水平干线子系统）；

（3）电信间（管理间子系统）；

（4）干线（垂直干线子系统）；

（5）设备间（设备间子系统）；

（6）楼宇子系统；

（7）进线间子系统。

将图 10-1 中的电信间（管理间）部分、设备间部分、楼宇部分称为网络方案结构图（通常的参考书中讨论网络方案时就是指这部分），干线（垂直干线）、配线（水平干线）部分、工作区部分称为布线方案结构图。网络方案结构图和布线方案结构图是基本的，是网络综合布线方案的一部分。

10.2　网络布线方案设计内容

网络布线方案主要包括以下内容：

（1）怎样设计布线系统。

（2）这个系统有多少信息点。

（3）有多少个语音点。

（4）怎样通过工作区子系统、配线（水平干线子系统）、电信间（管理间子系统）、干线（垂直干线子系统）、设备间（设备间子系统）、楼宇子系统、进线间子系统把诸多信息点连接起来。

（5）需要选择哪些传输介质（线缆）。

（6）需要选择哪些设备。

（7）需要哪些线材（槽管）、材料，以及价格如何。

（8）施工有关费用等问题。

用几句话来回答上面问题是困难的，作者将在 10.3 节、10.4 节、10.5 节中用具体内容来说明。

目前，IT 行业（网络工程行业）关于网络布线方案的设计有两套设计方式比较流行。

（1）IT 行业的方案设计方式。

（2）建筑行业的方案设计方式。

这两种方式在工程取费上有点差别。我们在 10.3 节介绍 IT 行业的方案设计方式，供读者参考。建筑行业的方案设计方式不在此介绍。

10.3　IT 行业取费的主要内容

本节介绍 IT 行业流行的设计方案取费的主要内容。

IT 行业取费一般是材料费、施工费、系统设备费、网络系统集成费、设计费、督导费、测试费、税金。取费方案如下。

1．工程预算清单

（1）网络布线材料费　　　元；

（2）网络布线施工费　　　元；

（3）网络系统设备费　　　元；

（4）网络系统集成费（设备、软件费总和）×2%～8%；

（5）设计费（施工费+材料费）×3%～10%；

（6）督导费（施工费+材料费）×4%～8%；

（7）测试费（施工费+材料费）×4%～7%；

（8）税金（（1）+（2）+（3）+（4）+（5）+（6）+（7））×3.3%

2．网络系统设备费的主要内容

网络系统设备费的主要内容用表 10-1 表示。

表 10-1　网络系统设备费的主要内容表

某网络工程网络系统设备费报价表						
序号	设备名称	单位	数量	单价（元）	合价（元）	备注
⋮						
合计						

3．网络布线材料费的主要内容

网络布线材料费的主要内容用表 10-2 表示。

表 10-2　网络布线材料费的主要内容表

某网络工程网络布线材料费报价表						
序号	材料名称	单位	数量	单价（元）	合价（元）	备注
⋮						
合计						

4．网络布线施工费的主要内容

网络布线施工费的主要内容用表 10-3 表示。

表 10-3　网络布线施工费的主要内容表

某网络工程网络布线施工费报价表						
序号	分项工程名称	单位	数量	单价（元）	合价（元）	备注
⋮						
合计						

10.4　综合布线系统取费

综合布线系统取费内容多，本节为了节省篇幅，重点讨论通信工程机械台班单价定额，通信工程仪表台班单价定额，施工测量取费，敷设线槽、管路取费，布放线缆取费，安装、调试取费，缆线终接取费，布线系统测试取费，防水取费。

10.4.1　工程机械台班单价定额取费

通信工程机械台班单价定额如表 10-4 所示。

表 10-4　通信工程机械台班单价定额

编号	名称	规格（型号）	台班单价（元）
TXJ0001	光纤熔接机		168
TXJ0002	带状光纤熔接机		409
TXJ0003	电缆模块接续机		74
TXJ0004	交流电焊机	20kVA	58
TXJ0005	交流电焊机	30kVA	69
TXJ0006	汽油发电机	10kW	290
TXJ0007	柴油发电机	30kW	323
TXJ0008	柴油发电机	50kW	333
TXJ0009	电动卷扬机	3t	57
TXJ0010	电动卷扬机	5t	60
TXJ0011	汽车式起重机	5t	400
TXJ0012	汽车式起重机	8t	575
TXJ0013	汽车式起重机	16t	868
TXJ0014	汽车式起重机	25t	1052
TXJ0015	载重汽车	5t	154
TXJ0016	载重汽车	8t	220
TXJ0017	载重汽车	12t	294
TXJ0018	叉式装载机	3t	331
TXJ0019	叉式装载机	5t	401
TXJ0020	光缆接续车		242
TXJ0021	电缆工程车		574
TXJ0022	电缆拖车		69
TXJ0023	滤油机		57
TXJ0024	真空滤油机		247
TXJ0025	真空泵		120
TXJ0026	台式电转机	$\phi 25mm$	61
TXJ0027	立式钻床	$\phi 25mm$	62
TXJ0028	金属切割机		54
TXJ0029	氧炔焊接设备		81
TXJ0030	燃油式路面切割机		121
TXJ0031	电动式空气压缩机	$0.6m^3/min$	51
TXJ0032	燃油式空气压缩机	$6m^3/min$	326
TXJ0033	燃油式空气压缩机（含风镐）	$6m^3/min$	330
TXJ0034	污水泵		56
TXJ0035	抽水机		57
TXJ0036	夯实机		53
TXJ0037	气流敷设设备（含空气压缩机）		1449
TXJ0038	微管微缆气吹设备		1715
TXJ0039	微控钻孔敷管设备（套）	25t 以下	1803
TXJ0040	微控钻孔敷管设备（套）	25t 以上	2168
TXJ0041	水泵冲槽设备（套）		417
TXJ0042	水下光（电）缆沟挖冲机		1682
TXJ0043	液压顶管机	5t	348

10.4.2　通信工程仪表台班单价定额取费

通信工程仪表台班单价定额如表 10-5 所示。

表 10-5　通信工程机械台班单价定额

编号	名称	规格（型号）	台班单价（元）
TXY0001	数字传输分析仪	155M/622M	1002
TXY0002	数字传输分析仪	2.5G	1956
TXY0003	数字传输分析仪	10G	2909
TXY0004	稳定光源		72
TXY0004	误码测试仪	2M	66
TXY0006	光可变衰减器		99
TXY0007	光功率计		62
TXY0008	数字频率计		169
TXY0009	数字带宽示波器	20G	873
TXY00010	数字带宽示波器	50G	1956
TXY00011	光谱分析仪		626
TXY00012	多波长计		333
TXY00013	信令分析仪		257
TXY00014	协议分析仪		66
TXY00015	ATM 性能分析仪		1002
TXY00016	网络测试仪		105
TXY00017	PCM 通道测试仪		198
TXY00018	用户模拟呼叫机		626
TXY00019	数据业务测试仪		1193
TXY00020	漂移测试仪		1765
TXY00021	中继模拟呼叫机		742
TXY00022	光时域反射仪		306
TXY00023	偏振模色散测试仪		626
TXY00024	操作测试终端（电脑）		74
TXY00025	音频振荡器		72
TXY00026	音频电平表		80
TXY00027	射频功率计		127
TXY00028	天馈线测试仪		193
TXY00029	频谱分析仪		78
TXY00030	微波信号发生器		149
TXY00031	微波/标量网络分析仪		695
TXY00032	微波频率计		145
TXY00033	噪声测试仪		157
TXY00034	数字微波分析仪（SDH）		145
TXY00035	射频/微波步进衰耗器		92
TXY00036	微波传输测试仪		364
TXY00037	数字示波器	350M	95
TXY00038	数字示波器	500M	121
TXY00039	微波线路分析仪		466
TXY00040	视频、音频测试仪		187

续表

编号	名称	规格（型号）	台班单价（元）
TXY00041	视频信号发生器		193
TXY00042	音频信号发生器		165
TXY00043	绘图仪		76
TXY00044	中频信号发生器		113
TXY00045	中频噪声发生器		72
TXY00046	测试变频器		145
TXY00047	TEMS 路测设备（测试手机配套使用）		1956
TXY00048	网络优化测试仪		1048
TXY00049	综合布线线路分析仪		153
TXY00050	经纬仪		68
TXY00051	GPS 定位仪		56
TXY00052	地下管线探测仪		173
TXY00053	对地绝缘探测仪		173

10.4.3　施工测量取费

工作内容：

（1）直埋、架空、管道、海上光（电）缆施工测量。

核对图纸、复查路由位置、施工定点划线、做标记等。

（2）GPS 定位。

校表、测量、记录数据等。

取费参考标准如表 10-6 所示。

表 10-6　施工测量取费参考标准

定额编号		TXL1-001	TXL1-002	TXL1-003	TXL1-004	TXL1-005	TXL1-006
项目		直埋光（电）缆工程施工测量（100m）	架空光（电）缆工程施工测量（100m）	管道光（电）缆工程施工测量（100m）	海上光（电）缆工程施工测量（100m）		GPS 定位（点）
					自航船	驳船	
名称	单位	数量					
人工　技工	工日	0.70	0.60	0.50	4.52	4.52	0.05
普工	工日	0.30	0.20	…	…	…	…
主要材料　…	…	…	…	…	…	…	…
⋮	⋮	⋮	⋮	⋮	⋮	⋮	⋮
机械　海缆施工自航船（5000t 以下）	艘班	…	…	…	0.02	…	…
海缆施工驳船（5000t 以下）带拖轮	艘班	…	…	…	…	0.02	…
⋮	⋮	⋮	⋮	⋮	⋮	⋮	⋮
仪表　地下管线探测仪	台班	0.10	0.05	…	…	…	…
GPS 定位仪	台班	…	…	…	…	…	0.05
⋮	⋮	⋮	⋮	⋮	⋮	⋮	⋮

注：施工测量不分地形和土（石）质类别，为综合取定的工日。

10.4.4　敷设线槽、管路取费

1．开挖路面、挖沟、开槽、打墙洞取费

（1）开挖路面。

工作内容：机械切割路面，开挖路面，渣土分类堆放在沟边不影响施工的适当地点等。取费标准如表 10-7 所示。

表 10-7　开挖路面、挖沟、开槽、打墙洞取费参考标准

定额编号			TXL1-007	TXL1-008	TXL1-009	TXL1-0010	TXL1-0011	TXL1-0012	TXL1-0013	TXL1-0014	TXL1-0015	TXL1-0016	TXL1-0017	TXL1-0018	TXL1-0019
项目			人工开挖路面（100m²）												
			混泥土路面（150以下）	混泥土路面（250以下）	混泥土路面（350以下）	混泥土路面（450以下）	柏油路面（150以下）	柏油路面（250以下）	柏油路面（350以下）	柏油路面（450以下）	砂石路面（150以下）	砂石路面（250以下）	混泥土砌块路面	水泥花砖路面	条石路面
名称		单位	数量												
人工	技工	工日	6.88	16.16	25.44	34.72	3.80	6.90	10.00	13.10	1.60	3.00	0.60	0.50	4.40
	普工	工日	61.92	104.80	147.68	190.56	34.20	62.10	90.00	117.90	14.40	27.00	5.40	4.50	39.60
主要材料	…	…	…	…	…	…	…	…	…	…	…	…	…	…	…
	⋮	⋮	⋮	⋮	⋮	⋮	⋮	⋮	⋮	⋮	⋮	⋮	⋮	⋮	⋮
机械	燃油式路面切割机	台班	0.70	0.70	0.70	0.70	0.70	0.70	0.70	0.70	…	…	…	…	…
	燃油式空气压缩机（含风镐）6m³/分	台班	1.50	2.50	3.50	4.50	…	…	…	…	…	…	…	…	…
仪表															

（2）挖填光（电）缆沟、接头坑取费。

工作内容：

① 挖填光（电）缆沟及接头坑：挖填电缆沟、接头坑及梯坎，石沟布眼钻孔、装药、放炮、弃渣清理或人工开槽等。

② 石质沟铺盖细土：运细土、撒铺（盖）细土等。

③ 手推车倒运土方：装车、近距离运土、卸土等。

取费标准参考表 10-8（1）、表 10-8（2）。

表 10-8（1）　挖填光（电）缆沟、接头坑取费参考标准

定额编号			TXL2-001	TXL2-002	TXL2-003	TXL2-004	TXL2-005	TXL2-006	TXL2-007
项目			挖、松填光缆沟、接头坑（100m³）						
			普通土	硬土	砂砾土	冻土	软石	坚石（爆破）	坚石（人工）
名称		单位	数量						
人工	技工	工日	…	…	…	…	5.00	24.00	50.00
	普工	工日	42.00	59.00	81.00	150.00	185.00	217.00	448.00
主要材料	硝铵炸药	kg	…	…	…	…	33.00	100.00	…
	雷管（金属壳）	个	…	…	…	…	100.00	300.00	…
	导火索	m	…	…	…	…	100.00	300.00	…
	⋮	⋮	⋮	⋮	⋮	⋮	⋮	⋮	⋮
机械	燃油式空气压缩机（含风镐）6m³/min	台班	…	…	…	…	3.00	…	10.00
	⋮	⋮							
仪表									

表 10-8（2）　挖填光（电）缆沟、接头坑取费参考标准

定额编号			TXL2 -008	TXL2 -009	TXL2 -010	TXL2 -011	TXL2 -012	TXL2 -013	TXL2 -014	TXL2 -015	TXL2 -016
项目			挖、夯填光缆沟、接头坑（100m³）							手推车倒运土方（100m³）	石质沟铺盖细土（沟千米）
			普通土	硬土	砂砾土	冻土	软石	坚石（爆破）	坚石（人工）		
名称		单位	数量								
人工	技工	工日	…	…	…	…	5.00	24.00	50.00	1.00	…
	普工	工日	45.00	62.00	84.00	160.00	197.00	227.00	458.00	16.00	6.00
主要材料	硝铵炸药	kg	…	…	…	…	33.00	100.00	…	…	…
	雷管（金属壳）	个	…	…	…	…	100.00	300.00	…	…	…
	导火索	m	…	…	…	…	100.00	300.00	…	…	…
	⋮	⋮	⋮	⋮	⋮	⋮	⋮	⋮	⋮	⋮	⋮
机械	燃油式空气压缩机（含风镐）6m³/min	台班	…	…	…	…	3.00	…	10.00	…	…
	夯实机	台班	0.50	0.50	0.50	…	…	…	…	…	…
仪表											

（3）开槽取费

工作内容：划线定位、开槽、水泥砂浆抹平等。取费标准如表 10-9 所示。

表 10-9　开槽取费参考标准

定额编号			TXL7-001	TXL7-002
项目			开槽（m）	
			砖槽	混泥土槽
名称		单位	数量	
人工	技工	工日	…	…
	普工	工日	0.17	0.28
主要材料	水泥 C32.5	kg	1.00	1.00
	粗砂	kg	3.00	3.00
	⋮	⋮	⋮	⋮
机械				
仪表				

注：本定额是按预埋长度为 1m 的 $\phi25$ 以下钢管取定的开槽定额工日。

（4）打墙洞取费。

工作内容：

① 打人（手）孔墙洞：确定位置、打穿墙洞、抹水泥等。

② 打穿楼墙洞：确定位置、打穿墙洞、抹水泥等。

③ 打穿楼层洞：确定位置、打穿楼层板、上下抹平等。

取费标准如表 10-10 所示。

表 10-10　打墙洞取费参考标准

定额编号			TXL4-031	TXL4-032	TXL4-033	TXL4-034	TXL4-035	TXL4-036	TXL4-037	TXL4-038
项目			打人（手）孔墙洞（处）				打穿楼墙洞（个）		打穿楼层洞（个）	
			砖砌人孔		混泥土人孔		砖墙	混泥土墙	预制板楼层	混泥土楼层
			3 孔管以下	3 孔管以上	3 孔管以下	3 孔管以上				
名称		单位	数量							
人工	技工	工日	0.36	0.54	0.60	0.90	0.20	0.30	0.20	0.30
	普工	工日	0.36	0.54	0.60	0.90	0.20	0.30	0.20	0.30
主要材料	水泥 C32.5	kg	5.00	8.00	5.00	8.00	1.00	2.00	2.00	2.00
	中粗砂	kg	10.00	16.00	10.00	16.00	2.00	4.00	4.00	4.00
	⋮	⋮	⋮	⋮	⋮	⋮	⋮	⋮	⋮	⋮
机械										
仪表										

2．敷设管路取费

（1）人工敷设塑料子管、布放光（电）缆人（手）孔抽水取费。

工作内容：

① 人工敷设塑料子管：清刷管孔、塑料管外观检查、敷设塑料管并试通、固定堵头及塞子、管头做标记等。

② 人（手）孔抽水：装拆手动或机动抽水工具、抽水、清理现场等。

取费标准参考表 10-11。

表 10-11　人工敷设管路取费参考标准

<table>
<tr><td colspan="3">定额编号</td><td>TXL4-001</td><td>TXL4-002</td><td>TXL4-003</td><td>TXL4-004</td><td>TXL4-005</td><td>TXL4-006</td><td>TXL4-007</td><td>TXL4-008</td></tr>
<tr><td colspan="3" rowspan="2">项目</td><td colspan="5">人工敷设塑料子管（km）</td><td colspan="2">人孔抽水（个）</td><td rowspan="2">手孔抽水
（个）</td></tr>
<tr><td>1 孔子管</td><td>2 孔子管</td><td>3 孔子管</td><td>4 孔子管</td><td>5 孔子管</td><td>积水</td><td>流水</td></tr>
<tr><td colspan="2">名称</td><td>单位</td><td colspan="8">数量</td></tr>
<tr><td rowspan="2">人工</td><td>技工</td><td>工日</td><td>7.26</td><td>9.36</td><td>11.10</td><td>12.84</td><td>14.58</td><td>…</td><td>…</td><td>…</td></tr>
<tr><td>普工</td><td>工日</td><td>10.30</td><td>14.64</td><td>18.98</td><td>23.32</td><td>27.66</td><td>1.00</td><td>2.00</td><td>0.50</td></tr>
<tr><td rowspan="6">主要材料</td><td>聚乙烯塑料管</td><td>m</td><td>1010.00</td><td>2020.00</td><td>3030.00</td><td>4040.00</td><td>5050.00</td><td>…</td><td>…</td><td>…</td></tr>
<tr><td>聚乙烯塑料管
固定堵头</td><td>个</td><td>12.15</td><td>24.30</td><td>36.50</td><td>48.60</td><td>60.75</td><td>…</td><td>…</td><td>…</td></tr>
<tr><td>聚乙烯塑料管塞子</td><td>个</td><td>24.50</td><td>49.00</td><td>73.50</td><td>98.00</td><td>122.50</td><td>…</td><td>…</td><td>…</td></tr>
<tr><td>镀锌铁线φ1.5</td><td>kg</td><td>3.05</td><td>3.05</td><td>3.05</td><td>3.05</td><td>3.05</td><td></td><td></td><td></td></tr>
<tr><td>镀锌铁线φ4.0</td><td>kg</td><td>20.30</td><td>20.30</td><td>20.30</td><td>20.30</td><td>20.30</td><td></td><td></td><td></td></tr>
<tr><td>⋮</td><td>⋮</td><td>⋮</td><td>⋮</td><td>⋮</td><td>⋮</td><td>⋮</td><td>⋮</td><td>⋮</td><td>⋮</td></tr>
<tr><td rowspan="2">机械</td><td>抽水机</td><td>台班</td><td></td><td>…</td><td>…</td><td>…</td><td>…</td><td>0.20</td><td>0.50</td><td>0.10</td></tr>
<tr><td></td><td></td><td></td><td></td><td></td><td></td><td></td><td></td><td></td><td></td></tr>
<tr><td>仪表</td><td></td><td></td><td></td><td></td><td></td><td></td><td></td><td></td><td></td><td></td></tr>
</table>

（2）敷设管路取费。

工作内容：

① 敷设钢管：管材检查、配管、锉管内口、敷管、固定、试通、接地、伸缩及沉降处理、做标记等。

② 敷设硬质 PVC 管：管材检查、配管、锉管内口、敷管、固定、试通、做标记等。

③ 敷设金属软管：管材检查、配管、敷管、连接接头、做标记等。

取费标准参考表 10-12。

表 10-12　敷设管路取费参考标准

<table>
<tr><td colspan="3">定额编号</td><td>TXL7-003</td><td>TXL7-004</td><td>TXL7-005</td><td>TXL7-006</td><td>TXL7-007</td></tr>
<tr><td colspan="3" rowspan="2">项目</td><td colspan="2">敷设钢管（100m）</td><td colspan="2">敷设硬质 PVC 管（100m）</td><td rowspan="2">敷设金属软管（根）</td></tr>
<tr><td>φ25 以下</td><td>φ50 以下</td><td>φ25 以下</td><td>φ50 以下</td></tr>
<tr><td colspan="2">名称</td><td>单位</td><td colspan="5">数量</td></tr>
<tr><td rowspan="2">人工</td><td>技工</td><td>工日</td><td>2.63</td><td>3.95</td><td>1.76</td><td>2.64</td><td>…</td></tr>
<tr><td>普工</td><td>工日</td><td>10.52</td><td>15.78</td><td>7.04</td><td>10.56</td><td>0.40</td></tr>
<tr><td rowspan="5">主要材料</td><td>钢管</td><td>m</td><td>103.00</td><td>103.00</td><td>…</td><td>…</td><td>…</td></tr>
<tr><td>塑料钢</td><td>m</td><td>…</td><td>…</td><td>105.00</td><td>105.00</td><td>…</td></tr>
<tr><td>金属软管</td><td>m</td><td>…</td><td>…</td><td>…</td><td>…</td><td>*</td></tr>
<tr><td>配件</td><td>套</td><td>*</td><td>*</td><td>*</td><td>*</td><td>*</td></tr>
<tr><td>⋮</td><td>⋮</td><td>⋮</td><td>⋮</td><td>⋮</td><td>⋮</td><td>⋮</td></tr>
<tr><td rowspan="2">机械</td><td>交流电焊机（21kVA）</td><td>台班</td><td>0.60</td><td>0.90</td><td>…</td><td>…</td><td>…</td></tr>
<tr><td>⋮</td><td>⋮</td><td>⋮</td><td>⋮</td><td>⋮</td><td>⋮</td><td>⋮</td></tr>
<tr><td>仪表</td><td></td><td></td><td></td><td></td><td></td><td></td><td></td></tr>
</table>

*：指此项取费已包括在主材料中。

（3）敷设线槽取费。

工作内容：

① 敷设金属线槽：线槽检查、安装线槽及附件、接地、做标记、穿墙处封堵等。

② 敷设塑料线槽：线槽检查、测位、安装线槽等。

取费标准参考表 10-13。

表 10-13　敷设线槽取费参考标准　　　　　　　　　单位：100m

定额编号		TXL7-008	TXL7-009	TXL7-010	TXL7-011	TXL7-012
项目		敷设金属线槽			敷设塑料线槽	
		150 宽以下	300 宽以下	300 宽以上	100 宽以下	100 宽以上
名称	单位	数量				
技工	工日	5.85	7.61	9.13	3.51	4.21
普工	工日	17.55	22.82	27.38	10.53	12.64
主要材料 金属线槽	m	105.00	105.00	105.00	…	…
塑料线槽	m	…	…	…	105.00	105.00
配件	套	*	*	*	*	*
⋮	⋮	⋮	⋮	⋮	⋮	⋮
机械						
仪表						

*：指此项取费已包括在主材料中。

（4）安装桥架取费。

工作内容：

安装桥架：固定吊杆或支架、安装桥架、墙上钉固桥架、接地、穿墙处封堵、做标记等。

取费标准参考表 10-14。

表 10-14　安装桥架取费参考标准　　　　　　　　　单位：10m

定额编号		TXL7-013	TXL7-014	TXL7-015	TXL7-016	TXL7-017	TXL7-018	TXL7-019	TXL7-020	TXL7-021
项目		安装吊装式桥架			安装支撑式桥架			垂直安装桥架（10m）		
		100 宽以下	300 宽以下	300 宽以上	100 宽以下	300 宽以下	300 宽以上	100 宽以下	300 宽以下	300 宽以上
名称	单位	数量								
人工 技工	工日	0.37	0.41	0.45	0.28	0.31	0.34	0.17	0.22	0.29
普工	工日	3.33	3.66	4.03	2.52	2.77	3.05	1.36	1.77	2.30
主要材料 桥架	m	10.10	10.10	10.10	10.10	10.10	10.10	10.10	10.10	10.10
配件	套	*	*	*	*	*	*	*	*	*
⋮	⋮	⋮	⋮	⋮	⋮	⋮	⋮	⋮	⋮	⋮
机械										
仪表										

注：1. 安装桥架，包括梯形式、托盘式和槽式三种类型均执行本定额。

2. 垂直安装密封桥架，按本定额工日乘以 1.2 系数计算。

*. 此项取费已包括在主材料中。

（5）专用塑料管道光缆手孔取费。

工作内容：

① 砖砌专用塑料管道光缆手孔：找平、夯实、浇筑底座、砌砖，制作安装上口水泥盖板，安装人孔口圈、井盖，安装托架等。

② 埋设定型手孔：检查、现场搬运、安装固定定型手孔，手孔进、出口塑管端头紧固处理，安装堵头、塞子等。

取费标准参考表 10-15。

表 10-15　专用塑料管道光缆手孔取费参考标准

定额编号		TXL2-039	TXL2-040	TXL2-041	TXL2-042	TXL2-043
项目		砌砖专用塑料管道光缆手孔（个）				埋设定型手孔（个）
		I型（1.2×0.9×1）	II型（2.6×0.9×1）	III型（1.2×0.9×0.7）	IV型（2.6×0.9×0.7）	
名称	单位	数量				
人工　技工	工日	6.40	8.67	5.12	6.94	1.00
普工	工日	6.14	8.33	4.91	6.66	2.00
主要材料　水泥 C32.5	吨	0.40	0.69	0.26	0.44	…
中粗砂	吨	1.40	1.78	0.69	1.17	…
碎石 0.5～3.5	吨	0.75	1.48	0.62	1.13	…
机制砖	千块	0.72	1.18	0.45	0.70	…
圆钢 ϕ10	kg	7.21	1.18	0.45	0.70	…
圆钢 ϕ8	kg	3.0	7.87	4.71	9.42	…
圆钢 ϕ6	kg	1.05	2.09	…	…	…
板、方材	m³	0.03	0.06	0.03	0.06	…
手孔口圈（车行道）	套	1.01	1.01			…
电缆托架 60cm	根	4.04	4.04	4.04	4.04	…
电缆托架穿钉 M16	根	8.08	8.08	8.08	8.08	…
定型手钻	套	…	…	…	…	1.00
机械　载重汽车（5t 以内）	台班	…	…	…	…	0.10
汽车起重机（5t 以内）	台班	…	…	…	…	0.10

注：本定额的定型手孔是指玻璃钢整体手孔，埋设在地下，手孔顶部距地面不小于 60cm。

（6）人工铺设小口径塑料管管道取费。

① 平原地区。

工作内容：外观检查、检查气压、配盘、清沟抄平、人工抬放塑管、外观复查、塑管接续、整理排列绑扎塑管、封堵端头等。

取费标准参考表 10-16。

表 10-16　人工铺设小口径塑料管管道（平原地区）取费参考标准

定额编号		TXL2-044	TXL2-045	TXL2-046	TXL2-047	TXL2-048	TXL2-049	TXL2-050	TXL2-051
项目		平原地区人工铺设小口径塑料管（km）							
		1管	2管	3管	4管	5管	6管	7管	8管
名称	单位	数量							
人工　技工	工日	6.39	11.19	17.02	21.82	27.66	32.45	37.24	42.04
普工	工日	19.18	33.56	51.07	65.45	82.97	97.35	111.73	126.11

续表

定额编号		TXL2-044	TXL2-045	TXL2-046	TXL2-047	TXL2-048	TXL2-049	TXL2-050	TXL2-051
项目		平原地区人工铺设小口径塑料管（km）							
		1管	2管	3管	4管	5管	6管	7管	8管
名称	单位	数量							
主要材料	塑料管	m	1010.00	2020.00	3030.00	4040.00	5050.00	6060.00	7070.00	8080.00
	标石	个	10.20	10.20	10.20	10.20	10.20	10.20	10.20	10.20
	接续器材	套	*	*	*	*	*	*	*	*
	堵头	个	*	*	*	*	*	*	*	*
	扎带	条	*	*	*	*	*	*	*	*
	油漆	kg	1.22	1.22	1.22	1.22	1.22	1.22	1.22	1.22
机械										
仪表										

定额编号		TXL2-052	TXL2-053	TXL2-054	TXL2-055	TXL2-056	TXL2-057	TXL2-058	TXL2-059
项目		平原地区人工铺设小口径塑料管（km）							
		9管	10管	11管	12管	13管	14管	15管	16管
名称	单位	数量							
人工	技工	工日	47.88	52.67	57.46	62.26	68.10	72.89	77.68	82.48
	普工	工日	143.63	158.01	172.39	186.77	204.29	218.67	233.05	247.43
主要材料	塑料管	m	9090.00	10100.00	11110.00	12120.00	13130.00	14140.00	15150.00	16160.00
	标石	个	10.20	10.20	10.20	10.20	10.20	10.20	10.20	10.20
	接续器材	套	*	*	*	*	*	*	*	*
	堵头	个	*	*	*	*	*	*	*	*
	扎带	条	*	*	*	*	*	*	*	*
	油漆	kg	1.22	1.22	1.22	1.22	1.22	1.22	1.22	1.22
机械										
仪表										

② 丘陵、水田地区。

工作内容：外观检查、检查气压、配盘、清沟抄平、人工抬放塑管、外观复查、塑管接续、整理排列绑扎塑管、封堵端头等。

取费标准参考表 10-17。

表 10-17　人工铺设小口径塑料管管道（丘陵、水田地区）取费参考标准

定额编号		TXL2-060	TXL2-061	TXL2-062	TXL2-063	TXL2-064	TXL2-065	TXL2-066	TXL2-067
项目		丘陵、水田地区人工铺设小口径塑料管（km）							
		1管	2管	3管	4管	5管	6管	7管	8管
名称	单位	数量							
人工	技工	工日	7.35	12.87	19.57	25.09	31.81	37.32	42.83	48.35
	普工	工日	22.06	38.59	58.73	75.27	95.43	111.95	128.48	145.04
主要材料	塑料管	m	1010.00	2020.00	3030.00	4040.00	5050.00	6060.00	7070.00	8080.00
	标石	个	10.20	10.20	10.20	10.20	10.20	10.20	10.20	10.20
	接续器材	套	*	*	*	*	*	*	*	*
	堵头	个	*	*	*	*	*	*	*	*
	扎带	条	*	*	*	*	*	*	*	*
	油漆	kg	1.22	1.22	1.22	1.22	1.22	1.22	1.22	1.22

定额编号		TXL2-060	TXL2-061	TXL2-062	TXL2-063	TXL2-064	TXL2-065	TXL2-066	TXL2-067
项目		丘陵、水田地区人工铺设小口径塑料管（km）							
		1管	2管	3管	4管	5管	6管	7管	8管
名称	单位	数量							
机械									
仪表									

定额编号		TXL2-068	TXL2-069	TXL2-070	TXL2-071	TXL2-072	TXL2-073	TXL2-074	TXL2-075
项目		丘陵、水田地区人工铺设小口径塑料管（km）							
		9管	10管	11管	12管	13管	14管	15管	16管
名称	单位	数量							
人工	技工	工日	55.06	60.57	66.08	71.60	78.32	83.82	89.33	94.85
	普工	工日	165.17	181.71	198.24	214.80	234.95	251.47	268.00	284.56
主要材料	塑料管	m	9090.00	10100.00	11110.00	12120.00	13130.00	14140.00	15150.00	16160.00
	标石	个	10.20	10.20	10.20	10.20	10.20	10.20	10.20	10.20
	接续器材	套	*	*	*	*	*	*	*	*
	堵头	个	*	*	*	*	*	*	*	*
	扎带	条	*	*	*	*	*	*	*	*
	油漆	kg	1.22	1.22	1.22	1.22	1.22	1.22	1.22	1.22
机械										
仪表										

② 山区。

工作内容：外观检查、检查气压、配盘、清沟抄平、人工抬放塑管、外观复查、塑管接续、整理排列绑扎塑管、封堵端头等。

取费标准参考表 10-18。

表 10-18　人工铺设小口径塑料管管道（山区）取费参考标准

定额编号		TXL2-076	TXL2-077	TXL2-078	TXL2-079	TXL2-080	TXL2-081	TXL2-082	TXL2-083
项目		山区人工铺设小口径塑料管（km）							
		1管	2管	3管	4管	5管	6管	7管	8管
名称	单位	数量							
人工	技工	工日	8.95	15.67	23.83	30.55	38.72	45.43	52.14	58.86
	普工	工日	26.84	47.00	71.48	91.64	116.17	136.29	156.41	176.57
主要材料	塑料管	m	1010.00	2020.00	3030.00	4040.00	5050.00	6060.00	7070.00	8080.00
	标石	个	10.20	10.20	10.20	10.20	10.20	10.20	10.20	10.20
	接续器材	套	*	*	*	*	*	*	*	*
	堵头	个	*	*	*	*	*	*	*	*
	扎带	条	*	*	*	*	*	*	*	*
	油漆	kg	1.22	1.22	1.22	1.22	1.22	1.22	1.22	1.22
机械										

定额编号		TXL2-076	TXL2-077	TXL2-078	TXL2-079	TXL2-080	TXL2-081	TXL2-082	TXL2-083
项目		山区人工铺设小口径塑料管（km）							
		1管	2管	3管	4管	5管	6管	7管	8管
名称	单位	数量							
仪表									

定额编号		TXL2-084	TXL2-085	TXL2-086	TXL2-087	TXL2-088	TXL2-089	TXL2-090	TXL2-091
项目		山区人工铺设小口径塑料管（km）							
		9管	10管	11管	12管	13管	14管	15管	16管
名称	单位	数量							
人工	技工	工日	67.03	73.74	80.44	87.16	95.34	102.05	108.75	115.47
	普工	工日	201.10	221.21	241.33	261.49	286.02	306.14	326.26	346.42
主要材料	塑料管	m	9090.00	10100.00	11110.00	12120.00	13130.00	14140.00	15150.00	16160.00
	标石	个	10.20	10.20	10.20	10.20	10.20	10.20	10.20	10.20
	接续器材	套	*	*	*	*	*	*	*	*
	堵头	个	*	*	*	*	*	*	*	*
	扎带	条	*	*	*	*	*	*	*	*
	油漆	kg	1.22	1.22	1.22	1.22	1.22	1.22	1.22	1.22
机械										
仪表										

注：上表 人工/主要材料 行的 单位列 对应 工日、m、个、套、条、kg。

④ 小口径塑料管试通

工作内容：

a. 试通准备、开机试通、记录、整理资料等。

b. 直埋专用塑料管道充气试验。

取费标准参考表 10-19。

表 10-19　小口径塑料管试通取费参考标准

定额编号			TXL2-092	TXL2-093
项目			小口径塑料管试通（孔千米）	小口径塑料管道充气试验（孔千米）
名称		单位	数量	
人工	技工	工日	1.00	0.50
	普工	工日	2.00	0.50
主要材料	塑料管充气堵头（带气门）	个	*	*
			⋮	⋮
机械	气流敷设设备（含空气压缩机）	台班	0.08	—
	载重汽车（5t）	台班	0.08	0.12
	燃油式空气压缩机（6m³/min）	台班	—	0.12
仪表				

注："*"系指每段塑料管按两个气管堵头记列。

（7）顶、铺管，铺水泥盖板、水泥槽取费。

工作内容：

① 桥挂管、槽：打眼、固定穿钉、安装支架、钢管接续、铺钢管（槽道）、堵管头等。

② 顶钢管：挖工作坑，安装机具、接钢管、顶钢管、堵管孔等。

③ 铺管：接管、铺管、堵管等。

④ 铺砖：现场运输、铺砖等。

⑤ 铺水泥盖板：现场运输、铺水泥盖板等。

⑥ 铺水泥槽：现场运输、铺水泥槽、勾缝、盖盖板等。

取费标准参考表 10-20。

表 10-20　顶、铺管，铺水泥盖板、水泥槽取费参考标准　　　　　定额单位：米

定额编号			TXL2-119	TXL2-120	TXL2-121	TXL2-122	TXL2-123
项目			桥挂钢管	桥挂塑料管	桥挂槽道	人工顶管	机械顶管
名称		单位	数量				
人工	技工	工日	0.10	0.05	0.08	1.00	0.60
	普工	工日	0.20	0.10	0.15	2.00	0.20
主要材料	镀锌对缝钢管（$\phi50\sim\phi100$）	m	1.01	—	—	—	—
	镀锌无缝钢管（$\phi50\sim\phi100$）	m	—	—	—	1.01	1.01
	塑料管（$\phi50\sim\phi100$）	m	—	1.01	—	—	—
	槽道	m	—	—	1.01	—	—
	膨胀螺栓	副	*	*	*	—	—
	U 形卡环	副	*	*	*	—	—
	铁支架	套	*	*	*	—	—
	管箍	个	*	*	—	0.17	0.17
	扁钢 40×4	Kg	*	*	—	—	—
	螺栓	副	*	*	—	—	—
机械	液压顶管机（5t）	台班					0.20
	⋮	⋮	⋮	⋮	⋮	⋮	⋮
仪表							

定额编号		TXL2-124	TXL2-125	TXL2-126	TXL2-127	TXL2-128	TXL2-129	TXL2-130
项目		铺管保护			铺砖保护		铺盖板、水泥槽	
		铺钢管（m）	铺塑料管（m）	铺大长度半硬塑料管（100m）	横铺砖（km）	竖铺砖（km）	铺水泥盖板（km）	铺水泥槽及盖板（m）
名称	单位	数量						
人工　技工	工日	0.03	0.01	1.50	2.00	2.00	2.00	0.05
普工	工日	0.10	0.10	2.50	15.00	10.00	13.00	0.10
主要材料　镀锌对缝钢管（$\phi50\sim\phi100$）	m	1.01	—	—	—	—	—	—
塑料管（$\phi80\sim\phi100$）	m	—	1.01	—	—	—	—	—
机制砖	m	—	—	—	8160.00	4080.00	—	—
水泥盖板	m	—	—	—	—	—	2040.00	—
水泥槽（带盖板）	m	—	—	—	—	—	—	1.02
半硬塑料管（$\phi40\sim\phi50$）	m	—	—	101.00	—	—	—	—
套管	个	0.17	—	—	—	—	—	—
		⋮	⋮	⋮	⋮	⋮	⋮	⋮
机械								
仪表								

（8）砌坡、砌坎、堵塞、封石沟、安装宣传警示牌保护取费。

工作内容：

① 石砌坡（坎、堵塞）、封石沟、做漫水坝，挖土石方、砌石墙、勾缝等。

② 三七土护坎：现场运料、挖土、搅拌三七土、铺填三七土、分层夯实等。

③ 埋设标石：埋设标石、刷色、编号等。

④ 安装宣传警示牌：现场搬运、挖坑、安装、回土夯实。

取费标准参考表 10-21。

表 10-21　砌坡、砌坎、堵塞、封石沟、安装宣传警示牌保护取费参考标准

定额编号			TXL2-131	TXL2-132	TXL2-133	TXL2-134	TXL2-135	TXL2-136	TXL2-137	TXL2-138
项目			石砌坡、坎,堵塞（m³）	三七土护坎（m³）	封石沟（m³）	做漫水坝、挡水墙（m³）	埋设标石（个）			安装宣传警示标（块）
							平原	丘陵、水田、城区	山区	
名称		单位	数量							
人工	技工	工日	1.00	0.20	0.90	2.00	0.06	0.07	0.09	0.10
	普工	工日	2.58	0.50	2.10	5.16	0.06	0.07	0.09	0.10
主要材料	水泥 C32.5	kg	183.00	—	202.00	183.00	—	—	—	—
	中粗砂	kg	607.00	—	836.00	607.00	—	—	—	—
	毛石	m3	1.00	—	—	1.00	—	—	—	—
	石灰粉	吨	—	0.27	—	—	—	—	—	—
	石灰	kg								
	碎石（0.5～3.2cm）	kg	—	—	1331.00	—	—	—	—	—
	宣传警示牌	套	—	—	—	—	—	—	—	1.01
	标石	个	—	—	—	—	1.02	1.02	1.02	—
	油漆	kg	—	—	—	—	0.10	0.10	0.10	—
机械										
仪表										

3. 敷设架空线路取费

（1）立杆取费。

① 立水泥杆取费。

工作内容：打洞、清理、组接电杆、立杆、装卡盘、装 H 杆腰梁、回填夯实、号杆等。

取费标准参考表 10-22。

表 10-22　敷设架空线路（立水泥杆）取费参考标准

定额编号			TXL3-001	TXL3-002	TXL3-003	TXL3-004	TXL3-005	TXL3-006	TXL3-007	TXL3-008	TXL3-009	TXL3-010	TXL3-011	TXL3-012
项目			立 9 米以下水泥杆			立 11 米以下水泥杆			立 13 米以下水泥杆			立 13 米以下水泥 H 杆（座）		
			综合土	软石	坚石	综合土	软石	坚石	综合土	软石	坚石	综合土	软石	坚石
名称		单位	数量											
人工	技工	工日	0.61	0.64	1.18	0.88	0.94	1.76	1.26	1.38	2.59	3.02	3.09	5.68
	普工	工日	0.61	1.28	1.18	0.88	1.88	1.76	1.26	2.76	2.59	3.02	6.18	5.68

续表

定额编号		TXL3-001	TXL3-002	TXL3-003	TXL3-004	TXL3-005	TXL3-006	TXL3-007	TXL3-008	TXL3-009	TXL3-010	TXL3-011	TXL3-012
项目		立9米以下水泥杆			立11米以下水泥杆			立13米以下水泥杆			立13米以下水泥H杆（座）		
		综合土	软石	坚石	综合土	软石	坚石	综合土	软石	坚石	综合土	软石	坚石
名称	单位	数量											
主要材料 水泥电杆	根	1.003	1.003	1.003	1.003	1.003	1.003	1.003	1.003	1.003	2.006	2.006	2.006
H杆腰梁（带抱箍）	套	—	—	—	—	—	—	—	—	—	1.01	1.01	1.01
硝铵炸药	kg	—	0.30	0.70	—	0.40	0.80	—	0.60	1.20	—	4.00	7.50
火雷管（金属壳）	个	—	1.00	2.00	—	2.00	3.00	—	2.00	3.00	—	8.00	15.00
导火索	m	—	1.00	2.00	—	2.00	3.00	—	2.00	3.00	—	8.00	15.00
水泥 C32.5	kg	0.20	0.20	0.20	0.20	0.20	0.20	0.20	0.20	0.20	0.40	0.40	0.40
		⋮	⋮	⋮	⋮	⋮	⋮	⋮	⋮	⋮	⋮	⋮	⋮
机械 汽车式起重机（5t）	台班	0.04	0.04	0.04	0.04	0.04	0.04	0.06	0.06	0.06	0.12	0.12	0.12
		⋮	⋮	⋮	⋮	⋮	⋮	⋮	⋮	⋮	⋮	⋮	⋮
仪表													

注：水泥杆根部需装底盘时，参看电杆加固和保护。

② 立木电杆取费。

工作内容：打洞、清理、根部防护、组接电杆、立杆、装横木、装 H 杆腰梁、回填夯实、号杆等。取费标准参考表 10-23。

表 10-23　敷设架空线路（立木电杆）取费参考标准

定额编号		TXL3-013	TXL3-014	TXL3-015	TXL3-016	TXL3-017	TXL3-018	TXL3-019	TXL3-020	TXL3-021
项目		立8.5米以下木电杆（根）			立10米以下木电杆（根）			立15米以下品接杆（座）		
		综合土	软石	坚石	综合土	软石	坚石	综合土	软石	坚石
名称	单位	数量								
人工 技工	工日	0.36	0.43	0.84	0.52	0.63	1.25	2.35	2.17	3.92
普工	工日	0.36	0.86	0.84	0.52	1.26	1.25	2.35	4.34	3.92
主要材料 木电杆	根	1.002	1.002	1.002	1.002	1.002	1.002	3.006	3.006	3.006
木横木	根	*	—	—	*	—	—	2.004	2.004	2.004
镀锌铁线 φ4.0	kg	1.015/根横木	—	—	1.015/根横木	—	—	3.50	3.50	3.50
镀锌无头穿钉 M18×800～900	副	—	—	—	—	—	—	2.02	2.02	2.02
硝铵炸药	kg	—	0.30	0.70	—	0.40	0.80	—	2.60	5.30
雷管	个	—	1.00	2.00	—	2.00	3.00	—	6.00	11.00
导火索	m	—	1.00	2.00	—	2.00	3.00	—	6.00	11.00
		⋮	⋮	⋮	⋮	⋮	⋮	⋮	⋮	⋮
机械										
仪表										

续表

定额编号		TXL3-022	TXL3-023	TXL3-024	TXL3-025	TXL3-026	TXL3-027	TXL3-028	TXL3-029	TXL3-030	TXL3-031	TXL3-032	TXL3-033
项目		立 24 米以下特种品接杆			立 10 米以下 H 杆			立 15 米以下品接 H 杆			立 24 米以下特种品接 H 杆		
		综合土	软石	坚石	综合土	软石	坚石	综合土	软石	坚石	综合土	软石	坚石
名称	单位	数量											
人工 技工	工日	2.95	2.57	4.52	1.54	1.59	3.00	5.20	4.67	8.34	6.40	5.47	9.54
普工	工日	2.95	5.14	4.52	1.54	3.18	3.00	5.20	9.34	8.34	6.40	10.94	9.54
主要材料 木电杆	根	4.008	4.008	4.008	2.004	2.004	2.004	6.012	6.012	6.012	8.016	8.016	8.016
木横木	根	2.004	2.004	2.004	1.002	1.002	1.002	3.006	3.006	3.006	3.006	3.006	3.006
镀锌铁线 φ4.0	Kg	5.40	5.40	5.40	5.00	5.00	5.00	16.00	16.00	16.00	19.80	19.80	19.80
镀锌无头穿钉 M18×800～900	副	2.02	2.02	2.02	—	—	—	4.004	4.004	4.004	4.004	4.004	4.004
镀锌无头穿钉 M16×600	副	2.02	2.02	2.02	—	—	—	—	—	—	4.004	4.004	4.004
H 杆腰梁（带穿钉）	套	—	—	—	1.001	1.001	1.001	1.001	1.001	1.001	2.02	2.02	2.02
硝铵炸药	kg	—	2.60	5.30	—	3.00	7.00	—	4.80	8.00	—	4.00	8.00
雷管	个	—	6.00	11.00	—	6.00	14.00	—	8.00	16.00	—	8.00	16.00
导火索	m	—	6.00	11.00	—	6.00	14.00	—	8.00	16.00	—	8.00	16.00
机械													
仪表													

注：横木及 H 杆腰梁的型号由设计者根据 H 杆的规格确定

③ 电杆根部加固取费。

工作内容。

a．护桩：挖坑、固定涂油、回土夯实等。

b．围桩、石笼、护墩：编铁笼、打桩、填石、砌石墩、抹面、回土夯实等。

c．卡盘、底盘：挖坑安装回土夯实等。

d．帮桩：挖坑、缠扎固定（涂油）、回土夯实等。

e．打桩：搭架、拆架、打桩、接杆等。

取费标准参考表 10-24。

表 10-24　敷设架空线路（电杆根部加固）取费参考标准

定额编号		TXL3-034	TXL3-035	TXL3-036	TXL3-037	TXL3-038	TXL3-039	TXL3-040	TXL3-041	TXL3-042	TXL3-043	TXL3-044
项目		护桩（处）	木围桩（处）	石笼（处）	石护墩（处）	卡盘（块）	底盘（块）	水泥帮桩（根）	木帮桩（根）	打桩单杆（处）	打桩品接杆（处）	打桩分水架（处）
名称	单位	数量										
人工 技工	工日	0.24	1.87	3.60	1.90	0.14	0.10	0.48	0.38	12.00	25.68	28.08
普工	工日	0.24	3.60	3.00	3.60	0.14	0.10	0.10	0.48	16.80	35.52	42.12

定额编号		TXL3-034	TXL3-035	TXL3-036	TXL3-037	TXL3-038	TXL3-039	TXL3-040	TXL3-041	TXL3-042	TXL3-043	TXL3-044
项目		护桩（处）	木围桩（处）	石笼（处）	石护墩（处）	卡盘（块）	底盘（块）	水泥帮桩（根）	木帮桩（根）	打桩单杆（处）	打桩品接杆（处）	打桩分水架（处）
名称	单位	数量										
主要材料	防腐横木 2m	根	1.002	32.064	—	—	—	—	—	—	—	—	—
	水泥（或木）帮桩	根	—	—	—	—	—	—	1.003	1.002	—	—	—
	镀锌铁线 $\phi4.0$	kg	1.015	3.86	16.75	—	—	—	—	1.46	20.00	40.00	15.00
	水泥卡盘	块	—	—	—	—	1.003	—	—	—	—	—	—
	水泥底盘	块	—	—	—	—	—	1.003	—	—	—	—	—
	镀锌无头穿钉 M16×600	副	—	—	—	—	—	—	2.02	—	2.02	2.02	—
	卡盘抱箍	副	—	—	—	—	1.01	—	—	—	—	—	—
	毛石	m³	—	—	1.74	1.74	—	—	—	—	—	—	—
	粗砂	kg	—	—	—	910.00	—	—	—	—	—	—	—
	水泥	kg	—	—	—	150.00	—	—	—	—	—	—	—
	防腐木桩 8m×16cm	根	—	—	—	—	—	—	—	—	1.002	3.006	2.004
	铁桩鞋	个	—	—	—	—	—	—	—	—	1.01	2.02	2.02
	铁桩箍	个	—	—	—	—	—	—	—	—	1.01	2.02	2.02
	保护套	m	—	—	—	—	—	—	—	—	—	—	—
机械													
仪表													

注：除打桩品接杆及打桩分水架外，均为单杆定额，如用于 H 杆时按相应定额的 2 倍计取。

④ 装撑杆取费。

工作内容：挖坑、装撑杆、装卡盘或横木、回土夯实、固定等。

取费标准参考表 10-25。

表 10-25　敷设架空线路（装撑杆）取费参考标准

定额编号		TXL3-045	TXL3-046	TXL3-047	TXL3-048	TXL3-049	TXL3-050
项目		装木撑杆（根）			装水泥撑杆（根）		
		综合土	软石	坚石	综合土	软石	坚石
名称	单位	数量					
人工	技工	工日	0.56	0.49	0.92	0.62	0.65	1.20
	普工	工日	0.56	0.98	0.92	0.62	1.30	1.20
主要材料	木电杆	根	1.002	1.002	1.002	—	—	—
	水泥电杆	根	—	—	—	1.002	1.002	1.002
	横木	根	1.002	—	—	—	—	—
	镀锌铁线 $\phi4.0$	kg	1.015	1.015	1.015	—	—	—
	硝铵炸药	kg	—	0.20	0.50	—	0.20	0.50
	水雷管（金属壳）	个	—	1.00	2.00	—	1.00	2.00

定额编号		TXL3-045	TXL3-046	TXL3-047	TXL3-048	TXL3-049	TXL3-050
项目		装木撑杆（根）			装水泥撑杆（根）		
		综合土	软石	坚石	综合土	软石	坚石
名称	单位	数量					
导火索	m	—	1.00	2.00	—	1.00	2.00
拉线抱箍	副	—	—	—	2.02	2.02	2.02
水泥卡盘	块	—	—	—	1.01	1.01	1.01
卡盘抱箍	套	—	—	—	1.01	1.01	1.01
机械	汽车式起重机（5t） 台班	—	—	—	0.05	0.05	0.05
	⋮	⋮	⋮	⋮	⋮	⋮	⋮
仪表							

⑤ 安装附属装置取费。

工作内容：

a. 电杆接高装置：安装等。

b. 电杆地线：挖沟、安装、引接地线、回土夯实等。

c. 安装预留缆架：安装等。

d. 安装吊线保护装置：安装保护装置、绑扎等。

取费标准参考表 10-26。

表 10-26　敷设架空线路（安装附属装置）取费参考标准

定额编号		TXL3-144	TXL3-145	TXL3-146	TXL3-147	TXL3-148	TXL3-149	TXL3-150
项目		电杆接高装置（处）		电杆地线（条）			安装预留缆架（架）	安装吊线保护装置（m）
		单槽钢	双槽钢	拉线式	直埋式	延伸式		
名称	单位	数量						
人工	技工 工日	0.24	0.40	0.07	0.18	0.18	0.10	0.05
	普工 工日	0.24	0.40	—	0.18	0.38	0.10	0.05
主要材料	镀锌铁线 φ1.0 kg	—	—	0.20	1.50	2.00	—	—
	保安地气棒 根	—	—	—	1.01	—	—	—
	接高装置 套	1.00	1.00	—	—	—	—	—
	地线夹板 块	—	—	—	1.01	—	—	—
	预留缆架 套	—	—	—	—	—	1.00	—
	保护套 m	—	—	—	—	—	—	1.00
	警示装置 套	—	—	—	—	—	—	*
机械								
仪表								

10.4.5　布放线缆取费

1. 管、暗槽内穿放电缆取费

工作内容：检验、抽测电缆、清理管（暗槽）、制作穿线端头（钩）、穿放引线、穿放电缆、做标记、封堵出口等。

取费标准参考表 10-27。

表 10-27　管、暗槽内穿放电缆取费参考标准

定额编号			TXL7-033	TXL7-034	TXL7-035	TXL7-036	TXL7-037
项目			穿放 4 对对绞电缆	穿放大对数对绞电缆			
				非屏蔽 50 对以下	非屏蔽 100 对以下	屏蔽 50 对以下	屏蔽 100 对以下
名称		单位	数量				
人工	技工	工日	0.85	1.20	1.68	1.32	1.85
	普工	工日	1.85	1.21	1.68	1.32	1.85
主要材料	对绞电缆	m	102.50 103.00	102.50	102.50	103.00	103.00
	镀锌铁线 ϕ1.5	kg	0.12	0.12	0.12	0.12	0.12
	镀锌铁线 4.0	kg	—	1.80	1.80	1.80	1.80
	钢丝 ϕ1.5	kg	0.25	—	—	—	—
机械							
仪表							

注：1. 屏蔽电缆包括总屏蔽及总屏蔽加线对屏蔽两种形式的对绞电缆均执行本定额。

2. 以分数形式表示的材料数量，分子为非屏蔽电缆数量，分母为屏蔽电缆数量。

2. 桥架、线槽、网络地板内明布电缆取费

工作内容：检验、抽测电缆、清理槽道、布放、绑扎电缆、做标记、封堵出口等。

取费标准参考表 10-28。

表 10-28　桥架、线槽、网络地板内明布电缆取费参考标准　　　　单位：百米条

定额编号			TXL7-038	TXL7-039	TXL7-040
项目			明布 4 对绞电缆	明布大对数对绞电缆	
				50 对以下	100 对以下
名称		单位	数量		
人工	技工	工日	0.51	0.96	1.35
	普工	工日	0.51	0.96	1.35
主要材料	4 对对绞电缆	m	102.50 103.00	—	—
	50 对以下对绞电缆	m	—	102.50 103.00	—
	100 对以下对绞电缆	m	—	—	102.50 103.00
机械					
仪表					

注：以分数形式表示的材料数量，分子为非屏蔽电缆数量，分母为屏蔽电缆数量。

3. 布放光缆、光缆外护套、光纤束取费

工作内容：

① 管路、暗槽内穿放光缆：检验、测试光缆，清理管（暗槽），制做穿线端头（钩），穿放引线，穿放光缆，出口衬垫，做标记，封堵出口等。

② 桥架、线槽、网络地板内明布光缆：检验、测试光缆，清理槽道，布放，绑扎光缆，加垫套，做标记，封堵出口等。

③ 布放光缆护套：清理槽道，布放，绑扎光缆护套，加垫套，做标记，封堵出口等。

④ 气流法布放光纤束：检验、测试光纤，检查护套，气吹布放光纤束，做标记，封堵出口等。

取费标准参考表 10-29。

表 10-29　布放光缆、光缆外护套、光纤束取费参考标准　　　　　　单位：百米条

定额编号			TXL7-041	TXL7-042	TXL7-043	TXL7-044
项目			管、暗槽内穿放光缆	桥架、线槽、网络地板内明布光缆	布放光缆护套	气流法布放光纤束
名称		单位	数量			
人工	技工	工日	1.36	0.90	0.90	0.89
	普工	工日	1.36	0.90	0.90	0.13
主要材料	光缆	m	102.00	102.00	—	—
	光缆护套	m	—	—	102.00	—
	光纤束	m	—	—	—	102.00
机械	气流敷设设备（含空气压缩机）	台班				0.02
	⋮	⋮	⋮	⋮	⋮	⋮
仪表						

4．敷设埋式光（电）缆取费

（1）敷设埋式光缆取费。

① 平原地区。

工作内容：检查测试光缆，光缆配盘，清理沟底，排除障碍，人工抬放光缆，复测光缆，加保护等。

取费标准参考表 10-30。

表 10-30　敷设埋式光（电）缆（平原地区）取费参考标准

定额编号			TXL2-017	TXL2-018	TXL2-019	TXL2-020	TXL2-021	TXL2-022
项目			平原地区敷设埋式光缆（千米条）					
			12 芯以下	36 芯以下	60 芯以下	84 芯以下	108 芯以下	144 芯以下
名称		单位	数量					
人工	技工	工日	12.20	16.68	21.16	25.64	30.12	36.84
	普工	工日	35.70	37.86	40.02	42.18	44.34	47.58
主要材料	光缆	m	1005.00	1005.00	1005.00	1005.00	1005.00	
	⋮	⋮	⋮	⋮	⋮	⋮		
机械								
仪表	光时域反射仪	台班	0.10	0.15	0.20	0.25	0.30	0.38
	偏振模色散测试仪	台班	0.10	0.15	0.20	0.25	0.30	0.38

② 丘陵、水田、市区

工作内容：检查测试光缆，光缆配盘，清理沟底，排除障碍，人工抬放光缆，复测光缆，加保护等。

取费标准参考表 10-31。

表 10-31 敷设埋式光（电）缆（丘陵、水田、市区）取费参考标准

定额编号			TXL2-023	TXL2-024	TXL2-025	TXL2-026	TXL2-027	TXL2-028
项目			丘陵、水田、城区敷设埋式光缆（千米条）					
			12 芯以下	36 芯以下	60 芯以下	84 芯以下	108 芯以下	144 芯以下
名称		单位	数量					
人工	技工	工日	14.36	19.68	25.00	30.32	35.64	43.62
	普工	工日	41.37	43.89	46.41	48.93	51.45	55.23
主要材料	光缆	m	1005.00	1005.00	1005.00	1005.00	1005.00	1005.00
	⋮	⋮	⋮	⋮	⋮	⋮	⋮	⋮
机械								
仪表	光时域反射仪	台班	0.10	0.15	0.20	0.25	0.30	0.38
	偏振模色散测试仪	台班	0.10	0.15	0.20	0.25	0.30	0.38

② 山区。

工作内容：检查测试光缆，光缆配盘，清理沟底，排除障碍，人工抬放光缆，复测光缆，埋标石，做标记，加保护等。

取费标准参考表 10-32。

表 10-32 敷设埋式光（电）缆（山区）取费参考标准

定额编号			TXL2-029	TXL2-030	TXL2-031	TXL2-032	TXL2-033	TXL2-034
项目			山区敷设埋式光缆（千米条）					
			12 芯以下	36 芯以下	60 芯以下	84 芯以下	108 芯以下	144 芯以下
名称		单位	数量					
人工	技工	工日	17.94	24.66	31.38	38.10	44.82	54.90
	普工	工日	50.78	53.90	57.20	60.14	63.26	67.94
主要材料	光缆	m	1005.00	1005.00	1005.00	1005.00	1005.00	1005.00
	⋮	⋮	⋮	⋮	⋮	⋮	⋮	⋮
机械								
仪表	光时域反射仪	台班	0.10	0.15	0.20	0.25	0.30	0.38
	偏振模色散测试仪	台班	0.10	0.15	0.20	0.25	0.30	0.38

注：特殊地段人工布放钢丝铠装光缆时，按相应光缆规格的人工定额乘以综合系数，材料不变，系数取定如下：
- 当钢丝拉力为 20000N 以内时，以相应定额工日乘以 1.2；
- 当钢丝拉力为 40000N 以内时，以相应定额工日乘以 1.5。

（2）敷设埋式电缆取费。

工作内容：检验测试电缆，清理沟底，敷设电缆，充气试验等。

取费标准参考表 10-33。

表 10-33 敷设埋式电缆取费参考标准

定额编号			TXL2-035	TXL2-036	TXL2-037	TXL2-038
项目			敷设埋式电缆（千米条）			
			200 对以下	400 对以下	600 对以下	600 对以上
名称		单位	数量			
人工	技工	工日	8.35	9.49	11.08	13.51
	普工	工日	22.84	25.91	30.23	36.76

续表

定额编号		TXL2-035	TXL2-036	TXL2-037	TXL2-038
		敷设埋式电缆（千米条）			
项目		200 对以下	400 对以下	600 对以下	600 对以上
名称	单位	数量			
主要材料　电缆	m	1005.00	1005.00	1005.00	1005.00
镀锌铁线φ2.0	kg	0.51	0.51	0.51	0.51
热缩端帽（带气门）	个	2.02	4.04	4.04	5.05
热缩端帽（不带气门）	个	2.02	4.04	4.04	5.05
机械					
仪表					

5. 专用塑料管道内敷设光缆取费

工作内容：

① 砖砌专用塑料管道光缆手孔：找平，夯实，浇筑底座，砌砖，制作安装上口水泥盖板，安装人孔口圈，井盖，安装托架等。

② 埋设定型手孔：检查，现场搬运，安装固定定型手孔，手孔进、出口塑管端头紧固处理，安装堵头、塞子等。

取费标准参考表 10-34。

表 10-34　专用塑料管道内敷设光缆取费参考标准

定额编号		TXL2-039	TXL2-040	TXL2-041	TXL2-042	TXL2-043
		砌砖专用塑料管道光缆手孔（个）				埋设定型手孔（个）
项目		I型（1.2×0.9×1）	II型（2.6×0.9×1）	III型（1.2×0.9×0.7）	IV型（2.6×0.9×0.7）	
名称	单位	数量				
人工　技工	工日	6.40	8.67	5.12	6.94	1.00
普工	工日	6.14	8.33	4.91	6.66	2.00
主要材料　水泥 C32.5	吨	0.40	0.69	0.26	0.44	—
中粗砂	吨	1.40	1.78	0.69	1.17	—
碎石 0.5～3.5	吨	0.75	1.48	0.62	1.13	—
机制砖	千块	0.72	1.18	0.45	0.70	—
圆钢φ10	kg	7.21	10.83	8.01	16.02	—
圆钢φ8	kg	3.0	7.87	4.71	9.42	—
圆钢φ6	kg	1.05	2.09	…	…	—
板、方材	m³	0.03	0.06	0.03	0.06	—
手孔口圈（车行道）	套	1.01	1.01	…	…	—
电缆托架 60cm	根	4.04	4.04	4.04	4.04	—
电缆托架穿钉 M16	根	8.08	8.08	8.08	8.08	—
定型手钻	套	…	—	…	—	1.00
机械　载重汽车（5t 以内）	台班	—	—	—	—	0.10
汽车起重机（5t 以内）	台班	…	—	…	—	0.10

注：本定额的定型手孔是指玻璃钢整体手孔，埋在地下，手孔顶部距地面不小于 60cm。

6. 气流法穿放光缆取费

工作内容：单盘光缆外观检查，测试单盘光缆性能指标，光缆配盘，气流机穿放光缆，封光缆端头，堵管孔头等。

取费标准参考表 10-35。

表 10-35　气流法穿放光缆取费参考标准

定额编号		TXL2-094	TXL2-095	TXL2-096	TXL2-097	TXL2-098	TXL2-099	TXL2-100	TXL2-101	TXL2-102	TXL2-103
项目		平原地区（千米条）					丘陵、水田地区（千米条）				
		24芯以下	48芯以下	72芯以下	96芯以下	144芯以下	24芯以下	48芯以下	72芯以下	96芯以下	144芯以下
名称	单位	数量									
人工 技工	工日	8.94	10.01	11.08	12.16	13.23	10.27	11.51	12.75	13.99	15.21
普工	工日	1.27	1.43	1.58	1.74	1.89	1.47	1.65	1.82	2.00	2.17
主要材料 光缆	m	1010.00	1010.00	1010.00	1010.00	1010.00	1010.00	1010.00	1010.00	1010.00	1010.00
护缆塞	个	个	*	*	*	*	*	*	*	*	*
润滑剂	kg	0.50	0.50	0.50	0.50	0.50	0.50	0.50	0.50	0.50	0.50
⋮	⋮	⋮	⋮	⋮	⋮	⋮	⋮	⋮	⋮	⋮	⋮
机械 气流敷设设备（含空气压缩机）	台班	0.20	0.23	0.26	0.29	0.32	0.23	0.27	0.30	0.33	0.37
载重汽车（5t）	台班	0.20	0.23	0.26	0.29	0.32	0.23	0.27	0.30	0.33	0.37
汽车式起重机（5t）	台班	0.20	0.23	0.26	0.29	0.32	0.23	0.27	0.30	0.33	0.37
仪表 光时域反射仪	台班	0.13	0.18	0.23	0.28	0.33	0.13	0.18	0.23	0.28	0.33
偏振模色散测试仪	台班	(0.13)	(0.18)	(0.23)	(0.28)	(0.33)	(0.13)	(0.18)	(0.23)	(0.28)	(0.33)

定额编号		TXL2-104	TXL2-105	TXL2-106	TXL2-107	TXL2-108
项目		山区（千米条）				
		24芯以下	48芯以下	72芯以下	96芯以下	144芯以下
名称	单位	数量				
人工 技工	工日	12.51	14.01	15.52	17.03	18.52
普工	工日	1.79	2.00	2.22	2.43	2.65
主要材料 光缆	m	1010.00	1010.00	1010.00	1010.00	1010.00
护缆塞	个	*	*	*	*	*
润滑剂	kg	0.50	0.50	0.50	0.50	0.50
⋮	⋮	⋮	⋮	⋮	⋮	⋮
机械 气流敷设设备（含空气压缩机）	台班	0.28	0.32	0.36	0.41	0.45
载重汽车（5t）	台班	0.28	0.32	0.36	0.41	0.45
汽车式起重机（5t）	台班	0.28	0.32	0.36	0.41	0.45
仪表 光时域反射仪	台班	0.13	0.18	0.23	0.28	0.33
偏振模色散测试仪	台班	(0.13)	(0.18)	(0.23)	(0.28)	(0.33)

7．架空布放电缆取费

（1）水泥杆单股拉线取费。

工作内容：挖地锚坑，埋设地锚，安装拉线，收紧拉线，做中，上把，清理现场等。

取费标准参考表 10-36。

表 10-36　架空布放电缆（水泥杆单股拉线）取费参考标准

定额编号		TXL3-051	TXL3-052	TXL3-053	TXL3-054	TXL3-055	TXL3-056	TXL3-057	TXL3-058	TXL3-059
项目		夹板法装 7/2.2 单股拉线（条）			夹板法装 7/2.6 单股拉线（条）			夹板法装 7/3.0 单股拉线（条）		
		综合土	软石	坚石	综合土	软石	坚石	综合土	软石	坚石
名称	单位	数量								
人工	技工	工日	0.78	0.85	1.76	0.84	0.92	1.82	0.98	1.07	1.96
	普工	工日	0.60	1.50	0.07	0.60	1.60	0.11	0.60	1.70	0.11
主要材料	镀锌钢铰线	kg	3.02	3.02	3.02	3.80	3.80	3.80	5.00	5.00	5.00
	镀锌铁线φ1.5	kg	0.02	0.02	0.02	0.04	0.04	0.04	0.04	0.04	0.04
	镀锌铁线φ3.0	kg	0.30	0.30	0.30	0.55	0.55	0.55	0.45	0.45	0.45
	镀锌铁线φ4.0	kg	0.22	0.22	0.22	0.22	0.22	0.22	0.22	0.22	0.22
	地锚铁柄	套	1.003	1.003	—	1.003	1.003	—	1.003	1.003	—
	水泥拉线盘	套	1.003	1.003	—	1.003	1.003	—	1.003	1.003	—
	岩石钢地锚	套	—	—	1.01	—	—	1.01	—	—	1.01
	三眼双槽夹板	套	2.02	2.02	2.02	2.02	2.02	2.02	4.04	4.04	4.04
	拉线衬环	套	2.02	2.02	2.02	2.02	2.02	2.02	2.02	2.02	2.02
	拉线抱箍	套	1.01	1.01	1.01	1.01	1.01	1.01	1.01	1.01	1.01
	硝胺炸药	kg	—	0.70	—	—	0.70	—	—	0.70	—
	雷管	个	—	2.00	—	—	2.00	—	—	2.00	—
	导火索	m	—	2.00	—	—	2.00	—	—	2.00	—
机械											
仪表											
定额编号		TXL3-060	TXL3-061	TXL3-062	TXL3-063	TXL3-064	TXL3-065	TXL3-066	TXL3-067	TXL3-068
项目		另缠法装 7/2.2 单股拉线（条）			另缠法装 7/2.6 单股拉线（条）			另缠法装 7/3.0 单股拉线（条）		
		综合土	软石	坚石	综合土	软石	坚石	综合土	软石	坚石
名称	单位	数量								
人工	技工	工日	0.86	0.94	1.76	0.92	1.07	1.82	1.08	1.18	1.96
	普工	工日	0.6	1.50	0.60	0.60	1.60	0.07	0.60	1.70	0.09
主要材料	镀锌钢铰线	kg	3.02	3.02	3.02	3.80	3.80	3.80	5.00	5.00	5.00
	镀锌铁线φ1.5	kg	0.02	0.02	0.02	0.04	0.04	0.04	0.04	0.04	0.04
	镀锌铁线φ3.0	Kg	0.60	0.60	0.60	0.70	0.70	0.70	1.12	1.12	1.12
	镀锌铁线φ4.0	kg	0.22	0.22	0.22	0.22	0.22	0.22	0.22	0.22	0.22
	地锚铁柄	套	1.003	1.003	—	1.003	1.003	—	1.003	1.003	—
	水泥拉线盘	套	1.003	1.003	—	1.003	1.003	—	1.003	1.003	—
	岩石钢地锚	套	—	—	1.01	—	—	1.01	—	—	1.01
	三眼双槽夹板	套	—	—	—	—	—	—	—	—	—
	拉线衬环	套	2.02	2.02	2.02	2.02	2.02	2.02	2.02	2.02	2.02

续表

定额编号		TXL3-060	TXL3-061	TXL3-062	TXL3-063	TXL3-064	TXL3-065	TXL3-066	TXL3-067	TXL3-068
项目		另缠法装 7/2.2 单股拉线（条）			另缠法装 7/2.6 单股拉线（条）			另缠法装 7/3.0 单股拉线（条）		
		综合土	软石	坚石	综合土	软石	坚石	综合土	软石	坚石
名称	单位	数量								
拉线抱箍	套	1.01	1.01	1.01	1.01	1.01	1.01	1.01	1.01	1.01
硝胺炸药	kg	—	0.70	—	—	0.70	—	—	0.70	—
雷管	个	—	2.00	—	—	2.00	—	—	2.00	—
导火索	m	—	2.00	—	—	2.00	—	—	2.00	—
机械										
仪表										

定额编号		TXL3-069	TXL3-070	TXL3-071	TXL3-072	TXL3-073	TXL3-074	TXL3-075	TXL3-076	TXL3-077
项目		卡固法装 7/2.2 单股拉线（条）			卡固法装 7/2.6 单股拉线（条）			卡固法装 7/3.0 单股拉线（条）		
		综合土	软石	坚石	综合土	软石	坚石	综合土	软石	坚石
名称	单位	数量								
人工 技工	工日	0.62	0.68	1.76	0.68	0.74	1.82	0.78	0.86	1.96
普工	工日	0.6	1.50	0.60	0.60	1.60	0.07	0.60	1.70	0.9
主要材料 镀锌钢铰线	kg	3.02	3.02	3.02	3.80	3.80	3.80	5.00	5.00	5.00
镀锌铁线ϕ1.5	kg	0.02	0.02	0.02	0.04	0.04	0.04	0.04	0.04	0.04
镀锌铁线ϕ4.0	kg	0.22	0.22	0.22	0.22	0.22	0.22	0.22	0.22	0.22
地锚铁柄	套	1.003	1.003	—	1.003	1.003	—	1.003	1.003	—
水泥拉线盘	套	1.003	1.003	—	1.003	1.003	—	1.003	1.003	—
岩石钢地锚	套	—	—	1.01	—	—	1.01	—	—	1.01
钢线卡子	块	6.06	6.06	6.06	6.06	6.06	6.06	6.06	6.06	6.06
拉线衬环	个	2.02	2.02	2.02	2.02	2.02	2.02	2.02	2.02	2.02
拉线抱箍	套	1.01	1.01	10.1	1.01	1.01	1.01	1.01	1.01	1.01
硝胺炸药	kg	—	0.70	—	—	0.70	—	—	0.70	—
雷管	个	—	2.00	—	—	2.00	—	—	2.00	—
导火索	m	—	2.00	—	—	2.00	—	—	2.00	—
机械										
仪表										

（2）木杆单股拉线。

工作内容：挖地锚坑，埋设地锚，安装拉线，收紧拉线，做中，上把，清理现场等。

取费标准参考表 10-37。

表 10-37　架空布放电缆（木杆单股拉线）取费参考标准

定额编号		TXL3-078	TXL3-079	TXL3-080	TXL3-081	TXL3-082	TXL3-083	TXL3-084	TXL3-085	TXL3-086
项目		夹板法装 7/2.2 单股拉线（条）			夹板法装 7/2.6 单股拉线（条）			夹板法装 7/3.0 单股拉线（条）		
		综合土	软石	坚石	综合土	软石	坚石	综合土	软石	坚石
名称	单位	数量								
人工 技工	工日	0.86	0.94	1.94	0.92	0.92	2.00	1.08	1.18	2.12
普工	工日	0.60	1.50	0.07	0.60	1.60	0.11	0.60	1.70	0.11
主要材料 镀锌钢铰线	kg	3.02	3.02	3.02	4.41	4.41	4.41	5.88	5.88	5.88
瓦形护杆板	块	2.02	2.02	2.02	2.02	2.02	2.02	2.02	2.02	2.02
条形护杆板	块	4.04	4.04	4.04	4.04	4.04	4.04	4.04	4.04	4.04
镀锌铁线 ϕ1.5	kg	0.02	0.02	0.02	0.04	0.04	0.04	0.04	0.04	0.04
镀锌铁线 ϕ3.0	kg	0.30	0.30	0.30	0.55	0.55	0.55	0.45	0.45	0.45
镀锌铁线 ϕ4.0	kg	0.22	0.22	0.22	0.22	0.22	0.22	0.22	0.22	0.22
地锚铁柄	套	1.003	1.003	—	1.003	1.003	—	1.003	1.003	—
水泥拉线盘	套	1.003	1.003	—	1.003	1.003	—	1.003	1.003	—
岩石钢地锚	套	—	—	1.01	—	—	1.01	—	—	1.01
三眼双槽夹板	套	2.02	2.02	2.02	2.02	2.02	2.02	4.04	4.04	4.04
拉线衬环	套	1.01	1.01	1.01	1.01	1.01	1.01	1.01	1.01	1.01
拉线抱箍	套	—	—	—	—	—	—	—	—	—
硝胺炸药	kg	—	0.70	—	—	0.70	—	—	0.70	—
雷管	个	—	2.00	—	—	2.00	—	—	2.00	—
导火索	m	—	2.00	—	—	2.00	—	—	2.00	—
机械										
仪表										

定额编号		TXL3-087	TXL3-088	TXL3-089	TXL3-090	TXL3-091	TXL3-092	TXL3-093	TXL3-094	TXL3-095
项目		另缠法装 7/2.2 单股拉线（条）			另缠法装 7/2.6 单股拉线（条）			另缠法装 7/3.0 单股拉线（条）		
		综合土	软石	坚石	综合土	软石	坚石	综合土	软石	坚石
名称	单位	数量								
人工 技工	工日	0.95	1.50	1.94	1.05	1.40	2.00	1.25	1.50	2.12
普工	工日	0.6	1.50	0.60	0.60	1.60	0.07	0.60	1.70	0.09
主要材料 镀锌钢铰线	kg	3.02	3.02	3.02	4.41	4.41	4.41	5.88	5.88	5.88
瓦形护杆板	块	2.02	2.02	2.02	2.02	2.02	2.02	2.02	2.02	2.02
条形护杆板	块	4.04	4.04	4.04	4.04	4.04	4.04	4.04	4.04	4.04
镀锌铁线 ϕ1.5	kg	0.02	0.02	0.02	0.04	0.04	0.04	0.04	0.04	0.04
镀锌铁线 ϕ3.0	kg	0.60	0.60	0.60	0.70	0.70	0.70	1.12	1.12	1.12
镀锌铁线 ϕ4.0	kg	0.22	0.22	0.22	0.22	0.22	0.22	0.22	0.22	0.22
地锚铁柄	套	1.003	1.003	—	1.003	1.003	—	1.003	1.003	—
水泥拉线盘	套	1.003	1.003	—	1.003	1.003	—	1.003	1.003	—
岩石钢地锚	套	—	—	1.01	—	—	1.01	—	—	1.01
三眼双槽夹板	块	—	—	—	—	—	—	—	—	—
拉线衬环	个	1.01	1.01	1.01	1.01	1.01	1.01	1.01	1.01	1.01

续表

定额编号		TXL3-087	TXL3-088	TXL3-089	TXL3-090	TXL3-091	TXL3-092	TXL3-093	TXL3-094	TXL3-095
项目		另缠法装 7/2.2 单股拉线（条）			另缠法装 7/2.6 单股拉线（条）			另缠法装 7/3.0 单股拉线（条）		
		综合土	软石	坚石	综合土	软石	坚石	综合土	软石	坚石
名称	单位	数量								
拉线抱箍	套	—	—	—	—	—	—	—	—	—
硝胺炸药	kg	—	0.70	—	—	0.70	—	—	0.70	—
雷管	个	—	2.00	—	—	2.00	—	—	2.00	—
导火索	m	—	2.00	—	—	2.00	—	—	2.00	—
机械										
仪表										

定额编号		TXL3-096	TXL3-097	TXL3-098	TXL3-099	TXL3-100	TXL3-101	TXL3-102	TXL3-103	TXL3-104
项目		卡固法装 7/2.2 单股拉线（条）			卡固法装 7/2.6 单股拉线（条）			卡固法装 7/3.0 单股拉线（条）		
		综合土	软石	坚石	综合土	软石	坚石	综合土	软石	坚石
名称	单位	数量								
人工 技工	工日	0.70	0.76	1.76	0.75	0.83	1.82	0.88	0.96	1.96
普工	工日	0.60	1.50	0.07	0.60	1.60	0.07	0.60	1.70	0.09
镀锌钢铰线	kg	3.02	3.02	3.02	4.41	4.41	4.41	5.88	5.88	5.88
瓦形护杆板	块	2.02	2.02	2.02	2.02	2.02	2.02	2.02	2.02	2.02
条形护杆板	块	4.04	4.04	4.04	4.04	4.04	4.04	4.04	4.04	4.04
镀锌铁线 $\phi1.5$	kg	0.02	0.02	0.02	0.02	0.02	0.02	0.04	0.04	0.04
镀锌铁线 $\phi3.0$	kg	—	—	—	—	—	—	—	—	—
镀锌铁线 $\phi4.0$	kg	0.22	0.22	0.22	0.22	0.22	0.22	0.22	0.22	0.22
地锚铁柄	套	1.003	1.003		1.003	1.003	—	1.003	1.003	—
水泥拉线盘	套	1.003	1.003		1.003	1.003	—	1.003	1.003	—
岩石钢地锚	套	—	—	1.01	—	—	1.01	—	—	1.01
钢线卡子	个	6.06	6.06	6.06	6.06	6.06	6.06	6.06	6.06	6.06
拉线衬环	个	1.01	1.01	1.01	1.01	1.01	1.01	1.01	1.01	1.01
拉线抱箍	套									
硝胺炸药	kg	—	0.70	—	—	0.70	—	—	0.70	—
雷管	个	—	2.00	—	—	2.00	—	—	2.00	—
导火索	m	—	2.00	—	—	2.00	—	—	2.00	—
机械										
仪表										

10.4.6 安装、调试取费

1. 安装端子箱、端子板及外部接线取费

工作内容：开箱检验、固定安装、校线、绝缘处理、压焊端子、接线。

取费标准参考表 10-38。

表 10-38 安装端子箱、端子板及外部接线取费参考标准

定额编号			TSD1-065	TSD1-066	TSD1-067	TSD1-068	TSD1-069	TSD1-070	TSD1-071
项目			端子箱（台）		安装端子板（组）	无端子外部接线（10个）		有端子外部接线（10个）	
			室外	室内		2.5mm²以内	6mm²以内	2.5mm²以内	6mm²以内
名称		单位	数量						
人工	技工	工日	1.27	1.06	0.03	0.10	0.14	0.15	0.21
	普工	工日							
主要材料	钢接线端子DT-2.5mm²	个	—	—	—	—	—	10.00	—
	钢接线端子DT-6mm²	个	—	—	—	—	—	—	10.00
	角钢（综合）	kg	9.00	2.00	—	—	—	—	—
	镀锌扁钢25×4	kg	3.00	1.50	—	—	—	—	—
	镀锌螺栓M10×100以内	套	4.10	4.10	—	—	—	—	—
	⋮	⋮	⋮	⋮	⋮	⋮	⋮	⋮	⋮
机械	交流电焊机	台班	0.06	0.13					
	⋮	⋮	⋮	⋮	⋮	⋮	⋮	⋮	⋮

2. 安装电池组及附属设施取费

（1）安装蓄电池抗震架取费。

工作内容：开箱检验、清洁搬运、组装、加固、补漆等。

取费标准参考表 10-39。

表 10-39 安装蓄电池抗震架取费参考标准　　　　　定额单位：米/架

定额编号			TSD3-001	TSD3-002	TSD3-003	TSD3-004	TSD3-005
项目			安装蓄电池抗震架				
名称		单位	单层单列	单层双列	双层单列	双层双列	每增加一层或一列
人工	技工	工日	0.48	0.72	1.00	1.12	0.50
	普工	工日	—	—	—	—	—
主要材料							

定额编号		TSD3-001	TSD3-002	TSD3-003	TSD3-004	TSD3-005
项目		安装蓄电池抗震架				
名称	单位	单层单列	单层双列	双层单列	双层双列	每增加一层或一列
机械						

（2）安装蓄电池组取费。

工作内容：开箱检验、清洁搬运、安装电池、调整水平、固定连线、电池标志、清洁整理等。

取费标准参考表 10-40。

表 10-40　安装蓄电池组取费参考标准　　　　定额单位：组

定额编号		TSD3-006	TSD3-007	TSD3-008	TSD3-009	TSD3-010	TSD3-011	TSD3-012
项目		安装24V蓄电池组						
		200Ah以下	600Ah以下	1000Ah以下	1500Ah以下	2000Ah以下	3000Ah以下	3000Ah以上
名称	单位	数量						
人工 技工	工日	0.80	1.20	1.50	2.40	4.00	7.2	9.0
普工	工日	—						
主要材料								
机械 叉式装载机（3t）	台班	—	—	—	0.80	0.80	1.00	1.00

定额单位：组

定额编号		TSD3-013	TSD3-014	TSD3-015	TSD3-016	TSD3-017	TSD3-018	TSD3-019
项目		安装48V蓄电池组						
		200Ah以下	600Ah以下	1000Ah以下	1500Ah以下	2000Ah以下	3000Ah以下	3000Ah以上
名称	单位	数量						
人工 技工	工日	1.44	2.25	3.24	5.40	9.0	14.40	18.0
普工	工日	—	—	—		—		—
主要材料								

续表

定额编号			TSD3-013	TSD3-014	TSD3-015	TSD3-016	TSD3-017	TSD3-018	TSD3-019
项目			安装48V蓄电池组						
			200Ah以下	600Ah以下	1000Ah以下	1500Ah以下	2000Ah以下	3000Ah以下	3000Ah以上
名称		单位	数量						
机械	叉式装载机（3t）	台班	—	—	—	0.80	0.80	1.00	1.00
	⋮	⋮	⋮	⋮	⋮	⋮	⋮	⋮	⋮

定额单位：组

定额编号			TSD3-020	TSD3-021	TSD3-022	TSD3-023	TSD3-024	TSD3-025	TSD3-026
项目			安装300V以下蓄电池组			安装400V以下蓄电池组			
			200Ah以下	600Ah以下	1000Ah以下	200Ah以下	600Ah以下	1000Ah以下	1000Ah以上
名称		单位	数量						
人工	技工	工日	9.60	12.0	16.0	14.4	18.0	24.0	30.0
	普工	工日	—						
主要材料									
机械	叉式装载机（3t）	台班	—	—	—	—	—	—	1.00
	⋮	⋮	⋮	⋮	⋮	⋮	⋮	⋮	⋮

定额单位：组

定额编号			TSD3-027	TSD3-028	TSD3-029	TSD3-030
项目			安装500V以下蓄电池组			
名称		单位	200Ah以下	600Ah以下	1000Ah以下	1000Ah以上
人工	技工	工日	19.20	24.0	32.0	40.0
	普工	工日	—	—	—	—
主要材料						

续表

定额编号		TSD3-027	TSD3-028	TSD3-029	TSD3-030
项目		\multicolumn{4}{c}{安装500V以下蓄电池组}			
名称	单位	200Ah以下	600Ah以下	1000Ah以下	1000Ah以上
机械　叉式装载机（3t）	台班	—	—	—	2.00
⋮	⋮	⋮	⋮	⋮	⋮

3. 安装与调试交流不停电电源取费

工作内容：开箱检验、安装固定、附件拆装、容量测试记录、整理现场。

取费标准参考表 10-41。

表 10-41　安装与调试交流不停电电源取费参考标准

定额编号		TSD3-046	TSD3-046	TSD3-046	TSD3-047	TSD3-048	TSD3-049	TSD3-050	TSD3-051
项目		\multicolumn{8}{c}{安装、调试交流不停电电源}							
		3kVA以下	10kVA以下	30kVA以下	60kVA以下	120kVA以下	200kVA以下	300kVA以下	300kVA以上
名称	单位	\multicolumn{8}{c}{数量}							
人工　技工	工日	1.50	5.00	16.00	13.30	16.10	19.60	23.10	33.00
人工　普工	工日	—	—	—	—	—	—	—	—
主要材料									
机械　汽车式起重机（5t以内）	台班	—	—	—	—	0.20	0.20	0.20	0.20
机械　载重汽车（5t以内）	台班	—	—	—	—	0.20	0.20	0.20	0.20
机械　电动卷扬机（3t以内）	台班	—	—	—	—	0.20	0.20	0.20	0.20
仪表　仪器仪表费	元	1000.00	1000.00	1000.00	1000.00	2000.00	2000.00	3000.00	3000.00
		⋮	⋮	⋮	⋮	⋮	⋮	⋮	⋮

注：安装逆变器套用此部分定额子目。

4. 安装交流不停电电源配套设备取费

工作内容：开箱检验、安装固定、附件拆装、容量测试记录、接线、接地、整理现场。

取费标准参考表 10-42。

表 10-42   安装交流不停电电源配套设备取费参考标准   定额单位：台

定额编号		TSD3-052	TSD3-053	TSD3-054
项目		安装电池开关屏	安装电池开关箱	安装与调试静态开关屏
名称	单位	数量		
人工 技工	工日	3.20	1.25	2.50
人工 普工	工日	—	—	—
主要材料				
主要材料				
主要材料				
主要材料				
主要材料				
主要材料				
机械				
机械				

定额编号		TSD3-060	TSD3-061	TSD3-062	TSD3-063
项目		安装开关电源架（架）			开关电源系统调测（系统）
		600A以下	1200A以下	1200A以上	
名称	单位	数量			
人工 技工	工日	10.50	16.10	19.32	5.00
人工 普工	工日	—	—	—	—
主要材料					
主要材料					
主要材料					
主要材料					
主要材料					
主要材料					
机械					
机械					
仪表 仪表使用费	元	—	—	—	235.00
仪表		⋮	⋮	⋮	⋮

5. 安装缆线槽道、走线架、机架、列柜取费

工作内容：

① 安装缆线槽道、走线架、机架、列柜：开箱检验、清洁搬运、组装、打孔、补漆、调整垂直与水平、安装固定等。

② 安装加固吊挂、支撑铁架：下料、钻孔、组装、安装固定。

取费标准参考表 10-43。

表 10-43　安装缆线槽道、走线架、机架、列柜取费参考标准

定额编号		TSY1-001	TSY1-002	TSY1-003	TSY1-004	TSY1-005	TSY1-006	TSY1-007	TSY1-008
项目		安装电缆槽道	安装电缆走线架	安装软光纤走线槽	安装综合架、柜	安装端机机架	增（扩）装子机框	安装列头柜	安装壁挂式小型设备
		（m）			（架）		（个）	（架）	
名称	单位	数量							
人工	技工	工日	0.50	0.40	0.30	2.50	3.00	0.25	6.00	2.50
	普工	工日	—	—	—	—	—	—	—	—
主要材料	架固角钢夹板组	套	—	—	—	2.02	2.02	—	2.02	—
机械										

注：1. 安装综合架、柜适，用于各专业的空架、龙门架、混合架、集装架等。

2. 新装机架时已包含子机框内容，增（扩）装子机框定额仅用于增装或扩容工程。

3. 安装列头柜也适用于包括电源的尾柜。

定额编号		TSY1-009	TSY1-010	TSY1-011	TSY1-012	TSY1-013	TSY1-014
项目		安装电源分配柜、箱			安装加固吊挂	安装支撑铁架	列头柜或电源分配柜带电更换空气开关、熔断器
		落地式	壁挂式	架顶式			
		（架）			（处）		（个）
名称	单位	数量					
人工	技工	工日	3.00	2.00	1.00	0.50	0.80	1.50
	普工	工日	—	—	—	—	—	—
主要材料	架固角钢夹板组	套	2.02	—	—	—	—	—
机械								

6．安装、调试存储设备取费

工作内容：开箱检验，清洁搬运，定位安装，互连，接口检查，加电自检，联机调试。
取费标准参考表 10-44。

表 10-44　安装调试存储设备取费参考标准　 定额单位：台

定额编号		TSY4-053	TSY4-054	TSY4-055
项目		安装光纤通道交换机	安装调试磁盘阵列	
			12块磁盘以下	每增5块磁盘
名称	单位	数量		
人工 技工	工日	1.50	3.00	1.00
普工	工日			
主要材料				
机械				
主要仪表				

定额单位：台

定额编号		TSY4-056	TSY4-057	TSY4-058	TSY4-059	TSY4-060
项目		安装调试磁带机	安装调试磁带库			
			200盒以下	500盒以下	1000盒以下	1000盒以上每增加50盒
名称	单位	数量				
人工 技工	工日	2.00	5.00	8.00	10.00	0.25
普工	工日	—	—	—	—	—
主要材料						
机械						
主要仪表						

7．安装、调测网络管理系统设备取费

工作内容：开箱检验，清洁搬运，划线定位，设备安装固定，设备标志，设备自检，数字公务系统运行试验等。

取费标准参考表 10-45。

表 10-45　安装、调试网络管理系统设备取费参考标准

定额编号		TSY2-042	TSY2-043	TSY2-044	TSY2-045
项目		安装、配合调测网络管理系统		配合调测ASON控制层面（系统/站）	数字公务系统运行试验（方向·系统）
		新建工程（套）	加入原有网络系统（站）		
名称	单位	数量			
人工 技工	工日	20.00	15.00	25.00	1.00
人工 普工	工日	—	—	—	—
主要材料					
主要材料					
主要材料					
主要材料					
机械					
主要仪表					
主要仪表					
主要仪表					

注：1. 新建工程的网络管理系统安装包括：SNM、EM、X 终端、本地终端设备的安装，网管线、数据线、电源线的布放，不包括与外部通道相连的通信电缆。

2. ASON 系统的传送及管理层面的工作量按 SDH 设备的相关定额计取。

8. 调测系统通道取费

工作内容：

① 统计误码特性、系统抖动、系统光功率测试。

② 告警、检测、转换功能、公务操作检查、音频接口测试等。

取费标准参考表 10-46。

表 10-46　安装、调试网络管理系统设备取费参考标准

定额编号		TSY2-046	TSY2-047	TSY2-048	TSY2-049	TSY2-050
项目		线路段光端对测（方向·系统）		复用设备系统调测（端口）		系统保护（倒换）测试（环·系统）
		中继站	端站	光口	电口	
名称	单位	数量				
人工 技工	工日	2.00	3.00	1.00	0.70	5.00
人工 普工	工日	—	—	—	—	—
主要材料						
主要材料						
主要材料						
主要材料						
机械						

定额编号		TSY2-046	TSY2-047	TSY2-048	TSY2-049	TSY2-050
项目		线路段光端对测（方向·系统）		复用设备系统调测（端口）		系统保护（倒换）测试（环·系统）
		中继站	端站	光口	电口	
名称	单位	数量				
主要仪表	数字传输分析仪	台班	—	0.10	0.10	0.05	0.20
	光功率计	台班	0.15	0.10	0.10	—	—
	光可变衰耗器	台班	0.15	0.10	0.10	—	0.20
			⋮	⋮	⋮	⋮	⋮

注：1. 光端对测仅测本站线路口。

2. 复用设备系统调测，应测本站除群路口外的各级速率支路口，但不包括未做交叉的冗余端口。

9. 安装程控交换设备取费

工作内容：

① 安装交换设备：开箱检验、清洁搬运、划线定位、安装加固机架、安装机盘及电路板、互连、设备标志、清洁整理等。

② 安装程控车载集装箱：吊装就位、设备检查等。

③ 安装用户集线器（SLC）：开箱检验、清洁搬运、划线定位、安装加固机架、安装机盘、设备标志、清洁整理等。

④ 安装告警设备、扩装电路板：开箱检验、清洁搬运、安装固定、互连。

取费标准参考表 10-47。

表 10-47　安装程控交换设备取费参考标准

定额编号		TSY3-001	TSY3-002	TSY3-003	TSY3-004	TSY3-005	TSY3-006
项目		安装交换设备（架）	安装程控车载集装箱（箱）	安装用户集线器（SLC）设备（480线/架）	安装告警设备（台）	扩装交换设备电路板（块）	布放架间及架内线缆（架）
名称	单位	数量					
人工	技工	工日	10.00	20.00	12.00	0.50	0.60	2.50
	普工	工日	—	—	—	—	—	—
主要材料								
机械	汽车式起重机（20t以内）	台班	—	1.00	—	—	—	—
			⋮	⋮	⋮	⋮	⋮	⋮

注：架间、架内线缆布放指供货厂家未安装线缆的设备。

10. 调测程控交换设备取费

工作内容：

① 设备静态检查，通电，平台测试，通话测试，自环测试，PCM 中继测试，连通测试，大话务量测试等。

② 安装调测操作维护中心设备（OMC）：开箱检验，清洁搬运，安装加固，电机电气性能测试软件调测，功能测试，清理现场等。

取费标准参考表 10-48。

表 10-48　调试程控交换设备取费参考标准

定额编号		TSY3-007	TSY3-008	TSY3-009	TSY3-010	TSY3-011	TSY3-012	TSY3-013
项目		调测长途交换设备				市话交换设备硬件测试		
		硬件测试（千路端）			软件调测（千路端）	用户线（千线）	2Mbps中继线（系统）	155Mbps中继线（系统）
		2千路端以下	10千路端以下	10千路端以上				
名称	单位	数量						
人工	技工	工日	30.00	25.00	20.00	25.00	10.00	2.00	2.50
	普工	工日	—	—	—	—	—	—	—
主要材料									
主要仪表	数字传输分析仪	台班	—	—	—	—	—	0.06	0.06
	信令分析仪	台班	0.50	0.50	0.50	—	—	0.15	0.15
	用户模拟呼叫器	台班	2.00	1.00	2.00	—	2.00	1.00	1.00
	中继线模拟呼叫器	台班	1.00	2.00	3.50	—	—	1.00	1.00
	PCM呼叫分析仪	台班	—	—	—	—	1.00	—	—
	PCM通道测试仪	台班	—	—	—	—	—	1.50	1.50

注：调测基站控制器、变码器设备按照市场交换设备中继线的软、硬件调测定额计取。

定额编号		TSY3-014	TSY3-015	TSY3-016	TSY3-017	TSY3-018	TSY3-019
项目		市话交换设备软件测试			调测用户集线器（SLC）（千线）	调测告警设备（台）	大话务量测试（局·向）
		用户线（千线）	2Mbps中继线（系统）	155Mbps中继线（系统）			
名称	单位	数量					
人工	技工	工日	24.00	1.00	10.00	35.00	1.00	2.00
	普工	工日						
主要材料								
主要仪表	数字传输分析仪	台班	—	—	—	—	—	—
	用户模拟呼叫器	台班	—	—	—	—	—	2.00
	中继器模拟呼叫器	台班	—	—	—	—	—	2.00
	⋮	⋮	⋮	⋮	⋮	⋮	⋮	⋮

注：大话务量测试子目仅指新建工程，扩容工程不计取。

11. 调测用户交换机（PAB）取费

工作内容：通电、通话测试、连通测试（含中继测试）等。

取费标准参考表 10-49。

表 10-49　测试用户交换机（PAB）取费参考标准　　　　定额单位：门

定额编号		TSY3-020	TSY3-021	TSY3-022	TSY3-023	TSY3-024	TSY3-025	TSY3-026
项目		128门以下	300门以下	500门以下	1000门以下	2000门以下	3000门以下	4000门以下
名称	单位	数量						
人工 技工	工日	0.12	0.09	0.07	0.05	0.04	0.03	0.02
人工 普工	工日	—	—	—	—	—	—	—
主要材料								
主要仪表 用户模拟呼叫器	台班	1.00	1.00	1.00	1.50	2.00	3.00	
中继线模拟呼叫器	台班	0.30	0.30	0.30	0.50	0.70	1.00	
PCM呼叫分析仪	台班	1.00	1.00	1.00	1.00	1.00	1.00	
PCM通道测试仪	台班	1.00	1.00	1.00	1.00	1.00	1.00	

注：本节安装设备机架工作内容按第一套使用。

12. 安装、调测路由器设备取费

工作内容：

① 安装：开箱检验，清洁搬运，定位安装机柜、机箱，装配接口板，接口检查，硬件加电自检等。

② 调测：接口正确性测试，系统综合调测。

取费标准参考表 10-50。

表 10-50　安装、调测路由器设备取费参考标准

定额编号		TSY4-019	TSY4-020	TSY4-021	TSY4-022
项目		安装调测低端路由器			
		安装路由器（整机型）	安装路由器机箱及电源模块（模块化）	安装路由器接口母板	综合调测路由器
		（台）		（块）	（套）
名称	单位	数量			
人工 技工	工日	3.00	2.50	0.50	15.00
人工 普工	工日	—	—	—	—
主要材料					

续表

定额编号		TSY4-019	TSY4-020	TSY4-021	TSY4-022
项目		安装调测低端路由器			
		安装路由器（整机型）	安装路由器机箱及电源模块（模块化）	安装路由器接口母板	综合调测路由器
		（台）		（块）	（套）
名称	单位	数量			
机械					
主要仪表					

定额编号		TSY4-023	TSY4-024	TSY4-025	TSY4-026	TSY4-027	TSY4-028
项目		安装调测中端路由器			安装调测高端路由器		
		安装路由器机箱及电源模块（模块化）	安装路由器接口母板	综合调测中端路由器	安装路由器机箱及电源模块（模块化）	安装路由器接口母板	综合调测中端路由器
		（台）	（块）	（套）	（台）	（块）	（套）
名称	单位	数量					
人工	技工	工日	3.00	0.50	40.00	3.50	0.70	60.00
	普工	工日	—	—	—	—	—	—
主要材料							
机械							
主要仪表							

13. 安装、调测局域网交换机设备取费

工作内容：

① 安装：技术准备、开箱检查、定位安装机柜、机箱、装配接口板、通电检查、清理现场等。

② 调测：硬件系统调试、综合调测。

取费标准参考表 10-51。

表 10-51　安装、调测局域网交换机设备取费参考标准

定额编号		TSY4-029	TSY4-030	TSY4-031	TSY4-032	TSY4-033	TSY4-034	TSY4-035
项目		安装低端局域网交换机	安装高中端局域网交换机		调测局域网交换机		安装调测集线器	
			安装机箱及电源模块	安装接口板	低端	高中端	安装集线器	调测集线器
		（台）	（台）	（块）	（台）		（台）	
名称	单位	数量						
人工 技工	工日	2.00	150	0.50	15.00	20.00	1.00	1.50
人工 普工	工日	—	—	—	—	—	—	—
主要材料								
机械								
主要仪表 便携式计算机	台班							
主要仪表 网络测试仪	台班							
主要仪表 ⋮	⋮							

14．安装、调测服务器和调制解调器取费

工作内容：

① 安装：开箱检验，清洁搬运，定位安装机柜、机箱，装配接口板，加电检查等。

② 调测：硬件系统调试、综合调测。

取费标准参考表 10-52。

表 10-52　安装、调测服务器和调制解调器取费参考标准　　　　定额单位：台

定额编号		TSY4-036	TSY4-037	TSY4-038	TSY4-039	TSY4-040	TSY4-041
项目		安装服务器			配合调测服务器		
		安装低端服务器	安装中端服务器	安装高端服务器	调测低端服务器	调测中端服务器	调测高端服务器
名称	单位	数量					
人工 技工	工日	3.00	6.00	9.00	8.00	15.00	20.00
人工 普工	工日	—	—	—	—	—	—
主要材料							
机械							
主要仪表							

定额单位：台

定额编号		TSY4-042	TSY4-043	TSY4-044	TSY4-045	TSY4-046	TSY4-047
项目		安装、调测试制解调器		安装、调测光电转换器		安装KVM切换器	安装工控机
		台式	插板式				
名称	单位	数量					
人工 技工	工日	3.50	2.00	2.50	1.00	1.00	1.00
普工	工日	—	—	—	—	—	—
主要材料							
机械							
主要仪表 误码测试仪	台班	0.50	0.50	1.50	1.50		
⋮	⋮	⋮	⋮	⋮	⋮	⋮	⋮

15. 安装、调试网络安全设备取费

工作内容：

① 安装：技术准备、开箱检查、定位安装、互连、加电检查、清理现场等。

② 调试：硬件系统调试、联试安全保护。

取费标准参考表 10-53。

表 10-53　安装、网络安全设备取费参考标准　　定额单位：台

定额编号		TSY4-048	TSY4-049	TSY4-050	TSY4-051	TSY4-052
项目		安装防火墙设备		调测防火墙设备		安装、调测其他网络安全设备
		企业自用型	公共服务型	企业自用型	公共服务型	
名称	单位	数量				
人工 技工	工日	1.50	2.50	7.00	10.00	2.00
普工	工日	—	—	—	—	—
主要材料						
机械						
主要仪表 便携式计算机	台班	3.00	3.00	3.00	3.00	3.00

10.4.7 缆线终接取费

1. 缆线终接和安装终接部件取费

工作内容：

① 卡接对绞电缆：编扎固定对绞缆线、卡线、做屏蔽、核对线序、安装固定接线模块（跳线盘）、做标记等。

② 安装光纤连接盘：安装插座及连接盘、做标记等。

③ 光纤连接：端面处理、纤芯连接、测试、包封护套、盘绕、固定光纤等。

④ 制作光纤连接器：制装接头、磨制、测试等。

⑤ 安装 8 位模块式信息插座：固定对绞线、核对线序、卡线、做屏蔽、安装固定面板及插座、做标记等。

⑥ 安装光纤信息插座：编扎固定光纤、安装光纤连接器及面板、做标记等。

取费标准参考表 10-54。

表 10-54　线缆终接和安装终接部件取费参考标准

定额编号		TXL7-045	TXL7-046	TXL7-047	TXL7-048	TXL7-049	TXL7-050	TXL7-051	TXL7-052	TXL7-053	TXL7-054	TXL7-055
项目		卡接4对对绞电缆（配线架侧）（条）		卡接大对数对绞电缆（配线架侧）（100对）		安装光纤连接盘（块）	光纤连接					
							机械法（芯）		熔接法（芯）		磨制法（端口）	
		非屏蔽	屏蔽	非屏蔽	屏蔽		单模	多模	单模	多模	单模	多模
名称	单位	数量										
人工 技工	工日	0.06	0.08	1.13	1.50	0.65	0.43	0.34	0.50	0.40	0.50	0.45
普工	工日	—	—	—	—	—	—	—	—	—	—	—
主要材料 光纤连接盘	块	—	—	—	—	1.00	—	—	—	—	—	—
光纤连接器材	套	—	—	—	—	—	1.01	1.01	1.01	1.01	—	—
磨制光纤连接器器材	套	—	—	—	—	—	—	—	—	—	1.05	1.05
机械 光纤熔接机	台班	—	—	—	—	—	—	—	0.03	0.03	—	—
仪表												

单位：10 个

定额编号		TSY7-056	TSY7-057	TSY7-058	TSY7-059	TSY7-060	TSY7-061
项目		安装8位模块式信息插座				安装光纤信息插座	
		单口		双口		双口	四口
		非屏蔽	屏蔽	非屏蔽	屏蔽		
名称	单位	数量					
人工 技工	工日	0.45	0.55	0.75	0.95	0.30	0.40
普工	工日	0.07	0.07	0.07	0.07	—	—
主要材料 8位模块式信息插座（单口）	个	10.00	10.00	—	—	—	—
8位模块式信息插座（双口）	个	—	—	10.00	10.00	—	—
光纤信息插座（双口）	个	—	—	—	—	10.00	

续表

定额编号		TSY7-056	TSY7-057	TSY7-058	TSY7-059	TSY7-060	TSY7-061
项目		安装8位模块式信息插座				安装光纤信息插座	
		单口		双口		双口	四口
		非屏蔽	屏蔽	非屏蔽	屏蔽		
名称	单位	数量					
光纤信息插座（四口）	个	—	—	—	—	—	10.00
	⋮	⋮	⋮	⋮	⋮	⋮	⋮
机械							
仪表	误码测试仪	台班	0.50	0.50	1.50	1.50	
	⋮	⋮	⋮	⋮	⋮	⋮	⋮

注：安装双口以上 8 位模块式信息插座的工日定额在双口的基础上乘以 1.6 的系数。

2．光缆接续取费

工作内容：

① 光缆接续：检验器材、确定接头位置、纤芯熔接、测试衰减、盘绕固定余纤、固定加强芯、包封外护套、安装接头盒托架或保护盒等。

② 光缆成端接头：检验器材、尾纤熔接、测试衰减、固定活接头、固定光缆等。

取费标准参考表 10-55。

表 10-55　光缆接续取费参考标准

定额编号			TSY5-001	TSY5-002	TSY5-003	TSY5-004	TSY5-005	TSY5-006	TSY5-007	TSY5-008
项目			光缆接续（头）							
			12芯以下	24芯以下	36芯以下	48芯以下	60芯以下	72芯以下	84芯以下	96芯以下
名称		单位	数量							
人工	技工	工日	3.00	4.98	6.84	8.58	10.20	11.70	13.08	14.34
	普工	工日	—	—	—	—	—	—	—	—
主要材料	光缆接续器材	套	1.01	1.01	1.01	1.01	1.01	1.01	1.01	1.01
	光缆接头托架	套	*	*	*	*	*	*	*	*
	⋮	⋮	⋮	⋮	⋮	⋮	⋮	⋮	⋮	⋮
机械	光缆接续车	台班	0.50	0.80	1.00	1.20	1.40	1.60	1.80	2.00
	燃油发电机（10kW）	台班	0.30	0.40	0.50	0.60	0.70	0.80	0.90	1.00
	光纤熔接机	台班	0.50	0.80	1.00	1.20	1.40	1.60	1.80	2.00

续表

定额编号		TSY5-001	TSY5-002	TSY5-003	TSY5-004	TSY5-005	TSY5-006	TSY5-007	TSY5-008
项目		光缆接续（头）							
		12芯以下	24芯以下	36芯以下	48芯以下	60芯以下	72芯以下	84芯以下	96芯以下
名称	单位	数量							
仪表 光时域反射仪	台班	1.0	1.2	1.4	1.6	1.8	2.0	2.1	2.2
		⋮	⋮	⋮	⋮	⋮	⋮	⋮	⋮

注："*"号光纤接头托架仅限于管道光缆，数量根据实际情况确定。

定额编号		TSY5-009	TSY5-010	TSY5-011	TSY5-012	TSY5-013	TSY5-014	TSY5-015
项目		光缆接续（头）						光缆成端接头（芯）
		108芯以下	132芯以下	144芯以下	168芯以下	192芯以下	216芯以下	
名称	单位	数量						
人工 技工	工日	15.48	15.60	16.20	17.82	19.20	20.34	0.25
普工	工日	—	—	—	—	—	—	—
主要材料 光缆接续器材	套	1.01	1.01	1.01	1.01	1.01	1.01	—
光缆接头托架	套	*	*	*	*	*	*	—
光缆成端接头材料	套							1.01
		⋮	⋮	⋮	⋮	⋮	⋮	⋮
机械 光缆接续车	台班	2.00	2.20	2.20	2.40	2.40	2.60	—
燃油发电机（10KW）	台班	1.00	1.10	1.10	1.20	1.20	1.30	—
光纤熔接机	台班	2.00	2.20	2.20	2.40	2.40	2.60	0.03
仪表 光时域反射仪	台班	2.4	2.60	2.70	2.80	2.80	3.00	0.05
		⋮	⋮	⋮	⋮	⋮	⋮	⋮

注：1. "*"号光纤接头托架仅限于管道光缆，数量根据实际情况确定。

2. 光缆成端接头如果采用光缆成端接头盒，设计应按一条成端光缆补列一只接头盒。

定额编号		TXL5-016	TXL5-017	TXL5-018	TXL5-019	TXL5-020	TXL5-021	TXL5-022	TXL5-023	TXL5-024
项目		8芯带以下带状光缆接续（头）								
		48芯以下	72芯以下	96芯以下	108芯以下	120芯以下	144芯以下	192芯以下	240芯以下	288芯以下
名称	单位	数量								
人工 技工	工日	3.94	5.09	6.10	6.28	6.48	6.96	8.11	8.88	9.27
普工	工日	—	—	—	—	—	—	—	—	—
主要材料 光缆接续器材	套	1.01	1.01	1.01	1.01	1.01	1.01	1.01	1.01	1.01
光缆接头托架	套	*	*	*	*	*	*	*	*	*
		⋮	⋮	⋮	⋮	⋮	⋮	⋮	⋮	⋮
机械 光缆接续车	台班	0.98	1.33	1.67	1.69	1.79	2.26	2.84	3.04	3.86
燃油发电机（10W）	台班	0.49	0.67	0.84	0.85	0.90	1.13	1.42	1.52	1.93
带状光纤熔接机	台班	0.98	1.33	1.67	1.60	1.79	2.26	2.84	3.04	3.86
仪表 光时域反射仪	台班	1.60	2.00	2.20	2.40	2.50	2.60	2.80	3.00	3.20
		⋮	⋮	⋮	⋮	⋮	⋮	⋮	⋮	⋮

注："*"号光纤接头托架仅限于管道光缆，数量根据实际情况确定。

定额编号		TXL5-025	TXL5-026	TXL5-027	TXL5-028	TXL5-029	TXL5-030	TXL5-031	TXL5-032	TXL5-033	TXL5-034`	TXL5-035	TXL5-036	TXL5-037
项目		8 芯带以上带状光缆接续（头）												带状光缆成端接头（带）
		48 芯以下	72 芯以下	96 芯以下	108 芯以下	120 芯以下	144 芯以下	192 芯以下	240 芯以下	288 芯以下	384 芯以下	480 芯以下	576 芯以下	
名称	单位	数量												
人工	技工 工日	2.57	3.15	3.65	3.79	3.90	4.30	5.14	5.88	6.53	7.92	9.12	10.13	0.25
	普工 工日	—	—	—	—	—	—	—	—	—	—	—	—	—
主要材料	光缆接续器材 套	1.01	1.01	1.01	1.01	1.01	1.01	1.01	1.01	1.01	1.01	1.01	1.01	1.01
	光缆接头托架 套	*	*	*	*	*	*	*	*	*	*	*	*	*
	热熔管 个													
	⋮ ⋮	⋮	⋮	⋮	⋮	⋮	⋮	⋮	⋮	⋮	⋮	⋮	⋮	⋮
机械	光缆接续车 台班	0.90	1.20	1.53	1.56	1.65	2.04	2.61	2.79	3.47	4.45	4.75	5.90	—
	燃油发电机（10W）台班	0.45	0.60	0.77	0.78	0.83	1.02	1.31	1.40	1.74	2.23	2.38	2.95	—
	带状光纤熔接机 台班	0.90	1.20	1.53	1.56	1.65	2.04	2.61	2.79	3.47	4.45	4.75	5.90	0.03
仪表	光时域反射仪 台班	1.60	2.00	2.20	2.40	2.50	2.60	2.80	3.00	3.20	3.60	4.00	4.50	0.05
	⋮ ⋮	⋮	⋮	⋮	⋮	⋮	⋮	⋮	⋮	⋮	⋮	⋮	⋮	⋮

注："*"号光纤接头托架仅限于管道光缆，数量根据实际情况确定。

3. 制作跳线取费

工作内容：量裁缆线、制作跳线连接器、检验测试等。

取费标准参考表 10-56。

表 10-56 制作跳线取费参考标准　　　　　　　　单位：条

定额编号		TXL7-062	TXL7-063	TXL7-064
项目		电缆跳线	光纤跳线	
			单模	多模
名称	单位	数量		
人工	技工	工日	0.08	0.95	0.81
	普工	工日	—	—
主要材料	4 对对绞线	m	*	—	—
	光缆	m	—	*	*
	跳线连接器	个	2.20	2.20	2.20
	⋮	⋮	⋮	⋮	⋮
机械					
仪表					

10.4.8　布线系统测试取费

1. 综合布线系统测试取费

工作内容：测试、记录、编制测试报告等。

取费标准参考表 10-57。

表 10-57　综合布线系统测试取费参考标准　　　　　　　　单位：链路

定额编号			TXL7-065	TXL7-066	TXL7-067
项目			电缆链路测试	光纤链路测试	
				单光纤	多光纤
名称		单位	数量		
人工	技工	工日	0.10	0.10	0.10
	普工	工日	—	—	—
主要材料					
机械					
仪表	光源	台班	—	0.02	0.02
	光功率计	台班	—	0.02	0.02
	综合布线线路分析仪	台班	0.05	—	—

2. 光缆中继段测试取费

工作内容：光纤特性的测试、记录、整理测试资料等。

取费标准参考表 10-58。

表 10-58　光缆中继段测试取费参考标准

定额编号			TXL5 -038	TXL5 -039	TXL5 -040	TXL5 -041	TXL5 -042	TXL5 -043	TXL5 -044	TXL5 -045	TXL5 -046	TXL5 -047	TXL5 -048	TXL5 -049
项目			40km 以上中继段光缆测试（中继段）											
			12 芯以下	24 芯以下	36 芯以下	48 芯以下	60 芯以下	72 芯以下	84 芯以下	96 芯以下	108 芯以下	132 芯以下	144 芯以下	168 芯以下
名称		单位	数量											
人工	技工	工日	6.72	11.76	16.80	19.32	21.84	25.20	28.00	31.08	32.76	34.44	36.12	38.64
	普工	工日	—	—	—	—	—	—	—	—	—	—	—	—
主要材料														
机械														

第 10 章　网络工程设计方案写作基础　　　　　　　　　　　　　　　　295

续表

定额编号		TXL5-038	TXL5-039	TXL5-040	TXL5-041	TXL5-042	TXL5-043	TXL5-044	TXL5-045	TXL5-046	TXL5-047	TXL5-048	TXL5-049
项目		40km 以上中继段光缆测试（中继段）											
		12 芯以下	24 芯以下	36 芯以下	48 芯以下	60 芯以下	72 芯以下	84 芯以下	96 芯以下	108 芯以下	132 芯以下	144 芯以下	168 芯以下
名称	单位	数量											
仪表 光时域反射仪	台班	0.96	1.68	2.28	2.88	3.36	3.84	4.20	4.56	4.80	5.04	5.28	5.52
稳定光源	台班	0.96	1.68	2.28	2.88	3.36	3.84	4.20	4.56	4.80	5.04	5.28	5.52
光功率计	台班	0.96	1.68	2.28	2.88	3.36	3.84	4.20	4.56	4.80	5.04	5.28	5.52
偏振模色散测试仪	台班	(0.96)	(1.68)	(2.28)	(2.88)	(3.36)	(3.84)	(4.20)	(4.56)	(4.80)	(5.04)	(5.28)	(5.52)

注：本定额是按单窗口测试取的工日；如果按双窗口测试，其定额工日调增 80%。

定额编号		TXL5-050	TXL5-051	TXL5-052	TXL5-053	TXL5-054	TXL5-055	TXL5-056	TXL5-057	TXL5-058	TXL5-059	TXL5-060	TXL5-061	TXL5-062
项目		40km 以上中继段光缆测试（中继段）												
		192 芯以下	216 芯以下	240 芯以下	264 芯以下	288 芯以下	312 芯以下	336 芯以下	360 芯以下	384 芯以下	408 芯以下	432 芯以下	456 芯以下	480 芯以下
名称	单位	数量												
人工 技工	工日	40.32	42.00	43.68	45.36	47.04	48.72	50.40	52.08	53.76	55.44	57.12	58.80	60.48
普工	工日	—	—	—	—	—	—	—	—	—	—	—	—	—
主要材料														
机械														
仪表 光时域反射仪	台班	5.76	6.00	6.36	6.60	6.96	7.44	7.80	8.16	8.40	8.64	8.76	8.88	9.12
稳定光源	台班	5.76	6.00	6.36	6.60	6.96	7.44	7.80	8.16	8.40	8.64	8.76	8.88	9.12
光功率计	台班	5.76	6.00	6.36	6.60	6.96	7.44	7.80	8.16	8.40	8.64	8.76	8.88	9.12
偏振模色散测试仪	台班	(5.76)	(6.00)	(6.36)	(6.60)	(6.96)	(7.44)	(7.80)	(8.16)	(8.40)	(8.64)	(8.76)	(8.88)	(9.12)

注：本定额是按单窗口测试取的工日；如果按双窗口测试，其定额工日调增 80%。

定额编号		TXL5-063	TXL5-064	TXL5-065	TXL5-066	TXL5-067	TXL5-068	TXL5-069	TXL5-070	TXL5-071	TXL5-072	TXL5-073	TXL5-074
项目		40km 以上中继段光缆测试（中继段）				40km 以下中继段光缆测试（中继段）							
		504 芯以下	528 芯以下	552 芯以下	576 芯以下	12 芯以下	24 芯以下	36 芯以下	48 芯以下	60 芯以下	72 芯以下	84 芯以下	96 芯以下
名称	单位	数量											
人工 技工	工日	62.16	65.52	67.20	68.88	5.60	9.80	14.00	16.10	18.20	21.00	23.33	25.90
普工	工日	—	—	—	—	—	—	—	—	—	—	—	—
主要材料													

续表

定额编号		TXL5-063	TXL5-064	TXL5-065	TXL5-066	TXL5-067	TXL5-068	TXL5-069	TXL5-070	TXL5-071	TXL5-072	TXL5-073	TXL5-074
项目		40km以上中继段光缆测试（中继段）				40km以下中继段光缆测试（中继段）							
		504芯以下	528芯以下	552芯以下	576芯以下	12芯以下	24芯以下	36芯以下	48芯以下	60芯以下	72芯以下	84芯以下	96芯以下
名称	单位	数量											
机械													
仪表 光时域反射仪	台班	9.24	9.36	9.48	9.60	0.80	1.40	1.90	2.40	2.80	3.20	3.50	3.80
稳定光源	台班	9.24	9.36	9.48	9.60	0.80	1.40	1.90	2.40	2.80	3.20	3.50	3.80
光功率计	台班	9.24	9.36	9.48	9.60	0.80	1.40	1.90	2.40	2.80	3.20	3.50	3.80
偏振模色散测试仪	台班	(9.24)	(9.36)	(9.48)	(9.60)	(0.80)	(1.40)	(1.90)	(2.40)	(2.80)	(3.20)	(3.50)	(3.80)

注：本定额是按单窗口测试取的工日；如果按双窗口测试，其定额工日调增80%。

定额编号		TXL5-075	TXL5-076	TXL5-077	TXL5-078	TXL5-079	TXL5-080	TXL5-081	TXL5-082	TXL5-083	TXL5-084	TXL5-085	TXL5-086
项目		40km以下中继段光缆测试（中继段）											
		108芯以下	132芯以下	144芯以下	168芯以下	192芯以下	216芯以下	240芯以下	264芯以下	288芯以下	312芯以下	336芯以下	360芯以下
名称	单位	数量											
人工 技工	工日	27.30	28.70	30.10	32.30	33.60	35.00	36.40	37.80	39.20	40.60	42.00	43.40
普工	工日	—	—	—	—	—	—	—	—	—	—	—	—
主要材料													
机械													
仪表 光时域反射仪	台班	4.00	4.20	4.40	4.60	4.80	5.00	5.30	5.50	5.80	6.20	6.50	6.80
稳定光源	台班	4.00	4.20	4.40	4.60	4.80	5.00	5.30	5.50	5.80	6.20	6.50	6.80
光功率计	台班	4.00	4.20	4.40	4.60	4.80	5.00	5.30	5.50	5.80	6.20	6.50	6.80
偏振模色散测试仪	台班	(4.00)	(4.20)	(4.40)	(4.60)	(4.80)	(5.00)	(5.30)	(5.50)	(5.80)	(6.20)	(6.50)	(6.80)

注：本定额是按单窗口测试取的工日；如果按双窗口测试，其定额工日调增80%。

定额编号		TXL5-087	TXL5-088	TXL5-089	TXL5-090	TXL5-091	TXL5-092	TXL5-093	TXL5-094	TXL5-095	TXL5-096	TXL5-097	TXL5-098	TXL5-099
项目		40km以下光缆中继段测试（中继段）									用户光缆测试（段）			
		384芯以下	408芯以下	432芯以下	456芯以下	480芯以下	504芯以下	528芯以下	552芯以下	576芯以下	12芯以下	24芯以下	36芯以下	48芯以下
名称	单位	数量												
人工 技工	工日	44.80	46.20	47.60	49.00	50.40	51.80	54.60	56.00	57.40	2.40	4.30	6.10	7.60
普工	工日	—	—	—	—	—	—	—	—	—	—	—	—	—

续表

定额编号		TXL5-087	TXL5-088	TXL5-089	TXL5-090	TXL5-091	TXL5-092	TXL5-093	TXL5-094	TXL5-095	TXL5-096	TXL5-097	TXL5-098	TXL5-099
项目		40km 以下光缆中继段测试（中继段）									用户光缆测试（段）			
		384 芯以下	408 芯以下	432 芯以下	456 芯以下	480 芯以下	504 芯以下	528 芯以下	552 芯以下	576 芯以下	12 芯以下	24 芯以下	36 芯以下	48 芯以下
名称	单位	数量												
主要材料														
机械														
仪表	光时域反射仪 台班	7.00	7.20	7.30	7.40	7.60	7.70	7.80	7.90	8.00	0.80	1.40	1.90	2.40
	稳定光源 台班	7.00	7.20	7.30	7.40	7.60	7.70	7.80	7.90	8.00	0.80	1.40	1.90	2.40
	光功率计 台班	7.00	7.20	7.30	7.40	7.60	7.70	7.80	7.90	8.00	0.80	1.40	1.90	2.40
	偏振模色散测试仪 台班	(7.00)	(7.20)	(7.30)	(7.40)	(7.60)	(7.70)	(7.80)	(7.90)	(8.00)	(0.80)	(1.40)	(1.90)	(2.40)

注：本定额是按单窗口测试取的工日；如果按双窗口测试，其定额工日调增 80%。

定额编号		TXL5-100	TXL5-101	TXL5-102	TXL5-103	TXL5-104	TXL5-105	TXL5-106	TXL5-107	TXL5-108	TXL5-109	TXL5-110	TXL5-110
项目		用户光缆测试（段）											
		60 芯以下	72 芯以下	84 芯以下	96 芯以下	108 芯以下	132 芯以下	144 芯以下	168 芯以下	192 芯以下	216 芯以下	240 芯以下	264 芯以下
名称	单位	数量											
人工	技工 工日	9.00	10.10	10.90	11.50	11.90	12.74	13.08	13.92	15.05	16.02	16.81	17.90
	普工 工日	—	—	—	—	—	—	—	—	—	—	—	—
主要材料													
机械													
仪表	光时域反射仪 台班	2.80	3.20	3.50	3.80	4.00	4.20	4.40	4.60	4.80	5.00	5.30	5.50
	⋮	⋮	⋮	⋮	⋮	⋮	⋮	⋮	⋮	⋮	⋮	⋮	⋮

注：本定额是按单窗口测试取的工日；如果按双窗口测试，其定额工日调增 80%。

定额编号		TXL5-112	TXL5-113	TXL5-114	TXL5-115	TXL5-116	TXL5-117	TXL5-118	TXL5-119	TXL5-120	TXL5-121	TXL5-122	TXL5-123	TXL5-124
项目		用户光缆测试（段）												
		288芯以下	312芯以下	336芯以下	360芯以下	384芯以下	408芯以下	432芯以下	456芯以下	480芯以下	504芯以下	528芯以下	552芯以下	576芯以下
名称	单位	数量												
人工 技工	工日	18.87	19.78	20.59	21.33	21.98	22.55	23.03	23.43	23.74	24.15	24.49	24.75	24.96
普工	工日	—	—	—	—	—	—	—	—	—	—	—	—	—
主要材料														
机械														
仪表 光时域反射仪	台班	5.80	6.20	6.50	6.80	7.00	7.20	7.30	7.40	7.60	7.70	7.80	7.90	8.00
		⋮	⋮	⋮	⋮	⋮	⋮	⋮	⋮	⋮	⋮	⋮	⋮	⋮

注：本定额是按单窗口测试取的工日；如果按双窗口测试，其定额工日调增80%。

10.4.9　防水工程取费

工作内容：

① 防水砂浆抹面法：运料，清扫墙面，拌制砂浆，抹平压光，调制，涂刷素水泥浆，掺氯化铁，养护等。

② 油毡防水法：运料，调制、涂刷冷底子油，熬制沥青，涂刷沥青贴油毡，压实养护等。

③ 玻璃布防水法：运料，调制、涂刷冷底子油，浸铺玻璃布，压实养护等。

④ 聚氨脂防水法：运料，调制、水泥砂浆找平，涂刷聚氨酯，浸铺玻璃布，压实养护等。

取费标准参考表10-59。

表10-59　防水工程取费参考标准

定额编号		TGD4-001	TGD4-002	TGD4-003	TGD4-004	TGD4-005	TGD4-006	TGD4-007	TGD4-008	TGD4-009	TGD4-010
项目		防水砂浆抹面法（五层）（m^2）		油毡防水法（m^2）			玻璃防水法（m^2）			聚氨酯防水（m^2）	
		混凝土墙面	砖砌面	二油一毡	三油一毡	增一油一毡	二油一布	三油二布	增一油一布	一布一面	增一布一面
名称	单位	数量									
人工 技工	工日	0.08	0.08	0.103	0.14	0.073	0.214	0.278	0.137	0.48	0.28
普工	工日	0.24	0.24	—	—	—	—	—	—	—	—
主要材料 水泥C32.5	kg	20.89	21.49	—	—	—	—	—	—	18.00	—
粗砂	kg	29.00	30.00	—	—	—	—	—	—	29.00	—
防水填加剂	kg	*	*	—	—	—	—	—	—	—	—
油毡	m^2	—	—	1.209	2.42	1.209	—	—	—	—	—
沥青	kg	—	—	4.14	6.46	2.32	4.96	6.58	1.62	—	—

续表

定额编号	TGD4-001	TGD4-002	TGD4-003	TGD4-004	TGD4-005	TGD4-006	TGD4-007	TGD4-008	TGD4-009	TGD4-010
项目	防水砂浆抹面法（五层）（m³）		油毡防水法（m³）			玻璃防水法（m³）			聚氨脂防水（m³）	
	混凝土墙面	砖砌面	二油一毡	三油一毡	增一油一毡	二油一布	三油二布	增一油一布	一布一面	增一布一面
名称 / 单位	数量									
玻璃布 m²	—	—	—	—	—	1.22	2.44	1.22	1.22	1.22
石粉 kg	—	—	—	—	—	0.85	1.13	0.28	—	—
聚氨酯 kg	—	—	—	—	—	—	—	—	2.00	2.00
机械										
仪表										

本节内容是根据《通信建设工程概算、预算编制办法及定额费用》及邮部[1995]626 号、《通信建设工程预算定额》中华人民共和国信息产业部[2008.3]，参考许多技术资料、内部刊物编写的，作者在对此表示感谢。

工程费用的计算随着时间前移，会有所变化，上述只是给读者提供一个取费参考标准。

10.5　综合布线方案设计模版

网络工程布线方案一般分八个部分。

第一部分　XXX 信息系统网络工程项目设计方案

第 1 章　工程项目与用户需求

1.1　工程项目名称与概况

（1）工程名称：×××网络系统工程

（2）工程概况

● 用户现场环境

描述用户需要进行综合布线系统的建筑物环境。

● 信息点分布情况

描述用户需要布线的信息点分布情况，用表 10-60 表示。

表 10-60　信息点分布制表

楼层	房间号	信息点数量	合计	备注

1.2　网络系统框架

描述用户网络系统的框架。

1.3　用户需求

描述用户的需求。

（1）网络技术需求

（2）网络布线需求

（3）硬件选择原则

（4）软件选择和设计原则

1.4 技术要求

1．硬件要求

描述用户的硬件要求。

（1）交换机

（2）服务器

（3）网络操作系统

（4）传输介质

（5）安全性

（6）可靠性

（7）数据备份

2．系统软件要求

描述用户的系统软件要求。

第2章 建网原则

描述建网原则：

（1）标准化及规范化

（2）先进性与成熟性

（3）安全性与可靠性

（4）可管理性及可维护性

（5）灵活性及可扩充性

（6）实用性

（7）优化性能价格比

第3章 网络工程总体方案

描述用户网络工程的总体方案。

3.1 网络系统拓扑结构图

3.2 网络通信协议

3.3 连网技术

（1）本方案采用的连接技术

（2）楼内局域网连接技术

（3）与外网连接技术

3.4 网络总体结构

3.5 网络信息系统网络工程的构件组成

3.6 网络传输介质

3.7 网络管理

3.8 网络信息系统网络综合布线设计的标准

第二部分　网络工程项目实施方案

描述用户网络工程项目实施方案

第 1 章　网络综合布线设计与施工

1.1　工程进度安排

1.2　系统调研与需求分析

1.3　工程方案设计

1．网络总体工程设计

（1）网络方案结构图

（2）布线方案结构图

2．楼内布线系统工程设计

（1）工作区子系统设计

（2）配线子系统设计

（3）干线子系统设计

（4）建筑群子系统设计

（5）设备间设计

（6）电信间设计

（7）进线间设计

（8）技术管理设计

3．网络服务系统方案设计

4．布线系统施工

5．安装与配线

1.4　系统测试与验收

（1）布线系统的测试

（2）布线系统验收

1.5　网络系统的安装调试

（1）网络整体联调

（2）网络服务器的安装

（3）路由器安装调试

（4）专线调试

1.6　系统验收

（1）用户与集成商共同组建工程验收小组

（2）确定验收标准

（3）系统验收

（4）文档验收

第 2 章　测试与验收

2.1　测试组的组成

2.2　测试方法和仪器

测试方法分为仪器测试与人工测试两种。对于需要给出电气性能指标的使用仪器测试，凡是有形的且可以现场观测的由人工观测测试。

（1）布线系统测试

（2）网络系统测试

（3）工程项目文档

要求所有技术文件内容完整、数据准确、外观整洁，技术文件包括：

- 项目设计书
- 布线平面设计图
- 布线系统逻辑图
- 机柜连线图
- 计算机配线表
- 网络系统总体结构图
- 网络系统设备配置手册
- 网络地址分配表、域名表
- 测试报告
- 竣工报告

第3章　项目进度安排

（1）现场调研和需求分析

（2）方案设计

（3）线缆铺设

（4）连通性测试

（5）信息插座打线安装

（6）配线架打线安装

（7）RJ45 跳线和设备线制作

（8）线缆测试

（9）整理资料

（10）验收

（11）系统试运行

（12）系统验收

第三部分　网络信息系统网络工程项目培训方案

描述本项目培训方案。

1．现场培训

2．课程培训

第四部分　技术能力

简要介绍本公司的技术能力。

1．项目定义

2．项目组织机构

3．项目管理人员职能

第五部分　同类项目业绩

简要介绍本公司的同类项目业绩。

第六部分　设备清单一览表

描述本项目的设备、工程清单。

第七部分　网络工程综合布线材料清单

描述本项目的布线材料清单。

第八部分　售后服务与人员培训

描述本项目的售后服务与人员培训。

8.1　售后服务保证

8.2　保修期内的服务条款

（1）保修期起始的定义

（2）保修期的期限

（3）服务响应时间的限定

（4）服务费用

8.3　保修期外服务条款

8.4　人员培训

（1）现场培训

（2）课程培训

附录 1　工程预算清单

附录 2　网络研究开发中心简介

附录 3　参加项目技术人员简介

附录 4　资格证书

10.6　网络工程设计方案实例

中国××中心××信息系统网络工程设计方案

第一部分　信息系统网络工程项目设计方案与用户需求

第 1 章　工程项目与用户需求

1.1　工程项目名称与概况

工程名称：中国××中心网络系统工程

工程概况：中国××中心建设××信息系统包括××管理系统和网络工程两大部分。××管理系统对××进行集体管理，网络工程是上述信息系统的工作平台。该平台有三个任务：第一，与外部网（Internet）连接；第二，供外部网 100 个用户同时访问该系统；第三，供内部 28 个房间（每房间 3～5个用户）的用户上网工作。拥有打印服务器、数据库服务器、一级交换机一台、防火墙、路由器、微机工作站 30 台、磁盘阵列、磁带机、UPS 不间断电源一台。

网络工程项目范围包括计算机网络系统的设计、设备安装（不包括终端设备）、网络综合布线，网络综合布线主要集中在二层楼内，共 28 个房间，每个房间需配置 3～5 个信息点。

1.2　网络系统框架

该网络系统的框架如图 E1.1 所示。

图 E1.1　网络系统的框架

1.3　用户建网要求

用户对网络时间特性要求是 30 个内部网用户同时访问系统时，系统响应时间不超过 3 秒，100 个外部网用户同时访问系统时，在正常的网络条件下，系统响应时间不超过 10 秒。因此，我们建网时考虑如下 4 点。

1.　网络技术

在网络总体设计上，干线网采用千兆以太网技术，网络结构采用星形拓扑结构，10/100M 到桌面，用户共有两层办公室区域，直接与一级交换机的 48 个百兆口相连。若大于 47 个用户，加一台二级交换机扩充 24 个 10/100M 用户。整个网络要求具有完善的网络管理、备份冗余办法以及多级安全认证措施，数据库系统采用双机热备份，同时提供磁带机数据备份。

2.　网络布线

按照招标书有关要求，局域网和互联网网站采用防火墙和路由器，在防火墙间设一个外部 WWW 服务器（包括电子邮件），供外部访问用户使用，外连 Internet 时，通过 DDN E1 线路，确保用户所需的带宽和工作速率。

3.　硬件选择原则

系统硬件应选择技术成熟、系统功能和性能先进、扩充性能好的知名硬件厂商的产品，交换机、服务器及布线均要采用各种名牌产品。

4．软件选择和设计原则

软件系统的选择和设计要综合考虑产品的先进、成熟性和发展潜力，以及该产品公司所能提供的技术支持与服务，同时还要考虑系统的开放性或兼容性，另外也要考虑软件功能集成性和扩展性。

1.4　技术要求

1．硬件要求

（1）交换机

中心交换机采用 Cisco 4003 的千兆以太交换机，应该满足以下要求：

- 至少应具有 6 千兆以太网接口的扩展能力；
- 支持 ATM 接口；
- 支持多种协议；
- 所有模板支持带电热插拔；
- 交换模块必须是互为热备份的；
- 支持第三层交换；
- 支持虚拟网组网；
- 能够提供从网络边缘贯穿网络核心的级别服务和质量服务（QoS）；
- 具有广域 DDN、ISDN、VSAT、ADSL、SDH 等多种连接扩展能力，并具有较高的连接速率；
- 具有支持远程访问用户同时接入的扩展能力；
- 10/100M 交换到桌面。保证 47 个用户享受 10/100M 到桌面。

（2）服务器

对不同的网络功能配备单独的服务器（如数据库服务器、Web 服务器等），以保证网络系统信息管理的高效性、安全性和快速修复性。

主要服务器要配备 HP PC-SERVER 系列，采用双 CPU 并要求 P4800 以上，内存 1GB 以上，2 级缓存 2MB 以上，硬盘容量 20GB 以上，支持 DVD，具备双机热备、硬盘热插拔扩展功能及 1G 网卡接口；至少有 4 个以上的硬盘扩展槽。

（3）网络操作系统采用 Windows 2000、NT 或 UNIX、Linux

（4）传输介质

用户桌面与楼层配线间之间采用进口超五类双绞线相连。

（5）安全性

系统通过 WWW 提供服务，保证互联网和局域网之间设立防火墙机制。

虚拟网络划分，整个网络要求可在任意两上信息点间跨交换机进行虚拟网络划分，并可在特定的连接线上指定 VLAN。

（6）可靠性

采用具有自动备份、灾难恢复等多种容错功能和集群技术的服务器及网络设备，保证出现故障时能够迅速地进行在线恢复。

系统主要设备（如交换机、服务器等）在正常工作环境下的平均无故障工作时间（MTBF）应大于 10 年。

（7）数据备份

对于××的数据备份是很重要的，需要建立一个双机热备份系统。根据标书中的数据估计量，发展的速度非常快，数据量也非常大，我们制定高、低档次的双机热备份磁盘阵列方案供甲方考虑，考虑到目前的经济投入和技术发展的状态，本方案报价为低档数据备份方案。方案的结构是：在两个数据库服务器间建立磁盘阵列（在线），由两个数据库服务器分别加入一块 SISC 模块与磁带机相连，进行数据备份。

设备的选择是磁盘阵列柜 ESCORT DA—8424P2。

处理器 CPU：64 位 POWER PC RISC

控制器：1 个

RAID 级别：0，1，3，5，0+1，10，30，50

标配内存：128MB（可扩充至 1GB）

主机/阵列接口：LVD ULTRA2 SCSI（80M/s）

通道数（HOST+DRIVE）：4+4

热插拔硬盘盒：24 个，最大容量 180GB×24=4320GB

风扇数：8 个

电源数：4 个

该阵列是基于 Java 的 GUI 软件可实现远端监控管理盘阵。数据备份采用磁带库方式选择 Exabyte M2 磁带机。

2．系统软件要求

软件系统除需要满足各种功能要求外，还应该满足以下技术要求：

（1）具有支持多平台操作系统的能力。

（2）系统采用浏览器/服务器方式，具有支持多媒体和 Web 发布的工具和能力。

（3）定制的、完全可编辑（支持二次开发）的信息交换与发布。

第 2 章　建 网 原 则

我单位集多年的系统集成经验，形成了自己的一整套网络建设原则，其中集中体现了我们对用户网络技术和服务上的全面支持。这些原则以用户为中心，具体如下所述。

（1）标准化及规范化

采用开放的标准网络通信协议，选择符合工业标准的网络设备、通信介质、网络布线连接件及其相关器件器材。工程实施遵照国家电信工程实施标准进行。

（2）先进性与成熟性

按照生命周期的原则，系统设计的基本思想符合技术发展的基本潮流，使布线系统在其整个生命周期内保持一定的先进性；选择合理的网络拓扑结构，网络工程中所用的设备、器材、材料以及软件平台应选择与网络技术发展潮流相吻合的、先进的、有技术保证的、得到广大用户认可的厂家的产品。

（3）安全性与可靠性

为了保证整个网络系统安全、可靠地运行，首先必须在总体设计中从整体考虑系统的安全性和可靠性。在网络设计阶段以及在工程实施的各个阶段都必须考虑到所有影响系统安全、可靠性的各种因素。工程实施完成后，必须按照标准进行严格的测试。

（4）可管理性及可维护性

计算机网络是一个比较复杂的系统，在设计、组建一个网络时，除了要保证连网设备便于管理与维护外，网络布线系统也必须做到走线规范、标记清楚、文档齐全，以便提高对整个系统的可管理性与可维护性。

（5）灵活性及可扩充性

为了保证用户的已有投资以及用户不断增长的业务需求，网络和布线系统必须具有灵活的结构并留有合理的扩充余地，以便用户根据需要进行适当的变动与扩充。

（6）实用性

应根据用户的应用需求，科学地、合理地、实事求是地组建一个实用的网络系统。

（7）优化性能价格比

在满足系统性能、功能以及考虑到在可预见期间内仍不失其先进性的前提下，尽量使整个系统所需投资合理。

第 3 章　网络工程总体方案

3.1　网络系统拓扑结构图

网络拓扑结构是决定网络性能的主要技术之一，同时在很大程度上也决定了网络系统的可靠性、传输速度、通信效率。网络拓扑结构与网络布线系统有着密切的关系，将对整个网络系统的工程投资产生重要的影响。

计算机网络的拓扑结构是指网络节点与链路的几何排列。通过对网络进行拓扑分析，可初步确定物理网络的选择。计算机网络拓扑结构主要有星形、树形、总线形、环形及网状拓扑。

近年来，由于网络技术发展以及新型网络设备的不断出现，在局域网中大多数采用星形拓扑结构。根据用户应用需求以及对网络总体性能和可靠性的考虑，我们建议省级网络系统拓扑结构采用星形结构，如图 E3.1 所示。

图 E3.1　网络拓扑结构示意图

星形拓扑结构较其他拓扑结构具有如下优点：

（1）网络结构简单、明了，易于管理、维护；

（2）网络可靠性高，不会由于一个节点（中心节点除外）出现故障，导致全网瘫痪；

（3）星形结构特别适合于当前流行的、先进的网络结构化布线，已成为成熟的技术；

（4）系统容易扩展，可实现带电接入与拆除，并且对整个网络运行无任何影响；

（5）特别适合于交换器、集线器等设备的连接；

（6）容易通过增加主干设备端口连接数，实现扩展主干线的带宽；

（7）适于星形结构的设备技术成熟，种类多，选择余地大。

3.2　网络通信协议

（1）网络通信协议

为了对操作平台和应用软件有最大量的支持，得到最优的性能/价格比，以及为了和 Internet 实现连接，我们选择了以 TCP/IP 为中心的、开放的、标准的网络通信协议。

TCP/IP 协议是一个成熟的且功能完备的网络协议体系。TCP/IP 对现有的几乎所有通信介质都提供支持，同时有大量的应用软件和操作系统是以 TCP/IP 为基础的。Windows NT，Windows 98/95、NetWare3.12 及其高版本、所有 UNIX 和 Linux 版本均内置了 TCP/IP 协议。在 Windows 3.x 上加载 winsock 模块即可实现 TCP/IP 功能。DOS 下也有许多实现 TCP/IP 功能的软件。

（2）低层传输协议

低层传输协议建议采用 IEEE802.3（ISO8802.3）标准。该标准中的 802.3（10M 以太网）、802.3u（100M 以太网）、802.3z（1000M 以太网）都是兼容的，能够实现真正的无缝连接。

802.3 是局域网中使用最多的物理层、数据链路层以太网标准。绝大多数网络设备、网卡支持 802.3 标准。

（3）路由器支持的接口有 V.35、RS-232 等，支持的广域网协议有 PPP、FrameRelay、X.25、ISDN 等。

3.3　连网技术

（1）本方案采用双绞线到桌面结构的方案

采用交换式 1000M 以太网连接技术。在该方案中，网络中心节点通过 1000M 交换技术进行连接，保证了主干线的 1000M 带宽。

（2）楼内局域网连接技术

楼内局域网采用快速交换式以太网（10/100M 自适应）通过超五类双绞线按照星形拓扑结构进行连接，保证了用户的 100M 交换到桌面的要求。

（3）与外网连接技术

本方案与外网连接通过 DDN E1 专线通过路由器实现与 Internet 的连接。路由器选用 Cisco 2620，防火墙 Cisco TIX515R。确保与外网 100 个用户同时访问该系统所需的带宽。

3.4　网络总体结构

根据用户要求，网络工程由外部网和内部局域网组成，主干网采用星形拓扑结构，用户接入网采用星形拓扑结构。主干线带宽均为 1000Mbps，节点到主干线的接入带宽为 1000Mbps，用户接入节点到主干线的接入带宽为 10/100Mbps。

3.5　网络信息系统网络工程的构件组成

局域网有一台一级 1000M 交换机（内带 6 台千兆口模块，48 个百兆口模块）、4 台服务器（千兆口）、路由器一台（百兆口）、网络中心工作站 2 台（百兆）、防火墙一台（百兆口）、数据备份磁带机一台、支持数据热备份的磁盘阵列一台。

3.6　网络传输介质

楼内网络传输介质是双绞线。布线系统按照结构化布线规范 EIA/TIA568B 设计，采用超 5 类非屏蔽双绞线和连接件按星形拓扑布线。这种布线设计可保证网络主干跑千兆、百兆到桌面的要求，并且可以使将来系统升级千兆到桌面时无需重新布线，只需更换网卡、交换机等网络设备就能实现。

采用 DDN E1（带宽 2048K）与 Internet 连接，DDN 专线与路由器接口是通过 DDN Modem 池实现的，DDN 初装费 2615 元，Modem 池 2 万/个，线路费每月 2000 元，网络费每月 30000 元。初装费、Modem 池、线路均由电信部门解决（电信部门不让系统集成商做这一块的工作）。

3.7　网络管理

网络系统分为外网和内网两个独立的系统，为了保证网络系统更加有效、可靠地运行，建议各自配置一台网络管理工作站，以便更加有效地进行管理。网管工作站上建议运行 Cisco WORKS2000 FOR WINDOWS NT/98 企业版网管软件，Cisco WORKS2000 是公司最新的基于 Web 界面的网管产品，该网管软件的主要功能如下：

（1）提供网络内 Cisco 交换器、路由器的自动识别和自动拓扑结构图；

（2）提供系统级的 VLAN 拓扑结构图；

（3）通过简单单击鼠标提供链路信息；

（4）VLAN 的管理功能（路径、增/删/改名称、故障检查等）；

（5）性能管理：性能监视分析、性能趋势分析、报警等；

（6）远程网络配置功能；

（7）网络设备管理：建立维护网络设备数据库。

3.8　网络信息系统网络结构化布线系统与标准

结构化布线是近年来在网络工程和综合布线系统中比较流行的、先进的布线结构，它的最大特点是其与所连设备无关，灵活、易改、易扩以及易于管理和维护，所以我们建议采用结构化布线系统（PDS）。

根据本工程所提出的要求以及我们一贯严格遵守的建网原则和设计思想，并严格遵守国家和行业有关部门制定的各项标准和规范。主要的标准和规范为：

（1）商用建筑布线标准 EIA/TIA 568B；

（2）国际布线标准 ISO11801；

（3）商用建筑电信通道和空间标准 EIA/TIA 569A；

（4）商用建筑通信管理标准 EIA/TIA 606；

（5）建筑与建筑群综合布线系统工程设计规范 CECS 72：97；

（6）建筑与建筑群综合布线系统工程施工与验收标准 CECS 82：97；

（7）民用建筑电器设计规范 JGJ/T 110-92；

（8）中国电器装置安装工程施工及验收规范 GBJ 232-82；

（9）中华人民共和国国家标准 GB/T 50311-2000 建筑与建筑群综合布线系统工程设计规范；

（10）中华人民共和国国家标准 GB/T 50312-2000 建筑与建筑群综合布线系统工程验收规范；

（11）城市住宅区和办公楼电话通讯设施设计规范 YD/T 2008-93。

将该结构化布线系统划分为三个子系统：设备间子系统，水平干线子系统，工作区子系统。各个子系统的组成如下：

（1）设备间子系统

设备间子系统位于网络中心所在的主机房内，该子系统主要包括网络系统中的服务器和交换机，网络系统的 UPS 电源、机房内的工作站、打印机等可直接连接到交换机或者集线器上。

设备间子系统既是计算机主机、服务器的所在地，也是网络管理的中心，对整个网络的日常管理、维护工作均在这里进行。

（2）水平干线子系统

水平干线采用超 5 类 4 对非屏蔽双绞线电缆，水平干线从各楼层通过楼道上的桥架连接到各房间的超 5 类信息插座上。入室线缆封装并固定在墙壁上的 PVC 槽内，端接在信息插座上。

（3）工作区子系统

工作区子系统由固定在室内适当位置的超 5 类 RJ45 信息插座、网卡以及用于连接入网终端设备（微机、工作站等）的两端装有 RJ45 插头的超 5 类非屏蔽双绞线组成。信息插座明装在墙壁上，距地面 30 厘米处。

本工程信息插座的压接遵从 EIA/TIA568B 标准，引脚顺序与 UTP 线缆各芯线颜色的对应关系如图 E3.2 所示。贵单位自行制作 RJ-45 跳接线或设备线时，应严格按照图中顺序压接。

图 E 3.2　引脚顺序与 UTP 线缆各芯线颜色的对应关系

第二部分　网络工程项目实施方案

第 1 章　工程进度安排

本项工程实施方案可划分为以下几个阶段：系统调研与需求分析，工程方案设计，布线施工，布线系统测试与验收，网络系统设备的安装与调试，网络服务软件的安装与调试，网络系统验收，用户培训。

1.1　系统调研与需求分析

系统调研与需求分析是工程建设过程的第一个阶段，是一切从实际出发，以用户为中心的集中体现。系统调研与需求分析工作从合同生效之日开始启动。本阶段工作基本上以现场调研为主，搞清用户工程建设的所有有关问题。具体包括：

（1）各楼平面图、立面图，了解大楼建筑物布局；

（2）计算机网络系统的要求；

（3）原有网络的拓扑结构、连接设备、网络协议、操作系统等；

（4）确定信息点需求，包括信息点类型、数量、分布和具体位置；

（5）确定网络对外接入条件及约束条件；

（6）现场调查机房、网络间，包括位置、面积、与竖井的距离、电源、地板、天花板、照明等情况；

（7）竖井的位置、水平干线路由有无障碍、墙壁和楼板是否需要打洞；

（8）电磁干扰源的分布情况，包括电梯、配电室、电源干线等；

（9）综合布线器材存放地点。

1.2　工程方案设计

在调查研究的基础上，可以进行工程方案设计工作。方案设计阶段的工作将在公司网络研究开发中心进行。其内容主要有：

（1）楼内结构化布线系统工程设计；

（2）网络总体工程设计；

（3）主干网工程设计；

（4）楼内网络工程设计；

（5）网络服务系统方案设计。

1.3　布线系统施工

（1）结构化布线系统施工；

（2）安装与配线。

1.4　系统测试与验收

（1）结构化布线系统的测试；

（2）布线系统验收。

1.5　网络系统的安装调试

综合布线验收合格以后，进行网络系统的安装调试，包括：

（1）网络整体联调；

（2）网络服务器的安装；

（3）路由器安装调试；

（4）DDN E1 专线调试。

1.6　系统验收

（1）用户与集成商共同组建工程验收小组；

（2）确定验收标准；

（3）系统验收；

（4）文档验收。

第 2 章　测试与验收

2.1　测试组的组成

测试组应由用户方、设计施工方两方组成。各方派出有关技术人员共同完成测试工作。测试中发现的问题由施工方立即纠正。测试组负责人一般可由用户方担任。

2.2　测试方法和仪器

测试方法分为仪器测试与人工测试两种。凡需要给出电气性能指标的使用仪器测试，凡是有形的且可以现场观测的由人工观测测试。

（1）布线系统测试

● 线缆测试仪 WireScope 100

● 测试参数

　　◇ 连通性——防止线缆在穿线时断裂；

　　◇ 接线图——超 5 类非屏蔽双绞线与插头/插座的针脚连接正确性检测；

　　◇ 长度——使用双绞线的干线长度，不得超过 90 米；

　　◇ 衰减——信号在双绞线中传输时从发出信号到接收信号时信号强度的衰减程度，应小于 20dB；

　　◇ 近端串扰——发送信号的线对，对接收信号的线对的电磁偶合抗干扰能力，应大于 29dB。

（2）网络系统测试

● 网络交换器设备设置

● 网络路由器设置

● 网络服务器的设置：DNS、EMS、WEB、FTP、TELNET……

● VLAN 设置

● 网络管理工作站的设置

● 内部网络通信

● 外部网络通信

（3）工程项目文档

要求所有技术文件内容完整、数据准确、外观整洁。

- 项目设计书
- 布线平面设计图
- 布线系统逻辑图
- 机柜连线图
- 计算机配线表
- 网络系统总体结构图
- 网络系统设备配置手册
- 网络地址分配表、域名表
- 测试报告
- 竣工报告

第 3 章　项目进度安排

根据网络项目的要求，该工程项目计划在中标合同签订后一个月内完成工程施工。为实现这一目标，我们将按照下列进度表安排工程施工进度。

（1）现场调研和需求分析	3 天
（2）方案设计	3 天
（3）线缆铺设	10 天
（4）连通性测试	1 天
（5）信息插座打线安装	1 天
（6）配线架打线安装	1 天
（7）RJ45 跳线和设备线制作	3 天
（8）线缆测试	3 天
（9）整理资料	7 天
（10）布线验收	1 天
（11）系统试运行	30 天
（12）系统验收	2 天

说明：

（1）现场调研和需求分析：从合同生效起 3 天内启动，最迟 3 天完成。

（2）方案设计：现场调研和需求分析结束后，3 天内完成。

（3）线缆铺设：10 天内完成。

（4）连通性测试：与线缆铺设同期进行，随铺随测，最多延迟 1 天。

（5）信息插座打线安装：3 天内完成。

（6）配线架打线安装：信息插座打线安装结束后，3 天内完成。

（7）RJ45 跳线和设备线制作：3 天内完成。

（8）线缆测试：3 天内完成线缆仪器测试。

（9）整理资料：线缆测试结束后，7 天内完成。

（10）布线验收：资料整理工作结束后，1 天内完成。

（11）网络系统设备安装调试：布线系统验收后 30 天完成。

（12）系统验收：2 天内完成。

注：其中部分工作穿插进行，部分工作同步进行。

第三部分　网络信息系统网络工程项目培训方案

为使用户能更深入地了解和掌握本项工程所涉及的设备和技术，更有效地管理建成后的系统，我公司根据厂家建议和本身经验向用户提供本培训方案。

1．现场培训

在工程建设过程中，我公司为用户方技术人员提供免费培训，内容包括：布线设计和施工、布线、打线压线技术和注意的问题、线缆测试技术等以及对用户方技术人员提出的问题的解答。

2．课程培训

学员：学员为用户方，要求参加此项工程的为技术人员或有高中以上文化程度的工人技术骨干。网络系统学员要求大学毕业以上，且具有一定的计算机和网络使用管理基础。

人数：学员数量 3～5 人为宜。

时间：3 天。

第四部分　技 术 能 力

第一部分已简要介绍了本公司的情况，现着重叙述我们对工程建设过程中的技术管理。

1．项目定义

对于该网络系统工程，我公司专为该项目成立了《×××信息系统网络系统工程》项目组，非常重视该项目，深知该项目的重要性，决心成立最好的项目领导班子，调集最优秀的工程技术力量，组织一支强有力的项目队伍，其目的是要确保该项目能够完满完成，并保证工程的进度和质量。在施工质量、工程进度、工程验收上进行不定期的检验并将报告提交双方领导。

2．项目组织机构

3．项目管理人员职能

（1）项目负责人

姓名：×××

公司职位：负责本项目的网络施工与组织协调工作。

（2）规划负责人

姓名：××

项目组职位：规划负责人

公司职位：总工程师

在项目组中的职能：系统分析、子系统功能划分、总体方案设计、工程进度规划、技术力量调度安排。

（3）办公自动化项目技术负责人

姓名：×××

项目组职位：项目技术负责人

公司职位：开发部经理

在项目组中的职能：具体负责项目设计、施工、测试和验收过程中的有关问题；协调督导与施工方的关系；工程进度安排；

（4）工程设计

姓名：××

项目组职位：工程设计

公司职位：副总工程师

在项目组中的职能：负责计算机网络和电话通信系统综合布线方案设计，设计书制作、平面设计图制作、分项工程所需器材清单和报价。

（5）技术督导

姓名：×××

公司职位：高级工程师

在项目组中的职能：工程现场负责人，协调与施工队的关系，及时发现和解决现场出现的所有有关问题，发现重大问题及时上报。

（6）施工负责

姓名：×××

项目组职位：施工负责人

公司职位：高级工程师

在项目组中的职能：与督导人员一起负责施工现场的技术问题和进度安排等有关问题。

（7）培训负责人

姓名：×××

公司职位：培训部经理

在项目组中的职能：负责对用户方技术人员的业务培训工作：综合布线基础、布线标准和规范、综合布线设计、施工、测试和验收。网络系统设备安装调试、服务器软件安装调试、路由器设置等。

4．项目主要技术负责人员简历

以上为我公司参与工程设计与施工的主要人员。还有许多其他相关工作人员，因篇幅所限，这里不再详述。

总工及副总工参与所有项目的设计与指导，具体项目不再赘述。

第五部分　同类项目业绩

我们在系统集成与网络工程方面有着雄厚的实力与丰富的经验，十几年来我们完成了许多网络工程项目：

（1）项目名称：（略）

用户单位：（略）

工程概况：在 20 世纪 80 年代末、90 年代初参加了世界银行贷款的"XX 科研示范网络工程"的投标，以其雄厚的科研实力与高水平的设计方案一举中标，成功地完成了这一大型的、复杂的区域网络建设，而且这一网络也是当时全国最早接入 Internet 的大型网络之一。

（2）（略）

第六部分 设备、工程清单一览表

北京××××公司投标于××××中心网络工程，所需设备、费用作如下叙述（设备价格应以供货商供货时的价格为准，此处仅作参考，对于数据备份选的是磁带机，如选用高档磁盘阵列数据备份，请见报价单）。

1. 本项目所购设备

（1）Cisco 网络设备清单

产品型号	产品描述	数量	折扣价	成交价
ws-c4003-s1	4003 的机箱+1300W 电源	1		
ws-x4008/2	4000 的交流电源	1		
ws-x43010-GB	6 口千兆模块（GBIC）	1		
ws-x4148-Rj	48 口 10/100RJ45	1		
ws-G5484	1000base-sx GBIC 卡	6		
cisco2620	1*10/100 2*wan 1*nm	1		
NM-1CE1U	1 口 多路 E1 模块	1		
pix-515-R	2*10/100 防火墙	1		
PIX-1FE	10/100 网络模块	1		
合计				

（2）HP 服务器清单

产品型号	产品描述	数量	价格	成交价
LH3000	PIII 双 4P、1G 内存、30G 硬盘、6 个硬盘槽位、1000M 网卡 DVD	1		

注：以上价格如有变动，以成交时的实际市场价格为准。

（3）磁盘阵列

① 磁盘阵列柜

Power5960RN

Ultra2-to-Ultra2 dual Host RAID Subsystem LVD/SE

（传输速率 80MB/s）

RAID Level 0，1，3，5，0+1（试用 80 针接口的硬盘）

4 Ultra 2Channel：2 for Host Channel，2 for Device Channel

intel 1960RN 64bit RISC CPU 100MHz

8 Hot-swap Metal Mobile Racks

Ultra 2 SCA-II BackPlane interface

2 RS232 ports for the Monitoring & remote Notification

64MB Cahe Memory

4 Hot-swap Cooling Fan

2 External Ultra 2 Cable

2 Hot-swap 300W Power Supply

2*16 LCD Display 4 Control key

（含 Turbo Linux DataSever plus Oracle Turbo HA 双机热备软件）

报价：人民币××元；折扣：×%

成交价：人民币××元

② 硬盘

IBM SCSI 硬盘 18GB 报价：××元/块 折扣：×%

③ HP 磁带机

HP DAT24X6E（外置，含 1 盘 40G 磁带）。报价：人民币××.×元；折扣：×%

（4）设备清单报价一览表

序号	名称	说明	单位	数量	报价	成交价	合计（人民币）
1	ws-c4003-s1	4003 的机箱+1300W 电源	台	1			
2	ws-x4008/2	4000 的交流电源	台	1			
3	ws-x43010-GB	6 口千兆模块（GBIC）	块	1			
4	ws-x4148-Rj	48 口 10/100RJ45	块	1			
5	ws-G5484	1000base-sx GBIC 卡	块	6			
6	cisco2620	1*10/100 2*wan 1*nm	台	1			
7	NM-1CE1U	1 口多路 E1 模块	块	1			
8	pix-515-R	2*10/100 防火墙	台	1			
9	PIX-1FE	10/100 网络模块	块	1			
12	磁盘阵列柜	Power5960RN	台	1			
13	硬盘	IBM SCSI 18G	块	5			
14	HP 磁带机	HP DAT24X6E（外置，含 1 盘 40G 磁带）	台	1			
15	50 帧适配卡	用于服务器与磁带机的连接	块	2			
16	数据库服务器 数据备份服务器 文件服务器 WWW 服务器	HPLH3000 双 4P、1G 内存、30G 硬盘、6 个硬盘槽位、1000M 网卡、DVD	台	4			
17	外部 WWW 服务器	供外部用户访问	台	1			
18	UPS 3C20KS	10K，自备 2 小时	台	1			
19	激光打印机	A3 16 页/分 1200P	台	1			
20	票据打印机		台	5			
21	合 计						

2. 工程项目汇总（人民币）

- 网络设备费
- 网络综合布线材料费
- 网络综合布线施工费
- 网络综合布线设计费
- 网络综合布线测试费
- 系统集成费
- 税金
- 工程总报价

3．高档存储备份系统报价单

高档存储磁盘阵列、数据备份，目前市场上价格高，用户经济投入大，我们在本方案中提供两种方案。第一种方案，低档磁盘阵列加磁带机备份方案，其设备构成在数据备份中已作说明，待系统运行几年后，再更新为高档的方案。第二种方案是高档的磁盘阵列存储备份方案，需要投入 2600 多万人民币，现将高档磁盘阵列存储备份系统方案用表 E1、表 E2 表现出来，供用户参考选用。

表 E1　存储设备解决方案

DKC4101-5.P	Disk Controller	1
DKC-F4101-R1C.P	DEV I/F Cable 0 （DKC-R1 DKU）	1
DKC-F4101-1EC.P	Power Cable Kit（Single Phase Europe）	1
DKC-F4101-1PS.P	AC Box Kit for Single Phase	1
041-100028-01.P	HDS Logo 9900	1
DKU-F4051-72J4.P	4 HDD Canisters （DKR1C-J72FC0	92
DKU-F4051-72J1.P	1 HDD Canister （DKR1C-J72FC）	4
DKU-F4101-80.P	Additional Power Supply	1
DKU4051-14.P	Disk Array Unit	4
DKU-F4051-B4.P	Platform for Canister Mount	4
DKU-F4051-1PS.P	AC Box Kit for Single Phase	4
DKU-F4051-1EC.P	Power Cable Kit （Single Phase Europe）	4
DKC-F4101-L1C.P	DEV I/F Cable 0 （DKC-L1 DKU）	1
DKU-F4051-EXC.P	DEV I/F Cable 2 （DKU-DKU）	
DKC-F4101-100.P	Additional Disk Adapter	3
DKC-F4101-S256.P	Additional Shared Memory Module （256MB）	5
DKC-F4101-1024.P	Additional Cache Memory Module （1024MB）	28
DKC-F4101-20.P	Additional Cache Board	1
DKC-F4101-4GS.P	Fibre 4-Port Adapter for Short Wavelength	3
JZ-050SS031.P	Fibre Cable for Tachyon-31m	12
DKC-F4101-SNMP.P	SNMP Support Kit	1
IP 1000-2CD.P	PCAnywhere CD ROM	1
IP0807-4.P	Hi-Track PCMCIA Modem Kit	1
IP08010-1.P	Hi-Track Ethernet Connect Kit	1
041-100029-01.P	Ethernet Thinnet Cable	1
041-100034-01.P	9900 Microcode Kit	1
044-100209-01A.P	9900 Resource Manager 1TB Lic	1
044-100210-01B.P	9900 Resource Manager 2-3TB Lic	2
044-100211-01C.P	9900 Resource Manager 4-7TB Lic	4
044-100212-01D.P	9900 Resource Manager 8-15TB Lic	8
044-100213-01E.P	9900 Resource Manager 110-31TB Lic	12
044-100040-01.P	9900 Resource Mgr Base	1

注：可用容量：40T。

总金额：

表 E2　备份系统报价

	序号	产品编号	产品名称	单价	数量	合计
硬件	1	P6000 8-652	P6000 磁带库库体，8 驱动器，非压缩容量 65.2TB			
	2	SDLT－S220	SuperDLT 磁带			
	3	FC-230	光纤卡			
	4	EC100	光纤卡配件			
	硬件价格小计					
	硬件折扣					
	硬件折扣后小计					
	序号	产品编号	产品名称	单价	数量	合计
软件	1	5102-1Y	Networker Power Edition for UNIX			
	2	2154-1Y	Networker Module for Oracle，on UNIX			
	3	2043-1Y	Autochanger Software Module Unlimited slots			
	4	2114-1Y	Cluster Client Cnnections			
	5	2004-1Y	Networker Network Edition SAN Storage Node for UNIX			
	6	2107-1Y	Dynamic Drive shareing option			
	7	3304-1Y	Client Pak for UNIX			
	8	2088	Media			
软件价格小计						
软件折扣						
软件折扣后小计						
软硬件价格合计						
服务	安装及培训费用					
	7×24 小时技术支持					
汇率						
系统人民币总金额						

高档的磁盘阵列，数据备份的投入为××元+××元=××元

第七部分　网络工程综合布线材料清单

网络工程综合布线材料清单见表 E3。

表 E3　综合布线材料清单

序号	名称	品牌	单位	数量	报价	成交价	成交价合计
1	超 5 类双绞线	安普	箱	41			
2	超 5 类模块	安普	个	150			
3	RJ45	安普	只	620			
4	墙上插座面板	安普	个	75			
5	墙上底座	安普	个	75			
6	机柜 19"（2 米）	腾跃公司 TY-2000C.D	台	1			
9	配线架 48 口	安普	个	4			
10	理线器	安普	个	4			
11	PVC 槽（50×100）	北京电缆桥架厂（合资）	米	220			
12	PVC 槽（25×12.5）	北京电缆桥架厂（合资）	米	800			
20	双绞线跳线		条	300			
21	光跳线 SC-SC		条	4			
24	工程施工小件消耗						
25	合计						

工程施工费：每个信息点施工费　××元

第八部分　售后服务与人员培训

项目验收并投入运行，对于一个工程项目来说，这只是万里长征走完了第一步，更漫长和艰苦的任务是售后技术支持及服务。要使用户在资金投入后用得放心、顺心，就必须给用户提供一个良好的售后服务政策和措施，而且这种政策和措施必须落实到行动上。这就是我们的一贯宗旨，是我们一切以用户为中心的指导方针的体现，我们要求公司员工在售后服务工作中一定要做到反应迅速、技术一流、解决问题、用户满意。

1．售后服务保证

我公司网络研究开发中心以良好的售后服务而闻名于世。公司设有管理严格的售后服务机构，拥有一支经验丰富、技术精良的售后服务政策和组织。

我公司的网络中心工程技术人员都分别接受过各种机构、国外著名公司等部门的正规技术培训，如 Cisco、Sun、Digital、IBM、西蒙、通贝等，因此有一支训练有素的队伍，并且得到国内外多家著名网络专业公司和机构的技术支持，遇有疑难问题时可随时得到支持，例如美国 AMP、Cisco 公司的技术部门等。

2．保修期内的服务条款

（1）保修期起始的定义

中国××中心××网络工程的保修期从通过验收之日起计算。

（2）保修期的期限

● 布线系统服务保修期为 20 年；

● 网络系统的设备服务保修期与销售商相同。

（3）服务响应时间的限定

我公司网络研究开发中心提供 2 小时内的服务响应时间，即在接到用户要求服务的通知后，一定会以电话或传真方式在 2 小时内将此次服务计划及行动安排通知给用户，并在规定的时间内到达现场。

（4）服务费用

在保修期内由非人为因素（地震、战争、火灾、洪水、雷击等不可抗力除外）造成的设备故障，给予免费更换。因用户使用不当造成的故障，用户只需承担设备的成本费和我方人员的差旅费。

3．保修期外服务条款

（1）我公司向用户提供与保修期内同等质量的服务，包括服务响应时间、到达现场时间、处理问题能力等。具体内容参见保修期内服务条款。

（2）对需更换的设备，我公司只收成本费，不加任何利润。服务费一项，也只收成本费（包括交通费、住宿费及每人每天 300 元人民币的运行开销费）。

4．人员培训

为使用户能更深入地了解和掌握本项工程所涉及的设备和技术，更有效地管理建成后的系统，我们根据厂家建议和本身经验向用户提供培训方案。

（1）现场培训

在工程建设过程中，我们为用户方技术人员提供培训，内容包括：网络设计和施工、布线、打线压线技术和注意的问题、光纤 ST 头制作技术、线缆测试技术等以及对用户方技术人员提出的问题的解答。

（2）课程培训

学员：要求学员为用户方参加此项工程的技术人员和具有高中以上文化程度的工人技术骨干。网络系统学员要求大学毕业以上，且具有一定的计算机和网络使用管理基础。

人数：学员数量 5~8 人为宜。

时间：5 天。

培训地点：××××。

10.7 实 训

10.7.1 ××用户网络工程概况

1. 用户工程情况

XX 用户建设一个 10/100 M 小型局域网网络工程。该网络工程平台有两方面的任务：第一，与外部网（Internet）连接；第二，供内部 80 个用户上网工作。

网络工程项目范围包括计算机网络系统的设计、设备安装（不包括终端设备）、网络综合布线（明布线），布线主要集中在一座三层办公大楼进行计算机网络布线。主机房位于二层 202 室，一楼电信间位于 102 室，三楼电信间位于 301 室。一楼有 27 个计算机信息点，二楼有 27 个计算机信息点，三楼有 26 个计算机信息点。信息点分布情况见表 10-61。

表 10-61 用户信息点分布

101——2	113——2	201——2	211——1	301——2	311——2
102——1	114——2	202——1	212——1	302——1	312——1
103——1	115——2	203——1	213——2	303——2	313——2
104——1	1110——2	204——2	214——1	304——2	314——1
105——2	117——1	205——2	215——1	305——2	315——1
1010——1	118——1	2010——2	2110——1	3010——2	3110——2
107——2	119——1	207——2	217——1	307——1	
108——2		208——2	219——1	308——2	
110——2		209——1	222——1	309——1	
112——2		210——2		310——2	

2. 用户办公楼平面图

用户办公楼平面结构图如图 10-2、图 10-3、图 10-4 所示。

图 10-2 办公楼布线施工设计图（一楼）

图 10-3　办公楼布线施工设计图（二楼）

图 10-4　办公楼布线施工设计图（三楼）

10.7.2　实训

实训项目 10-1：综合布线系统工程图纸验收

　　布线工程图纸在布线工程中是必备的，设计人员首先通过建筑图纸来了解和熟悉建筑物结构并设计综合布线工程图，施工人员根据设计图纸组织施工，验收阶段将相关技术图纸移交给建设方。

　　布线工程要求图纸简单、清晰，直观地反映网络和布线系统的结构、管线路由和信息点分布等情况。

　　制图主要采用 AutoCAD 或 VISIO 制图软件。

　　综合布线工程图一般包括以下 5 类图纸。

　　（1）网络拓扑结构图

　　（2）综合布线系统结构图

　　（3）综合布线管线路由图

　　（4）楼层信息点平面分布图

　　（5）机柜配线架信息点布局图

1．实训目的

（1）熟悉布线工程方案设计主要采用的图纸。

（2）使用制图软件完成平面设计图的制作。

2．实训要求

（1）要求每个学员独立完成此项实训。

（2）画出布线系统平面设计图，包括：

- 信息点分布；
- 水平干线路由图。

（3）画出干线设计图，包括干线设计路由图。

（4）画出系统逻辑图，要求反映出主机房、楼层电信间、工作区的位置和逻辑连接。

（5）设计出配线架端口地址分配表。

（6）画出机柜连线图。

（7）使用 Microsoft Word 或 Microsoft Excel 完成项目材料的整理。

实训项目 10-2：写作网络工程方案

1．实训目的

（1）通过综合布线方案设计模版，写作 IT 行业流行的设计方案，掌握综合布线工程设计技术。

（2）掌握 IT 行业各种项目费用的取费基数。

（3）熟练综合布线使用材料种类、规格。

（4）熟悉设计方案的制作、分项工程所需器材清单和报价。

（5）学员通过自己动手设计一个小型局域网布线工程实例，达到充实、提高和检验学员独立设计结构化布线工程的能力。

2．实训要求

每个学员独立完成此项设计，设计过程中不互相讨论。

3．实训步骤

（1）熟悉××用户网络工程概况。

（2）通过综合布线方案设计模版，写作 IT 行业流行的设计方案。

实训报告

（1）完成××用户网络工程综合布线方案设计。

（2）总结工程综合布线方案设计的实训经验。

方案讲解指导

（1）综合布线方案设计模版。

（2）网络系统结构图，如图 10-5 所示。

（3）定配线子系统（水平干线），如图 10-6 所示。

二楼和三楼配线子系统类同。

图 10-5　网络系统结构图

图 10-6　办公楼布线水平干线施工设计图（一楼）

（4）定干线子系统（垂直干线）。

一楼电信间 102 室到二楼主机房 202 室，三楼电信间 301 室到二楼主机房 202 室。

（5）定信息点。

一楼 27 个计算机信息点，二楼 27 个计算机信息点，三楼 26 个计算机信息点。

（6）确定购买模块、面板。

确定购买模块：83（80+80×3%）

（7）计算使用双绞线量。

双绞线量：17 箱

总长度=$(A+B)/2×n+((A+B)/2×n)×10\%$

式中：A——最短信息点长度；

B——最长信息点长度；

n——楼内需要安装的信息点数。

$((A+B)/2×n)×10\%$——余量参数(富余量)。

用线箱数=总长度(m)/305+ 1

一楼：最长 70m，最短 25m，$(70+25)/2×27+((70+25)/2×27)×10\%=1633.5$(m)

二楼：最长 70m，最短 25m，$(70+25)/2×27+((70+25)/2×27)×10\%=1633.5$(m)

三楼：最长 70m，最短 25m，$(70+25)/2×27+((70+25)/2×27)×10\%=1633.5$(m)

用线箱数=总长度(m)/305+ 1 =1633.5×3/305+1≈16+1=17

（8）计算槽的使用量。

① 工作区使用的槽。

● 1 个信息点状态：槽的使用量计算 $1×10$(m)。

● 2 个信息点状态：槽的使用量计算 $2×8$(m)。

28 个 2 个信息点=$28×8×2$=448(m)

24 个 1 个信息点=$24×10×1$=240(m)

工作区 PVC 槽（25×12.5 mm）=448+240= 688(m)

② 配线子系统使用的槽。

配线子系统槽的使用量计算=总长度+总长度×15%

一楼：66(m)×2=132(m)

二楼：66(m)×2=132(m)

三楼：66(m)×2=132(m)

配线子系统 PVC 槽（50×25mm）=66(m)×2×3 =396(m)

③ 垂直干线使用的槽。

垂直干线子系统槽的使用量计算=总长度+总长度×15%

本方案的垂直干线：一楼电信间 102 室到二楼主机房 202 室，三楼电信间 301 室到二楼主机房 202 室，走一条 5e 双绞线。

垂直干线 PVC 槽(25×12.5mm)=总长度+总长度×15%=(5+5)+(5+5)×15%≈12(m)

（9）网络系统设备费报价表（见表10-62）

表 10-62　某网路工程网络系统设备费报价表

序号	设备名称	单位	数量	单价（元）	合价（元）	备注
1	交换机 8 口 10/100M	台	2			
	交换机 24 口 10/100M	台	3			
	交换机 16 口 100M	台	1			
2	服务器	台	1			
3	路由器	台	1			
4	防火墙	台	1			
5	UPS	台	1			
6	调制解调器	台	1			
7	网管软件	套	1			
8	网络操作系统	套	1			
合计						

（10）网络布线材料费表（见表 10-63）

表 10-63　某网络工程网络布线材料费报价表

序号	设备名称	单位	数量	单价（元）	合价（元）	备注
1	工作区 PVC 槽（25×12.5mm）	米	688			
	配线子系统 PVC 槽（50×25mm）	米	396			
	垂直干线 PVC 槽（25×12.5mm）	米	12			
2	信息模块	个	83			
3	5e 双绞线	箱	17			
4	信息底座面板（2 口）	套	52			
5	RJ45（80×4+15%）	只	386			
6	机柜 7U	台	1			
7	机柜 32U	台	1			
8	5e 配线架（48 口）	台	3			
9	铁管（D16）	米	30			
10	UPS 电源线	米	50			
11	工具费					
12	小件费					
合计						

（11）网络布线施工费表（见表 10-64）

表 10-64　某网络工程网络布线施工费报价表

序号	设备名称	单位	数量	单价（元）	合价（元）	备注
1	工作区布 PVC 槽（25×12.5mm）	米	688	0.65		
2	布配线子系统 PVC 槽（50×25mm）	米	396	材料费 35%		
3	布垂直干线 PVC 槽（25×12.5mm）	米	12	0.65		
4	布 5e 双绞线	米	4900	0.65		
5	信息底座安装	点	52	10～20		
6	信息点两端端接	点	80	10～20		
7	RJ45 跳线制作 80×2	条	160	10～20		
8	7U 机柜安装	台	1	300		
9	32U 机柜	台	1	100		
10	安装 5e 配线架（48 口）	台	3	100		
11	铺铁管（D16）	米	30	材料费 35%		
12	布 UPS 电源线	米	50	材料费 35%		
13	打洞（水平 3、垂直 2）	个	5	300～400		
14	交换机与垂直干线两端端接	条	2	20		
合计						

【本章小结】

本章阐述一个完整的设计方案结构，网络布线方案设计的内容，IT 行业和建筑行业的设计方案取费的主要内容，综合布线系统取费，综合布线方案设计模版，网络工程设计方案实例：中国×××中心×××信息系统网络工程设计方案。

要求学员掌握 IT 行业流行的设计方案和建筑行业取费设计方案的写作。

参 考 文 献

[1] 黎连业，陈光辉，黎照. 网络综合布线系统与施工技术（第4版）. 北京：机械工业出版社，2011.

[2] 于鹏，丁喜纲. 综合布线技术（第二版）. 西安：线电子科技大学出版社，2011.

[3] 陈学平，王立和. 网络综合布线与实训. 北京：化学工业出版社，2011.

[4] 孙阳等. 网络综合布线与施工技术. 北京：人民邮电出版社，2011.

[5] 王勇，刘晓辉，贺冀燕. 网络综合布线与组网工程（第2版）. 北京：科学出版社，2011.

[6] 刘国林. 综合布线系统工程（修订版）. 北京：电子工业出版社，1998.

[7] 中华人民共和国国家标准. 综合布线系统工程设计规范（GB 50311-2007）.

[8] 中华人民共和国国家标准. 综合布线系统工程验收规范（GB 50312-2007）.

反侵权盗版声明

电子工业出版社依法对本作品享有专有出版权。任何未经权利人书面许可，复制、销售或通过信息网络传播本作品的行为；歪曲、篡改、剽窃本作品的行为，均违反《中华人民共和国著作权法》，其行为人应承担相应的民事责任和行政责任，构成犯罪的，将被依法追究刑事责任。

为了维护市场秩序，保护权利人的合法权益，我社将依法查处和打击侵权盗版的单位和个人。欢迎社会各界人士积极举报侵权盗版行为，本社将奖励举报有功人员，并保证举报人的信息不被泄露。

举报电话：（010）88254396；（010）88258888

传　　真：（010）88254397

E-mail：　dbqq@phei.com.cn

通信地址：北京市万寿路 173 信箱

　　　　　电子工业出版社总编办公室

邮　　编：100036